THE COMPLETE
ICE AGE

――推薦――

諏訪 元 先生（東京大学総合研究博物館 教授）
ピーター・ブラウン 先生（オーストラリア・ニューイングランド大学 教授）

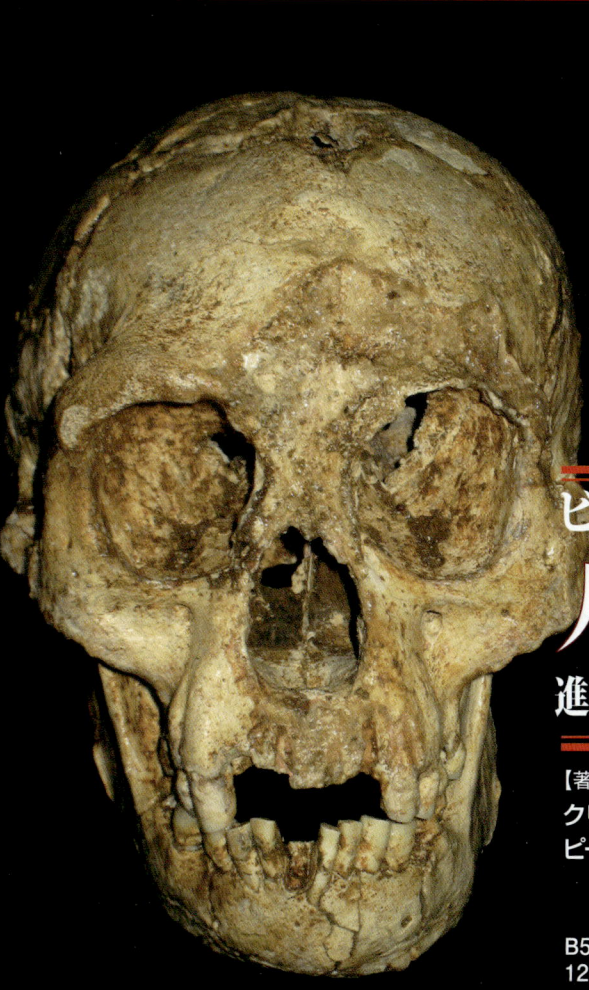
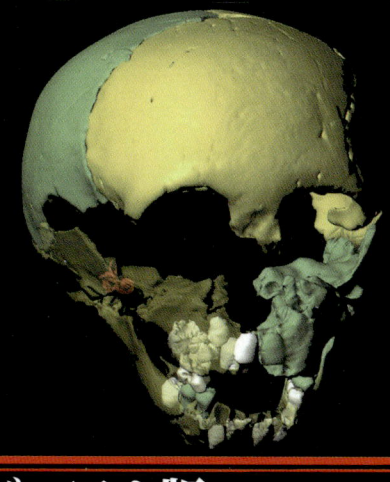

ビジュアル版
人類進化大全
進化の実像と発掘・分析のすべて

【著者】　　　　　　【訳者】
クリス・ストリンガー　馬場悠男
ピーター・アンドリュース　道方しのぶ

B5／240ページ／2008年4月発売／
12,000円＋税／978-4-903487-18-2　悠書館

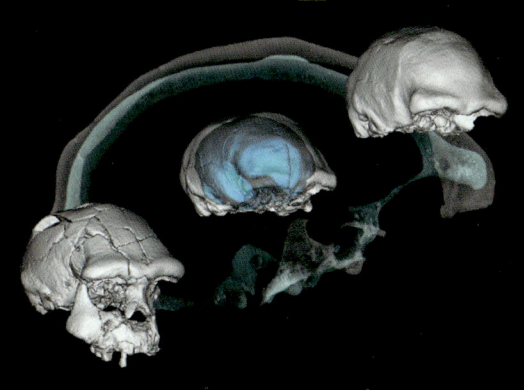
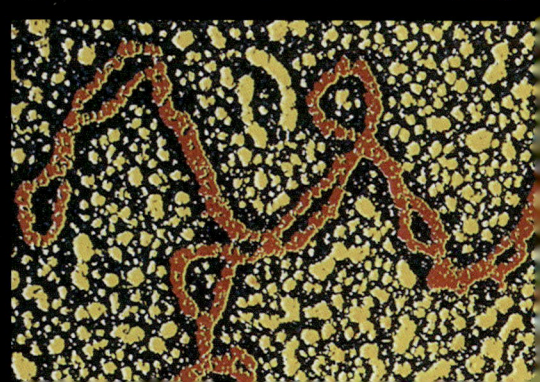

人類進化の実像を この一冊に

圧倒的な資料数と最新の知見により解説

7000万点の所蔵量を誇るロンドン自然史博物館提供の資料と、進化研究の第一人者による具体的な解説により、人類進化の実像を再現。

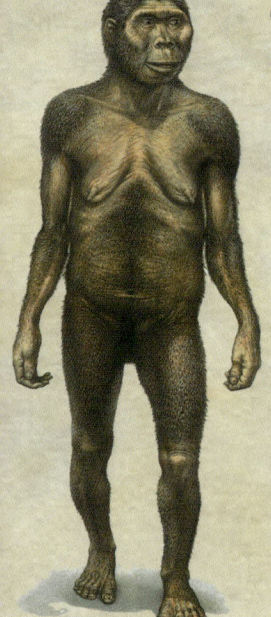

リアン・ブア洞窟での発掘調査の様子

ホモ・フロレシエンシスの小さな骨格は洞窟の一番右の調査区の深部から発見された。発掘は11メートルも掘り下げられたので、保護ヘルメットを着用し、安全な支えを作り、ある深さごとにプラットフォームを作成しなければならなかった。

発掘の様子から、研究室での遺伝子分析と進化モデル構築の現場を紹介

極度の注意力を要する発掘作業の様子や、最新の医療機器を利用した研究室での分析、そこから導かれる進化モデル構築の現場を多くの図版を用いながら紹介。

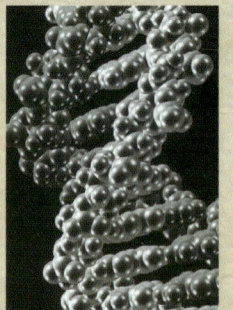
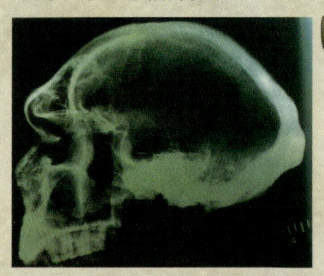

THE COMPLETE
ICE AGE
How Climate Change Shaped the World

ビジュアル版
氷河時代
地球冷却のシステムと、ヒトと動物の物語

ブライアン・フェイガン［編著］
藤原多伽夫［訳］

悠書館

THE COMPLETE ICE AGE by BRIAN FAGAN

Published by arrangement with Thames & Hudson, London
Through
Tuttle-Mori Agency Inc., Tokyo
© 2009 Thames & Hudson Ltd, London
This edition first published in Japan in 2011
by Yushokan Publishing Co. Ltd., Tokyo
Japanese edition © Yushokan Publishing Co. Ltd.
Printed in China

1ページ写真：復元されたネアンデルタール人製作になる槍の先端
3ページ写真：マンモスの骨格を描いた19世紀の版画〈Missouri Leviathan〉
4～5ページ写真：フランス南西部のラスコー洞窟に描かれたオーロックス、ウマ、
　トナカイの絵。後期旧石器時代のもの。

【執筆者紹介】
Brian M. Fagan（ブライアン・M・フェイガン）：米国カリフォルニア大学サンタバーバラ校の名誉教授。過去の気候変動に関する著書を中心に、40以上の書籍の執筆や編集をしてきた。主な著書に『古代文明と気候大変動——人類の運命を変えた二万年史』、『歴史を変えた気候大変動』、『千年前の人類を襲った大温暖化』など、編書に『古代世界70の不思議——過去の文明の謎を解く』など。

Mark Maslin（マーク・マスリン）：ユニバーシティ・カレッジ・ロンドンの地理学教授で、同大学の環境研究所の所長。優れた古気候学者であり、過去の世界および地域的な気候変動の専門家であるとともに、気候変動関連の政策、過去および未来の地球の気候変動の原因、海洋循環、アマゾン川流域、東アフリカについても詳しい。『異常気象——地球温暖化と暴風雨のメカニズム』など7つの著書があるほか、90本以上の学術論文を発表してきた。環境研究所が発表した最初の報告書は、2007年にイギリスのテレビ局チャンネル4の番組「Dispatches」の「Greenwash」のもとになった。

John Hoffecker（ジョン・F・ホッフェカー）：米国コロラド大学の極地・高山研究所のフェロー。寒冷な環境への人類の適応の進化に詳しく、研究と著作のほとんどはロシアとアラスカの氷河時代の考古学に関するもの。2005年には、ロシア科学アカデミーから名誉学位を授与された。『Desolate Landscapes: A Prehistory of the North』、『Human Ecology of Beringia』（Scott A. Eliasと共著）など著書多数。

Hannah O'Regan（ハンナ・オリーガン）：イギリスのリバプール・ジョン・ムーア大学の上級研究員。考古学者、古生物学者であり、氷河時代の肉食動物と洞窟の考古学に高い関心を寄せる。第四紀の哺乳類（初期人類やほかの霊長類を含む）の分布、アフリカ南部の絶滅肉食動物、動物園の歴史と考古学、イギリス北部の洞窟の考古学に関する科学論文を発表。イギリスや南アフリカで、250万年前から20世紀初期までの数多くの遺跡で発掘調査に携わってきた。

氷河時代――目次

　　　　　氷河時代への誘い（ブライアン・フェイガン）　　　　　　　　　　　　　　　　　　　　　　6

第1章　氷河時代の発見（ブライアン・フェイガン）　　　　　　　　　　　　　　　　　　　　　　16
　　　　論争と観察　19／熱心な運動　21／人類と氷床　25

第2章　手がかりを探す（ブライアン・フェイガン）　　　　　　　　　　　　　　　　　　　　　　30
　　　　海面とレス　32／なぜ氷河時代なのか？　34／ミランコビッチ曲線　37／年代測定法の革命　39／海底
　　　　を掘削する　42／地磁気の逆転と氷河時代の境界　44／気候のサイクル　46

第3章　氷河時代はどのように始まったか（マーク・マスリン）　　　　　　　　　　　　　　　　　48
　　　　なぜ地球は寒くなったのか？　50／氷河時代はどうやって始まった？　53／地中海が干上がった　54／
　　　　海洋大循環　55／パナマの矛盾　57／なぜ250万年前なのか　58／熱帯の氷河時代　58／まとめ　60

第4章　気候のジェットコースター（マーク・マスリン）　　　　　　　　　　　　　　　　　　　　62
　　　　氷河時代を探る　65／氷河時代を"解剖"する　66／氷が刻んだ大地　70／アマゾンの草原はなぜ消え
　　　　た？　77／氷河の進出と後退　80／時計じかけの気候　82／氷河時代はどうやって始まる？　84／氷
　　　　河時代の気候のジェットコースター　87／まとめ　91
　　　　【コラム】軌道の離心率　81／地軸の傾き　82／歳差運動　83／ハインリッヒ・イベントはどうやって
　　　　起きる？　89

第5章　人類の物語（ジョン・ホッフェカー）　　　　　　　　　　　　　　　　　　　　　　　　　92
　　　　氷河時代が始まるまで　94／アフリカを出る　97／ハイデルベルクの驚異　101／ネアンデルタール人
　　　　112／現生人類の登場　118／後期旧石器時代、進歩は続く　126／氷河時代末期の人類　131
　　　　【コラム】人類の食生活の変遷　104／火と人類の適応　その考古学的証拠　110

第6章　氷河時代の動物たち（ハンナ・オリーガン）　　　　　　　　　　　　　　　　　　　　　142
　　　　動物の分布　144／アフリカの内と外　145／ヨーロッパ　毛むくじゃらの動物たち　151／北アメリカ
　　　　大陸　166／オーストラリア　壮大な進化の実験　175／氷河時代の動物の最期　182
　　　　【コラム】巨大なネズミと小さなゾウ　146／氷に閉じこめられた絶滅動物　160

第7章　氷河時代のあと（ブライアン・フェイガン）　　　　　　　　　　　　　　　　　　　　　186
　　　　最後の寒冷期　189／ユーラシア大陸　190／西南アジア　194／世界初の農家　196／アメリカ大陸
　　　　197／文明の始まり　200

第8章　地球の未来（マーク・マスリン）　　　　　　　　　　　　　　　　　　　　　　　　　　206
　　　　地球温暖化の認識が遅れた理由　208／次の氷期はいつ起きる？　212／過去から学ぶ　213／小氷期
　　　　216／温室効果　216／過去の気候とCO_2の役割　217／人類が引き起こした気候変動　219／未来をど
　　　　う予測するか　218／未来の気候変動とその影響　223／許容できる気候変動の範囲　226／世界を救う
　　　　コストは？　228／解決策　228／まとめ　230
　　　　【コラム】ＩＰＣＣとは？　224

　　　　参考文献　232／図版出典　234／索　引　235／訳者あとがき　240

氷河時代への誘い

氷河時代——この言葉を聞いて、どんな景色を思い浮かべるだろうか。何キロにもわたって続く巨大な氷河、雪に覆われた山々、シベリアの草原地帯で風に吹かれながら草を食む重量級のマンモス。毛皮をまとった狩人が、今では絶滅してしまった動物を追いかけ、氷点下の冬が1年に9カ月も続く……。

太古の凍てついた世界を想像するのは、どこか抗しがたい魅力があるものだ。陸地が広大な氷床に覆われていた時代があったと考えられるようになったのは、19世紀イギリスのビクトリア時代だが、そのころはまだ気象学がうまれたばかりで、地質学も地層の研究にほぼ限られていた。当時の冬は今よりも寒いことが多かったから、何千年も続く長い冬の時代を想像しやすかったのだろう。だが、本書を書いているのは、地球の温暖化がこの先続くだろうと言われている時代。そんな今とはまったく違う、地質学で「更新世」と呼ばれる時代が、この本のテーマだ。

氷河時代には、長期にわたる氷期が何度も地球を襲ったが、一方で、寒冷な時期と温暖な時期の変動が止むことなく繰り返された。過去80万年のうちの実に4分の3以上が、こうした気候の変動期にあたる。実際、200万年前のアフリカで乾燥化が進み、氷河時代が始まろうとするなか、道具を使う最初の人類が繁栄したころから、気候変動は人類の歴史の背景にあった。本書では主に、極度の変動に人類の最近の祖先がどのように適応してきたかを見ていく。温暖化が進む現代社会で、どうやって生き延びていけばいいのか。その方法を見つける重要な手がかりを、先人たちは教えてくれるだろう。

本書ではまた、最新の知識を紹介する。気象学と地質学だけでなく、考古学の緻密な発掘と調査も盛りこんだ多分野にわたる内容で、まさに新世代の科学と言ってもいいだろう。紹介する研究結果の大半は、野外での観察から得られたものではなく、深海掘削で回収した堆積物のボーリングコア（円筒状の試料）を詳しく調べたり、花粉の粒を根気よく数えたり、太古の木の年輪を比較したりするなど、実験室での骨の折れる研究によって得られたものだ。古人類学者は長きにわたって古人類の化石を詳しく調べてきたが、現代では、古人類のDNAを調べることで、人類の移動経路に関する重要な手がかりが得られ、ときには氷河時代の気候変動との相関も見

氷河時代への誘い

いだせる。スイスの若い科学者ルイ・アガシー（1807～73年）が氷河時代を発見したと発表してから170年たった今、人間は氷河時代の複雑さをようやく理解しはじめた。

　氷河時代の姿を解説してくれるのは、それぞれ異なる側面から氷河時代を研究している4人の学者だ。まずブライアン・フェイガンは、氷河時代がどうやって発見されたか、そしてビクトリア時代の科学者がルイ・アガシーの先駆的な研究にもとづいて、氷河時代の存在をどのように確認したかを解説する。第2章では、19世紀スコットランドの独学の科学者ジェイムズ・クロールによるみごとな年代研究と、セルビアの地球物理学者ミルティン・ミランコビッチによる精緻な計算結果を紹

スイスのアレッチ氷河。長さ10km、幅は最大2km、厚さは900mあり、現在のアルプス山脈で最大だ。しかし、前回の氷期のピーク時、2万年前ごろには、北欧、北米、南米の南部の大部分が、厚さ3～4kmの氷床や氷河に切れ目なく覆われた。

氷河時代への誘い

グリーンランドの氷床から掘りだした氷のコア（試料）を、室温氷点下36℃の保管庫のなかで、研究者のジェフリー・ハーグリーブズが調べる。現在わかっている太古の気候は、世界に残っている氷床を掘って取りだした「氷床コア」を分析してわかったものだ。こうした氷を使って、氷河時代の気候を示す手がかりや、二酸化炭素濃度の上昇による地球温暖化の跡を調べる。

介する。特にミランコビッチは過去と現代の気象を説明する数学理論の構築に生涯を捧げた人物で、彼の説は、20世紀半ばまで氷河時代の研究で多くの支持を集め、今でも十分な妥当性を保っている。その後、放射性炭素や、カリウムとアルゴンを使った新しい年代測定法が登場すると、世界で初めて氷河時代の年代を比較的高い精度で推定できるようになった。1960年代初期には、氷河時代の始まりが、遅くとも100万年前だったということがわかった。その後、研究が進むと、更新世の始まりは250万年前にまでさかのぼることが判明した。そのころには、徐々に寒冷化する気候が、人類発祥の地のアフリカなど世界の多くの地域に影響を与えていた。

ふたり目の解説者は、気候学者のマーク・マスリン。氷河時代の始まりと原因について現在わかっていることを解説する。氷河時代を地質学的な側面から幅広くとらえ、年代決定の基盤となる情報を紹介する。そして、めまぐるしく変動した更新世の気候、特に、少なくとも9回の氷期と急速に温暖化した時期（間氷期）を繰り返した過去80万年の気候について見ていく。

氷河時代には、現在のカナダと北ヨーロッパのスカンジナビアの大部分が氷床に覆われた。冬は9カ月にわたり、氷点下20℃を下回る気温が何週間も続く。夏の気温は、せいぜい10℃程度。地球の海面は今より90メートル以上低かった。現在、

氷河時代への誘い

海面がこの先100年で1メートル近く上がっただけでも多くの人びとに壊滅的な被害を及ぼすと言われているが、90メートルとは想像をはるかに超えた海面変動だ。シベリアとアラスカは陸続きになり、北アメリカの太平洋岸と大西洋岸、そして東南アジアで陸地が大きく広がり、グレートブリテン島は島ではなくなった。一方で、短い間氷期には急速に地球の温暖化が進んだ。氷床は後退し、温帯の植物が北に広がり、海面は急激に上がった。過去10万年の気候を調べた最近の研究によって、氷河時代の気候が不安定だったこともわかってきたが、マスリンはこのことについても詳しく解説する。この時期は常に寒かったと考えられてきたが、実は急速な気候変動が起きていて、ヨーロッパでは、現在と同じくらい温暖だった時期が何度かあったことがわかってきた。

シーソーのように上下する気温の変動は、更新世に暮らす人類と動物に非常に大きな難題を突きつける一方で、繁栄の機会も与えた。3人目の解説者である考古学者のジョン・ホッフェカーは、当時の人類について解説する。氷河時代が始まったころ、地球に住んでいた人類は、類人猿の面影を残す初期人類だけだった。直立して二足歩行し、道具を作ったり使ったりし、小さな集団で食料を集め、寒くて雨の少ない環境に十分適応した。最初、人類はアフリカにしかいなかったが、およそ180万〜170万年前になると、ユーラシアとアジアに突然現われ、北は北緯40度付近まで進出した。そのころには、人類は熱帯以外にも暮らすようになっていた。

ネアンデルタール人の狩人が作った旧石器時代の石器。チェコのモラビア地域で見つかったもので、ネアンデルタール人がマンモスやケサイを捕らえる有能なハンターだったことを示している。こうした技術によって、寒冷な東ヨーロッパの平原での生存に欠かせない、タンパク質と脂肪に富んだ食料を得ることができた。

氷河時代への誘い

　ホッフェカーは、およそ75万年前、ネアンデルタール人の祖先がアフリカを出てヨーロッパに進出した出来事も紹介する。彼らは特徴的な握斧(ハンド・アックス)をもっていたほか、寒い北の地域で生きるために欠かせない火を使う知識もあった。当時の人類はアジア、そしておそらくヨーロッパで、寒い時期には南の亜熱帯に移動し、温暖になると北に向かうという、気候に合わせて移動する生活を営んでいた。

氷河時代への誘い

人類が寒い気候に適応したのは最終氷期のころだった。ヨーロッパに暮らしたネアンデルタール人は、およそ12万5000年前の最終間氷期に東ヨーロッパの広大な平野に住みついた最初の人類だった。約10万年前にはふたたび寒冷な時代に入るが、ネアンデルタール人の一部は南に移動することなく、比較的身を守りやすい川沿いの谷や、東は中央アジアのアルタイ山脈までの範囲に、年間を通して住んでいた。彼らはかなりがっしりした体格をしていたが、こうした地域で生き延びられた

ヨーロッパ南端ジブラルタルの洞窟で見つかった、最も新しいネアンデルタール人の女性の骨とその他の遺物。およそ3万年前のものとみられる。現生人類とネアンデルタール人は、ヨーロッパで1万5000年にわたって共存していたが、生物学的・文化的にどんな関係にあったのかはよくわかっていない。ネアンデルタール人は現生人類によって大陸の隅に追いやられた結果、絶滅してしまったのか？ それとも、気候が急激に寒冷化して死に絶えてしまったのか？ 絶滅の原因はいまだ謎につつまれている。

11

氷河時代への誘い

のは、体の構造が極度の寒さに適応したからというよりも、効率的な狩りの技術があり、マンモスやケサイといった大型動物など、タンパク質と脂肪に富んだ肉を食べることができたからだった。

現生人類のホモ・サピエンスは、解剖学的には20万〜15万年前に熱帯アフリカで進化し、10万年前から急速にアフリカを出はじめた。この「出アフリカ」は5万年前には本格化し、ユーラシアやシベリアの過酷な氷河時代の環境から、東南アジアの熱帯林や島々まで、実に幅広い地域と気候帯に広がった。4万2000年前までには、ヨーロッパとオーストラリアにも到達した。最初の現生人類は不安定な気候のなか、ユーラシアの大草原「ステップ」でわなや網、狩りの武器といった新しい道具を作り、先客のネアンデルタール人が捕まえられない獲物を仕留められるようになった。ネアンデルタール人はその後、絶滅することになる。4万〜3万年前ごろにはすでに、人類は裁縫した衣服などを着て過酷な環境でも生きられるようになり、少なくとも短い夏のあいだに北極圏を訪れていたようだ。

4人目の解説者、古生物学者のハンナ・オリーガンは、氷河時代に生きた風変わりで恐ろしい動物について述べる。剣歯ネコ、暗い洞窟で人間と対決したホラアナグマ、そしてネアンデルタール人やほかの人類にとって恐ろしい獲物だった、体高が4メートルにもなるケナガマンモス。ほかには、バイソンや野生のウマ、トナカイ、ゾウに似たマストドンなど。こうした動物を狩るには、獲物を追う熟練した技術と、効果的な武器が必要だった。オリーガンの解説によれば、現在の動物の種類は、およそ1万1000年前までに存在していた動物の種類に比べれば、かなり少ないという。

氷期には、現在は海底に沈んでいる大陸棚が地表に現れ、二つの大陸や島を結ぶ「陸橋」ができた。また、降水量の変動によって、サハラ砂漠のような砂漠が動物の移動の障壁となることもあれば、移動に最適な地域になることもあった。こうした環境の変化から、氷

氷河時代には寒い時期がずっと続いていたわけではない。温暖な間氷期には、氷床が後退し、暖かい気候に適応した動物が意外なほど遠くまで北上していた。カバ（上）やサイ（左）の骨が、現在の生息域であるアフリカやアジアから遠く離れたイギリスで見つかっている。

前頁：ホラアナグマの骨格標本。ヨーロッパ全域と西アジアに生息し、体高は1mを超えた。肉食ではなかったが、氷河時代の人間にとって恐ろしい動物だっただろう。

13

氷河時代への誘い

河時代には動物の生息域がかなり分散していた可能性がある。氷河時代の動物たちは、当時の人類と同じく気候変動に常に適応していき、その分布域は拡大・縮小を繰り返した。

だが、氷河時代に生きた大型動物の多くは、なぜか更新世の末期になると姿を消してしまう。原因は単に気候変動なのか、それとも人類の狩猟なのか。オリーガンは残された手がかりを検証して、いくつかの答えを提示している。

およそ1万5000年前、氷河時代の末期になると、地球の気温は上がりはじめ、少数の狩猟採集民が極寒のシベリア北東部に移り住んだ。それまでは、夏のあいだにしか訪れなかった地域だ。そして時期は定かでないが、あるときシベリアの人類が狩りをしながらベーリング陸橋を渡り、現生人類の歴史のなかで初めてアメリカ大陸に移り住むことになった。氷河時代の末期である1万3000年前には厳しい寒さが1000年続き、ヨーロッパと北アメリカの大半がふたたび氷に覆われた。奇妙にも、この短い寒冷期が、人類史のなかで最大の「発明」である農業の発達を促すことになったようだ。西南アジアでは、温暖な気候のなかで人口が増え、定住する人びとも増加していたが、この寒冷期が始まると、特にレバント地方やユーフラテス川流域で、食料にしていた野生の穀物の分布域が狭まった。食料確保のためにこの地域の人々が導きだした答えが、同じ穀物を栽培し、ヒツジやヤギといった群れをつくる動物を家畜にすることだった。人間の創意工夫の才能に地理的な境界はなかったようで、インダス川流域、中国の長江流域、そしてやや遅れてアメリカ大陸でも、同じような営みが始まった。こうした地域では世界に先がけて文明が起こり、その後数千年のあいだに、神聖で強大な力をもった指導者のもとで、多くの人びとが都市に暮らすようになった。

だが、気候変動は氷河の融解とともに終わったわけではない。過去1万年のあいだにも、気候の変動があった。中世の温暖期（800～1250年）にはアメリカ大陸で干ばつが長く続いたほか、徐々に激しさを増した小氷期（1300～1860年）には極寒の世界が広がった。

そして現在、最終章でマーク・マスリンが力説するように、現代の人類の繁栄と大量消費によって気温が上昇し、地球の未来がおびやかされている。この先、長期

ロシアの北極圏ノボシビルスク諸島で、マンモスの牙をもつオーストラリア人のデニス・コラトン。ここをはじめ世界のいくつかの地域では、最終氷期から凍ったままの永久凍土に、数多くの氷河時代の動物が、ほぼ完全な状態で保存されている。

氷河時代への誘い

的に見て、地球は温暖化に向かうのか、それともふたたび寒冷化するのか。本書では、人類、動物、そして気候が過去数十万年のあいだどのように相互作用を繰り返してきたかだけでなく、地球の生命を左右する長期的な傾向を知る手がかりと、そうした知識を活用して、人類はこの先どうやって生き延びていけばいいのかをお伝えできればと思う。

小さな流氷の上に乗るホッキョクグマ。地球温暖化は北極に暮らすこうした動物のほか、海面上昇によって、大陸沿岸の低地や島に住む人びとの生存をおびやかしている。

第1章
氷河時代の発見

第1章　氷河時代の発見

18 37年7月24日、スイス自然科学協会の権威ある会員たちが、若き会長ルイ・アガシーの講演を聞くために、スイス西部のヌーシャテルに集まった。アガシーはブラジルの魚化石の研究で高い評価を得ていたため、会員たちはてっきりそのテーマの話を聞けるものと思っていたが、講演の内容は何とも意外なものだった。アガシーが語りはじめたのは、ジュラ山脈近くで見つかる「迷子石」についての話だった。これらは表面に溝があって磨かれた巨石で、もともと遠く離れた場所にあったものだが、現在の位置にある理由については当時わかっておらず、地質学者を悩ませる謎だった。だがアガシーは講演で、この謎を解き明かしたと宣言し、氷河時代に広大な氷床が巨石を運んできたのだという、当時としては大胆な主張をくり広げた。その後「ヌーシャテル講演」として知られるようになったこの講演は、氷河時代の存在をめぐって地質学者のあいだでに大きな

16〜17頁：イギリス・ピーク地方のエデイル谷にある、氷床によって運ばれてきた巨大な迷子石。こうした巨石がどうやって遠くから運ばれてきたかは長年の謎だった。かつては、聖書に書かれた大洪水によって運ばれたと考える人が多かった。

上左：氷河時代研究の第一人者ルイ・アガシー。スイスのウンターアール氷河にて。アルフレッド・ベルソー画。

第1章　氷河時代の発見

北米のセントローレンス川の支流リシュリュー川に点在する、氷河の迷子石の風景。1836年春にボーエン中尉が描いた。ヨーロッパと同様、氷河時代のはっきりした証拠は北米の多くの場所でも見られる。

議論を巻き起こした。議論は19世紀の大半を通して続くことになる。

論争と観察

　当時の一流の科学者たちは、アガシーの説を一蹴した。彼は若く、口が達者で、派手な性格。自説を大げさに展開し、大胆な考えを口にした。だが、スイス人の多くは、氷河やそれが運んできた岩石と深くかかわる生活を営んでいたため、アルプス山脈はかつて広大な氷床に覆われていたと考えていた。アマチュアの地質学者たちからは、スカンジナビアやアルプス山脈で大昔に氷河があったという証拠の報告がかなり以前からあがっていた。1793年には、革新的な著書『地球の理論』（*Theory of the Earth*）で知られるイギリスの地質学者ジェイムズ・ハットンがジュラ山脈を訪れ、原始時代に氷河作用があったという明確な証拠を見つけている。ま

19

スイスのグリンデルバルト氷河。19世紀初期には、谷の中まで伸びていた。温暖化の影響で、現在のアルプス山脈の氷河は、アガシーの時代と比べるとかなり後退した。

た1832年には、ドイツの自然科学者ラインハルト・ベルンハルディが、極地の氷原はかつてドイツ中部まで進出していたと主張した。

　こうした説は、主に個人による野外観察によってそれぞれ独立して生まれたものだが、当時の常識に阻まれて、ほとんど発展しなかった。聖書の記述が歴史的真実であるとする宗教の教義が、地質学の世界にもすみずみまで行き渡り、それが発展の足かせになっていたのだ。聖書の『創世記』1には、神が地球とすべての生き物を6日間で創造し、7日目に安息したと書かれている。17世紀のアイルランドの聖職者ジェイムズ・アッシャーやアーマーの大司教といった人びとは、聖書の記述から、天地創造は紀元前4004年に起きたと決め、それからたった6000年のあいだにあらゆる地質現象が起き、人類の歴史が刻まれたとした。

　こうした教えに異議を唱えるのは異端であり、19世紀初期には、異端は重大な罪であるとみなされていた。『地質学原理』（*Principles of Geology*）を執筆したことで有名なチャールズ・ライエルなど1830年代の一流の地質学者でさえも、ノアとその箱船に乗った人間と動物を除くすべてを消し去ったと聖書に書かれた大洪水を信じていた。こうした当時の常識では、アルプスなどに転がる大きな迷子石は、大洪水で流されてきた巨大な流氷に乗って運ばれてきたのだと考えられた。

第1章　氷河時代の発見

アガシーは何人かの観察者の調査をもとに自説を構築したが、そのなかのひとり、登山家のジャン=ピエール・ペローダンは、岩石の表面にある傷は移動する氷河によってできたと書いている。また、道路技術者であるイグナス・ベネツは1829年にスイス博物学協会に提出した論文で、迷子石を根拠に、かつてアルプス全体が広大な氷床に覆われていたと主張していたが、その説は誰の目にも留まらないでいた。そして岩塩坑の経営者で博物学者のジャン・ド・シャルパンティエは、数多くの観察結果をまとめ、1834年、ルツェルンの協会に氷河説を唱える論文を提出した。アガシーは最初この論文のことを聞いたとき、その内容には納得できなかったが、ある夏スイス西部のベーでシャルパンティエと過ごし、氷河説の証拠を自分の目で観察した。その後ベネツとともにいくつもの氷河を訪れた彼は、急速に氷河説支持へと傾いていった。

熱心な運動

シャルパンティエは証拠を集めることだけに甘んじていたが、アガシーは熱心にその説を支持したうえ、しばらくすると、7年にわたる彼らの観察研究を上回る成果をあげるようになっていた。ヨーロッパ全域を広大な氷床が覆ったとする氷河時代の説を構築し、この壮大な説を「ヌーシャテル講演」で半信半疑の聴衆に向けて発表した。だがその後、ジュラ山脈への現地見学会を開いたり、1840年には『氷河の研究』（*Études sur les glaciers*）と題した大著を出版したりしたものの、反対派を納得させることはできなかった。自然科学者のなかで大御所的な存在であったアレクサンダー・フォン・フンボルトは、アガシーに宛てた手紙で、「原始世界の大変革に関する（やや氷寄りの）概論」に固執するのはやめて魚の研究に戻るよう、アガシーに強く勧めている。

アガシーは、豊かな想像力をもち、雄弁に語れる文才を備えていた。ヨーロッパが広大な氷床に覆われて、緑豊かな熱帯の環境とそこに棲んでいた動物たちを消し去ったという彼の説は、まもなくさまざまな人びとの耳に届くことになる。「死の静寂が訪れる……凍りついた海岸から昇る太陽が照らすのは、吹きすさぶ北風と、果てしなく続く氷の海で不気味な音を立てながら口を開けるクレバスだけだ。」アガシーが唱える氷河時代は、当時の研究者たちが信じたノアの大洪水に匹敵する大惨事だった。もともと突飛な説だったということもあったかもしれないが、そもそも宗教の教義が確立されていた世界では、彼の説が広く受け入れられることはなかった。

そんななか、アガシーの説に耳を傾けた人物のひとりが、オックスフォード大学の風変わりな地質学者ウィ

22〜23頁：アガシーは詳細な観察をもとに自説を構築した。左は、1840年に出版された著書『氷河の研究』のために彼が注釈とともに描いたツェルマット氷河の絵。右は、同書に注釈なしで載った同じ氷河の絵。

下：ウィリアム・バックランド（1784〜1856年）。信心深く、人びとに愛された地質学者だった。この戯画はトーマス・ソッピースが描いたもので、氷河を日帰りで観察に行くときの装備を示している。バックランドは野外観察の達人で、聖書の記述が史実だと信じていたが、アガシーの氷河時代説は受け入れていた。

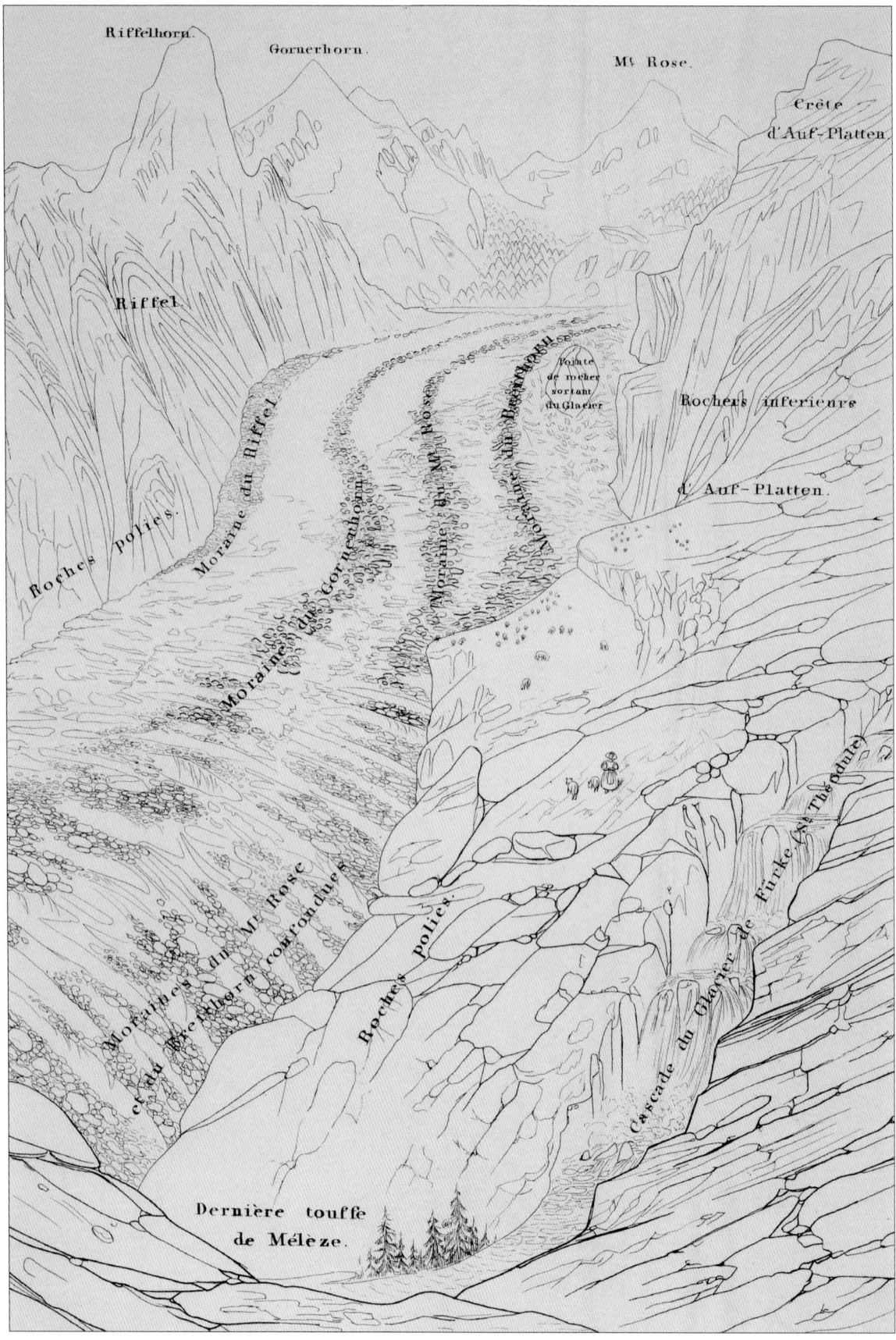

第1章　氷河時代の発見

リアム・バックランドだった。ガウンにシルクハットといういでたちで野外調査に出かけるという変わった習慣の持ち主で、大洪水を固く信じていたバックランドは、鋭い観察者だった。1838年にスイスのアガシーを訪ねて氷河時代の証拠をじかに見たときは、彼の説に納得しなかったのだが、1840年にアガシーとスコットランドに野外見学に行った際、巨大な迷子石が標高1500メートルをゆうに超える地点にまで洪水でどうやって運ばれたかを説明できなかったことから、考えを変えた。バックランドはその後まもなく、チャールズ・ライエルに「ライエルの父親の家から2マイル以内にあるモレーン（氷河が運んだ岩などの堆積物）の美しい集まり」を見せて氷河時代の存在を説いたと、1840年にアガシーに宛てた手紙で打ち明けている。翌41年、地質学者のエドワード・フォーブスはアガシーにこんな手紙を書いている。「きみのおかげで、どの地質学者もすっかり氷河時代の存在を信じるようになった。彼らはイギリスを氷の家に変えようとしている。」

にもかかわらず、氷河時代説にかたくなに反対する人びともいた。それも聖職者ではなく、非常に保守的な科学者たちからの反対だった。遠い過去までさかのぼれば、大陸の大部分が海中に沈んだ時期が数多くあるという地質学的証拠は十分にあるとみられていたため、こうした保守的な科学者たちを一概に批判することはできない。つまるところ、アガシーが研究していた魚の化石も、過去に海があったという証拠だ。氷河堆積物の多くには魚や海の貝の化石が含まれていなかったが、一部には含まれていた。この謎が解き明かされたのは1865年。スコットランドの地質学者ジェイムズ・クロールが、こうした海の生物の化石は、氷河が浅い水場を通ったときに地層から削られて運ばれたものであることを示した。そもそも当時の地質学者の大半は、氷河をじかに見たことがなかったのだった。

アガシーは自分の発見を大げさに発表する傾向があった。たとえば1837年には、氷床はかつてヨーロッパの地中海沿岸まで到達していたと主張しているが、それを示す迷子石などの氷河堆積物はなく、彼の主張は明らかに誤りだった。氷河説は広く関心を集めてはいたが、こうしたアガシーの大胆な主張には、ほとんどの人が疑いの目を向けていた。その後、スカンジナビア、スコットランド、スイスなど、氷河やその痕跡が身近にある地域の地質学者をはじめとする数多くの研究者が、比較的最近の氷河作用を示す数多くの証拠を見つけたことが主な要因となって、20年後には氷河時代説が科学で主流の考え方となった。1839年には、古生物学者のティモシー・コンラッドが、アメリカのニューヨーク州西部で初めて氷河作用の痕跡を見つけた。1852年には、科学探査によってグリーンランドが広大な氷床に覆われていることがわかり、19世紀後半には南極の氷床の範囲が特定された。

氷河作用とそれに関連する現象の証拠が十分集まると、現存する氷床と氷河時代の環境を比べることができるようになった。1860年代には、宗教上の理由からかたくなに反対する人びとは一部にいたものの、イギリスでもアメリカでも、氷河時代説が十分に認められていた。

第1章 氷河時代の発見

　1846年、アガシーはライエルに強く勧められてアメリカを訪れ、北アメリカの氷河時代の証拠を自分の目で確かめた。のちの講義では、次のように語っている。「磨かれた表面、筋やひっかき傷、氷河が刻んだ線など、（ボストン近郊で）見慣れた痕跡を見た……アメリカでもあの大きな作用が働いていたということだ。」47年にハーバード大学の教授職を受けると、世界各地を旅して、自然科学の力強い代弁者となった。その後、氷河時代の研究はほとんど行なわなかったが、65年にはアンデス山脈で氷河作用の痕跡を見つけ、北アメリカの氷床は熱帯のアマゾン川流域まで南進していたと主張した。「氷河のことになるとアガシーは大胆になる」とライエルはこぼしていたが、そう言うのももっともなエピソードだ。

　アガシーは73年に死去するまで、科学の代弁者として一般の人びとの注目を浴びつづけたが、その主張は時代遅れなことも多かった。たとえば、彼は進化論に反対していて、氷河時代は神の手によって創造されたと信じていた。その説は大胆だったとはいえ、アガシーが氷河時代の研究の礎えを築いたひとりであることは確かだ。

人類と氷床

　大きな科学的発見はどれもそうだが、氷河時代の発見もアガシーひとりで成しとげたものではない。彼が氷河時代説を構築したのは、数多くの科学分野に大きな変化が生まれていた時期だ。岩石の地層を研究する地質学の一分野、層序学によって、アガシーたち当時の学者の観察は可能になった。チャールズ・ダーウィンは氷河時代の議論が巻き起こっていた時期に進化論と自然淘汰の説を構築して、1859年に『種の起源』（*On the Origin of Spiecies*）を出版した。この時期には、聖書の記述か

1856年、ドイツのネアンデル渓谷で見つかった、非常に保存状態のよいネアンデルタール人の頭骨。この3年後に出版されたダーウィンの『種の起源』とともに、人類の歴史と起源に関する考え方をがらりと変えた。ネアンデルタール人の化石は、トナカイやケナガマンモスといった寒冷な地域にすむ動物とともに出土することが多い。これは、彼らが氷期のヨーロッパに暮らしていたことを示している。

第 1 章　氷河時代の発見

第1章　氷河時代の発見

氷河時代の巨獣マンモス（*Mammuthus primigenius*）。1903年にシベリアのヤクーチアの永久凍土で見つかったもので、発掘されたあと剥製にされ、サンクトペテルブルクの動物学博物館に展示された。19世紀から20世紀初期にかけて、マンモスは大きな謎を秘めた研究対象であり、ロシアでは象牙の主な供給源でもあった。

第1章　氷河時代の発見

ら決められた6000年という地球の歴史よりもはるか過去にさかのぼる地質時代に、人間と太古の絶滅動物が共存していたという決定的な証拠も見つかっている。1856年には原始的なネアンデルタール人の頭骨がドイツの洞窟で発見され、その7年後には生物学者のトーマス・ヘンリー・ハクスリーが、人間と最も近縁なチンパンジーとのあいだに密接な解剖学的関係があることを突き止めた。1862年になると、フランス南西部のレゼジーで鉄道駅の基礎工事中に、トナカイなど寒冷な地域にすむ動物が出土したのと同じ地層で、完全な現生人類の遺体が見つかった。これが、氷河時代のヨーロッパに人間が暮らしていたことを示す決定的な証拠となった。

先史時代に関する講義につめかけた聴衆を描いた19世紀の漫画。人類と、化石の祖先の関係を諷刺している。19世紀には、人間が類人猿から進化してきたという考えは、聖職者をはじめとする多くの人びとから反対された。

　氷河時代の発見は、19世紀の科学界で成しとげられた偉業のひとつだが、ひとりの地質学者の研究だけでなく、世界中の科学者による絶え間ない観察によって生まれたものだ。「ヌーシャテル講演」が行なわれた当時は、産業革命とそれに伴う鉱物需要の急増、そして地球とその歴史に関する科学的な関心の高まりによって、地質学の研究が活発になった時期と重なる。1870年代にアメリカ西部の探査と地図作成を行なった大規模な科学調査は、そんな流れのなかで生まれた新しい地質学のひとつだ。氷河や高山の斜面を踏査して、氷河が拡大・縮小する仕組み、固まった雪の層が氷をどのように形成するか、そして氷河の前進・後退に伴って堆積した岩石や土砂である「漂礫土」など、氷河の作用を調べる研究も行なわれた。こうした数々の調査によって、ビクトリア時代の地質学者は氷河時代の氷床の範囲を地図化することができた。ヨーロッパでは氷床はスカンジナビアとアルプス山脈を覆い、北アメリカでは広大な氷床が、ニューヨーク州からワシントン州のシアトル周辺まで広がった。1875年までに完成した地図では、氷河時代の氷河と氷床の面積は、現在の分布範囲の3倍を超える4,400万平方キロメートルに及んでいる。そのうちのおよそ2,600万平方キロメートルが北半球にあった。大半が広大な氷床に覆われ、厳しい寒さが襲った、今とはまったく違う世界が、何万年にもわたって続いたのだ。

　こうしてできた新しい地図は、数多くの疑問を生んだ。氷河時代はいつ始まり、どれだけ続いたのか？　そしていつ終わったのか？　1000年のうちに、氷床が拡大・縮小を繰り返す時期が何度もあったのか？　そして、何百万年も続いた熱帯の気候のあとに、なぜ突然、世界は氷河時代に入ったのか？　こうした謎の答えは、今も科学者たちが探している。アガシーが唱えた氷河時代、地質学者が言う更新世は、手ごわい難題をもたらしたのである。

第1章　氷河時代の発見

右：アメリカの著名な地質学者トーマス・C・チェンバレン（1843〜1928年）が描いた地図。氷河時代の北米における、ローレンタイド氷床とコルディレラ氷床の最大範囲を示している。チェンバレンはアメリカ北部の氷河堆積物を調べて、複数の氷河作用があったという説を唱えた。この説は現在でも妥当だとされている。彼は氷河時代の研究に大きく貢献しただけでなく、二酸化炭素が地球の気温の調整に重要な役割を果たしていることを訴えた初期の人物でもある。

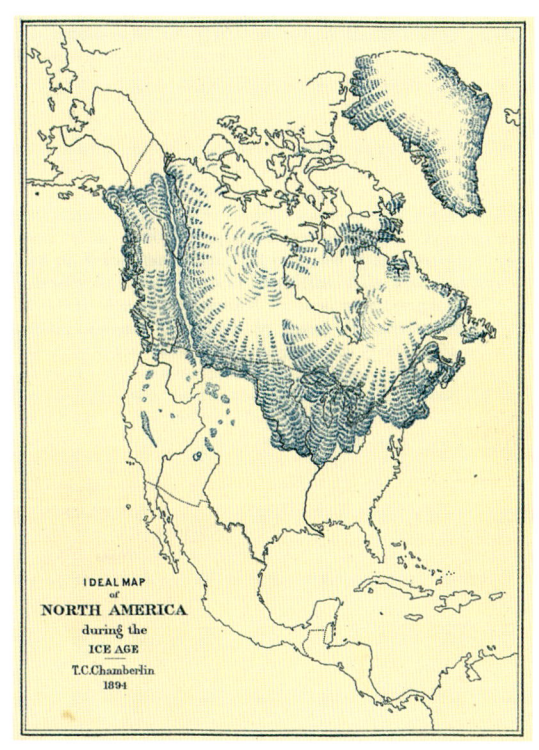

下：チェンバレンはイリノイ州南東部の「モレーン（氷河が運んだ岩などの堆積物）」の上で生まれたが、子どものころにウィスコンシン州南部に移り住み、1873年に同州の総合的な地質調査を始めた。こうした調査によって、下に示したような北米の氷河堆積物の詳しい分布図を作成し、北米の更新世に関する知識を大きく深めた。

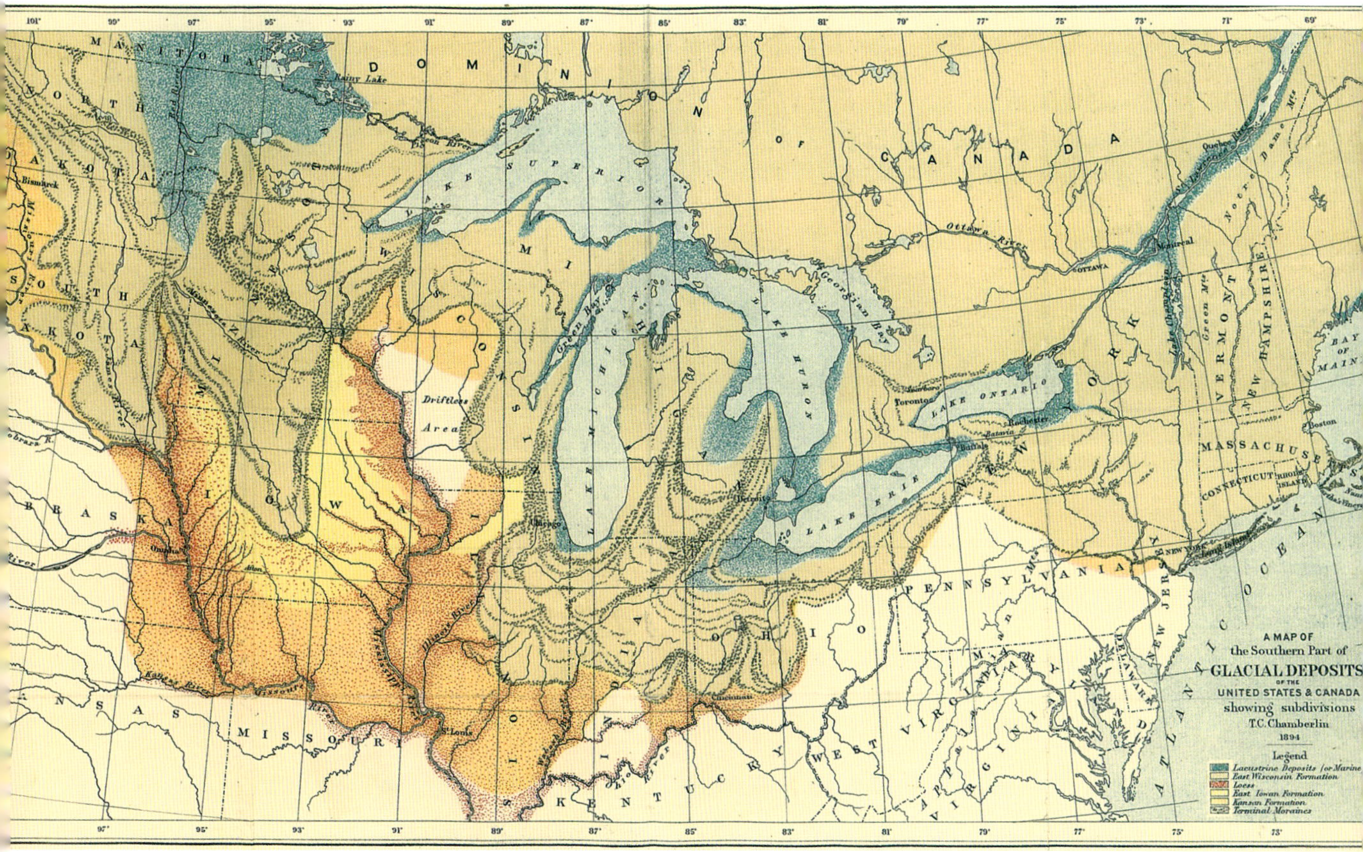

第2章
手がかりを探す

第2章　手がかりを探す

ルイ・アガシーが19世紀に考えた氷河時代の世界は、広大な氷床が陸地を覆っているという、比較的シンプルな姿だった。彼は著書『地質のスケッチ』(*Geological Sketches*, 1866)にこう書いている。「長い夏は終わった……長いあいだ熱帯の気候が広がり……大型の四足動物が地球を支配していたが、その時代は終わりを告げた。突然厳しい冬が地球を襲い、延々と続いた。」しかし、彼の説が生き長らえることはなかった。

アガシーの後継者たちは、氷河の作用やその移動の仕組みについて、まもなく多くの知識を得た。そしてこつこつと氷河の地図を作成した結果、北半球の大部分を覆った広大な氷床は北極から来たというアガシーの説と相反する結論を導きだした。カナダ北東部のハドソン湾からカナダの大半を覆ったローレンシア氷床には、北にも南にも境界があったのだ。南半球では、面積1,300万平方キロメートルの南極の氷床は、氷河時代にごくわずかに拡大したにすぎなかった。また、南半球のほかの氷床は、アンデス山脈のような山岳地帯に分布していただけだった。だが、ここで疑問なのは、巨大な氷河や氷床を形成した水はどこから来たのかということだ。

海面とレス

1841年には、スコットランドの地質学者チャールズ・マクラレンが「アガシー教授の氷河時代説」と題した論説で、「この説で主張されている規模の氷床の形成に海水が使われたとすると、海面が800フィート[240メートル]下がることになる」と推定している。当時、この主張を信じる者はほとんどいなかったが、1868年には、消えた氷床の大きさについての知識が増え、アメリカのオハイオ州クリーブランドの地質学者チャールズ・ウィッテルシーが、算出された大陸の氷の厚さを

30〜31頁：有孔虫の一種（*Nonionina depressula*）の光学顕微鏡写真。有孔虫はほとんどが海に分布するが、海底に暮らす種と、プランクトンとして浅い海のなかを漂う種と両方ある。大きさはとても小さいが、氷河時代に関して数多くの情報を与えてくれる。

アメリカのアイオワ州西部、レス（黄土）で覆われた丘に草原が広がる。レスは氷期の乾燥した時期に風で運ばれてきた大量のシルトで、風化すると肥沃な土になる。現代の農家はその恩恵を享受する。

氷河時代の名残りは世界各地で見られる。これは中国北部を流れる黄河沿いの岸に露出したレスの地層で、小麦の栽培のために切り開かれている。

　もとに、海面の低下は107〜122メートルだと推定した。これだけ下がっていたとすれば、現在、大陸の沖にある広大な大陸棚がすっかり地表に姿を現していただろう。アラスカとシベリアは陸続きになり、イギリスは大陸の一部だったことになる。
　大地を覆う氷床と、低い海面——氷河時代の世界は現在とはまったく異なる。厳しい寒さと広大な氷床は、氷床のまわりの地域にどんな影響を及ぼしていたのだろうか？　地質学者たちは氷河による堆積物、モレーンを探すなかで、ヨーロッパ、アジア、北アメリカの260万平方キロメートルの地域が、最大で厚さ3メートルの均質なシルト層（粒子の大きさが砂と粘土の中間の堆積層）に覆われていることを突き止め、スイスやドイツの農民の言葉を借りて、この地層のことを「レス（黄土）」と呼んだ。シルトの粒子は大きさにばらつきが少なく、角張っていて、層状をなすことが多いが、地層は連続しているとは限らず、局所的に分布することもある。1870年、ドイツの地質学者フェルディナント・フォン・リヒトホーフェンは、レスの正体が風に吹かれて飛んできた砂塵であることを突き止めた。「これほど広い範囲が……完璧なほど均一な土で覆われていることを説明できる作用はひとつしかない」と彼は『ジオロジカル・マガジン』誌に書いている。「乾燥した場所から砂塵が風に乗って運ばれ、植生に覆われた地点に降り積もれば、そこに永遠にとどまる。」氷河から吹いてきた強風によって、氷河の水流でできた細かいシルトが大きな砂煙となって吹き飛ばされてきたのだと、リヒトホーフェンは考えた。まだ鋤がなかった8000年前、ヨーロッパに現れた最初の農民たちがレスを好んだのは偶然ではなかった。レスは、

第2章　手がかりを探す

アメリカの農業地帯の土としても欠かせないものだった。

19世紀のビクトリア時代の地質学者がヨーロッパと北アメリカで氷河堆積物と海岸線を詳しく調べるにつれて、氷河時代は1回だけではなく、温暖な時期をはさんで何度も起きていたことがわかった。氷河時代とは、寒い氷期と暖かい間氷期が何度も交互に訪れる長い時代だったということが認識されたのだ。だが、その変動が何回起きたかは今もって謎で、詳しい変動の周期については、現在も解き明かされていない部分が多い。

なぜ氷河時代なのか？

昔の地質学者が頭を悩ませた問題はまだある。なぜ氷床は世界の大陸の3分の1近くを覆ったあと、さらに成長せずに後退してしまったのか？　その原因については諸説あり、「太陽のエネルギーと黒点の活動が変化した」というものから、「宇宙を漂うちりの粒子の分布が変わった」、「大気中の二酸化炭素の濃度が変わった」というものまでさまざまだ。なかでも大胆な仮説は、1964年にニュージーランドのアレックス・T・ウィルソンが提唱したもので、南極の氷床の大きな塊が、降り積もった雪の重みに耐えられずに崩壊して海に落ち、それがきっかけで氷河時代が始まったというものだ。まわりの水域が、光を反射しやすい流氷に覆われると、太陽の放射が反射して宇宙に戻る量が増え、その結果、氷河時代が起こったという。だが、こうした現象は山岳地帯の氷河で起きる例は知られているが、それによる海面の上昇は氷河時代の最中には起きないだろう。実際には、氷河時代の前に起きている。

あるいは、激しい火山活動が続き、噴きあげられた火山灰が氷河時代を引き起したのだろうか？　噴火によって大量の細かい灰が空に舞いあがり、地球を覆って太陽光を遮ることで、気温を下げることはある。たとえば、1815年にインドネシアでタンボラ山が噴火したあと、ヨーロッパでは翌16年は「夏のない年」となった。スイスでは、あまりの寒さに作物が育たず、人びとが飢えに苦しんだ。当時この地で休暇を過ごしていた作家のメアリー・シェリーは室内にこもって、あの『フランケンシュタイン』の物語を書いている。1883年には、同じくインドネシアのクラカトア火山が噴火した。その爆発音はあまりに大きく、5000キロメートル近く離れた地点でも聞こえたという。その

1883年、インドネシアのクラカトア火山の噴火で大きな津波が発生し、大量の死者が出た。大気中に噴きあげられた火山灰が厚く空を覆い、世界の広い範囲でみごとな夕焼けが見られた。氷河時代が始まった原因として、長期にわたる大規模な火山活動で噴出した火山灰が空を覆って太陽光を遮断したという説が唱えられたが、そうした火山活動の証拠は見つかっていない。

第2章　手がかりを探す

　後2年にわたって、世界各地で赤い夕日が見られた。地球の気温も大幅に下がり、上空を漂っていた火山灰が地表に降り積もると、気候は元に戻った。

　だが、これらは単発の噴火だ。もし火山活動が何年も続き、それに伴う気温低下も長引いたとしたら、どうなるだろうか？

　しかし、氷河時代が始まったころにこうした火山活動があったという地質学的な証拠はまだ見つかっていない。

　数々の研究者たちが2世紀近くにわたって熱心に野外調査に励み、さまざまな説を構築してきたが、氷河時代が始まった原因に関して説得力のある説はまだ出てきていない。ただ、そのなかでも有望だと考えられているのは、ルイ・アガシーが「ヌーシャテル講演」を行なった5年後に発表された説だ。

　1842年、フランスの数学者ジョセフ・アルフォンス・アデマールが『海の大変動』という本を出版し、そのなかで、氷河時代は地球の公転の変化で起きたと論じ、地球の軌道沿いの春分点と秋分点が2万2000年周期で変化するために起こるという説を唱えた。アデマールはこの説のほかにも、南極で解けた氷床が崩れ、それによってできた氷塊が高波のように北半球の陸地に押し寄せたということも述べているが、こうした主張は単なる空想だとして当時の人びとに受け入れられなかった。ただ、天文学については別だった。氷河時代の原因を公転の変化だとしたアデマールの説は、氷河時代を天文学的に説明した最初の説となった。

　この説は、スコットランドの地質学者ジェイムズ・クロールに受け継がれることになる。クロールは13歳のときに学校を中退してから、独学で科学を勉強したという経歴の持ち主。理論好きな自分に合っているのではないかと考えて機械修理工になり、その後、大工、喫茶店の店員、店舗やホテルの経営者、保険の販売員と、職を転々と変えた。だが、抽象的な思考をする自分は実務の世界に合わないということに気づき、1859年、グラスゴーにあるアンダーソニアン博物館の用務員となった。この博物館には科学関連の優れた蔵書がそろっていたため、勉学にはげむことができた。まず物理学から始め、その後1864年には地質学と氷河時代に興味を移した。

　そのころには、アデマールの著書のことも知っていたほか、地球の軌道の離心率が徐々に変化していることを示したフランスの天文学者ユルバン・ルベリエの研究も把握していた。クロールはこれこそが氷河時代の原因ではないかと考え、1864年8月の『フィロソフィカル・マガジン』誌にこのテーマに関する論文を発表し、広く認められることになる。その後、ルベリエが10年かけた軌道計算のもとになった複雑な数学をマスターし、過去300万年にわたる軌道の離心率の変化をひたすらグラフに描いて、離心率が長い期間をかけて周期的に変動していることを突き止めた。

スコットランドの科学者ジェイムズ・クロール（1821～1891年）。頭脳明晰で、学校に通わず独学で科学を習得した。地球の公転軌道の変化が地球の気候に大きな影響を及ぼしているという説を唱え、氷期が複数あったと予測した。

第2章　手がかりを探す

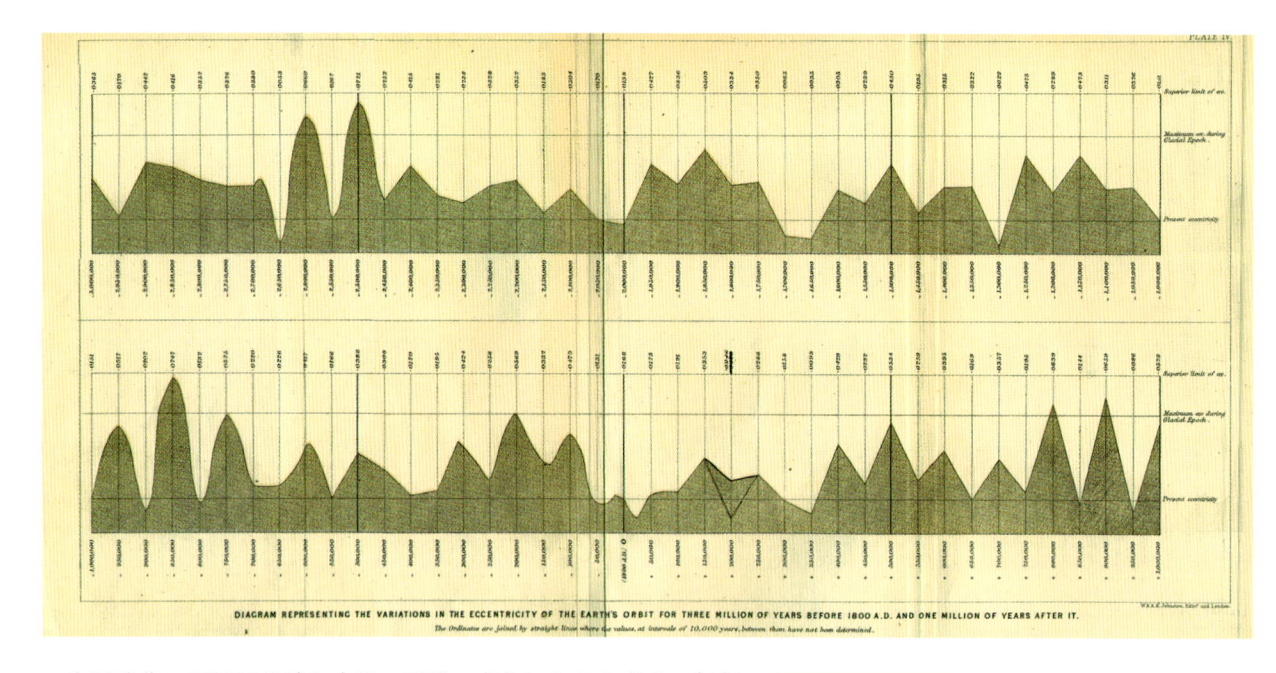

DIAGRAM REPRESENTING THE VARIATIONS IN THE ECCENTRICITY OF THE EARTH'S ORBIT FOR THREE MILLION OF YEARS BEFORE 1800 A.D. AND ONE MILLION OF YEARS AFTER IT.

　氷河時代の原因は地球と太陽の距離の変化にあると考え、毎年12月21日におけるその距離をグラフに描いた。地球と太陽の距離がある臨界値を超えると、北半球の冬の気温が、氷河時代を引き起こすレベルまで低下する。1875年、クロールは自説をまとめた著書『気候と時間』（*Climate and Time*）を出版し、その研究成果によって王立協会の会員に選ばれた。

　クロールの説は大きな影響を与えた。特に、スコットランドの地質学者ジェイムズ・ギーキーが1874年の著書『大氷河時代』（*The Great Ice Age*）（氷河時代について論じた、アガシーの1840年の著書『氷河の研究』以来の本格的な研究書）でクロールの説を支持すると、その影響力は一段と強まった。だが、彼の説には深刻な弱点があった。クロールの主張では、氷河時代は8万年前の離心率の変化で終わったとされていたが、当時は地層の年代を特定する技術がなく、彼の主張を裏づけることができなかったのだ。その後、アメリカの地質学者たちがナイアガラの滝と、ミネソタ州のミシシッピ川にあるセントアンソニー滝のデータを使って、氷河時代の終わりが1万5000〜1万年前であると主張した。それと同じころ、クロールの予測した太陽の熱の変動は地球全体の気候に影響を及ぼすには小さすぎるとして、気象学者たちが大々的に異議を唱えはじめた。

　1894年までには、クロールの説は説得力を失い、せいぜい歴史学者が関心を寄せる程度のものとなって、ほとんど忘れられた。だが、物語はここで終わりではない。その後、セルビアのある技術者が「無限という概念に魅了され、宇宙全体を隅から隅まで理解したい」と考えたことがきっかけとなって、クロールの説はふたたび脚光を浴びることになる。

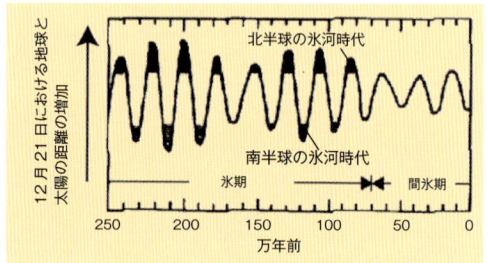

上二つ：氷期に関するクロールの説を示すグラフ。冬至における地球と太陽の距離を数十万年前までグラフ化し、その変化によって氷河時代が起きると考えた。距離がある臨界値を超えると、北半球の冬の気温が氷河時代を起こすレベルまで下がるというのが、クロールの考えだった。

37頁左：地球の公転軌道は9万6000年周期で、楕円の幅が広がったり狭まったりする（上）。地軸の傾きは、4万1000年周期で21.8°から24.4°の範囲で変化する（下左）。また、地軸が円を描くように振れる歳差運動が2万1000年周期で起きる（下右）。

第2章　手がかりを探す

ミランコビッチ曲線

　技術者の名は、ミルティン・ミランコビッチ（1879～1958年）。後に、ベオグラード大学の応用数学教授となるが、依然として「無限」の魔力にとりつかれたまま、過去と現在の気候を説明する数学理論の構築にひたすら打ちこんだ。その研究範囲は地球にとどまらず、火星や金星にまで広がった。アデマールやクロールとは違い、数学教育を受けていたミランコビッチは、軌道の変化の大きさを高い精度で計算できる知識と能力をもっていた。

　旅行や休暇のときも休まず、ホテルの部屋に机を用意させるほどの熱心さで、30年にわたってこの理論の構築に取り組んだミランコビッチ。まだコンピュータがなかった時代、これほどの長い時間をかけて突き止めたのは、地軸の傾きが小さくなると、夏の太陽放射が弱まるということだった。一方で、地球と太陽の距離が縮まると、どの季節でも太陽放射が強まる。こうした現象による影響の大きさは緯度によって異なる。高緯度地域における放射曲線は、地軸の傾きの4万1000年周期の変動による影響が大きく、赤道では2万2000年の周期による影響が大きい。ミランコビッチは山岳地帯の雪線（万年雪の境界）を利用して、夏の太陽放射の変化が積雪にどの程度の影響を及ぼすかを特定することができた（詳しくは第4章参照）。

　1920年に自説に関する著書を出版したあと、ミランコビッチはドイツの著名な気候学者ウラジミール・ケッペンと、その義理の息子で地質学者のアルフレート・ウェゲナーと共同研究を始めた。そして彼らの勧めにより、北半球の3つの緯度に

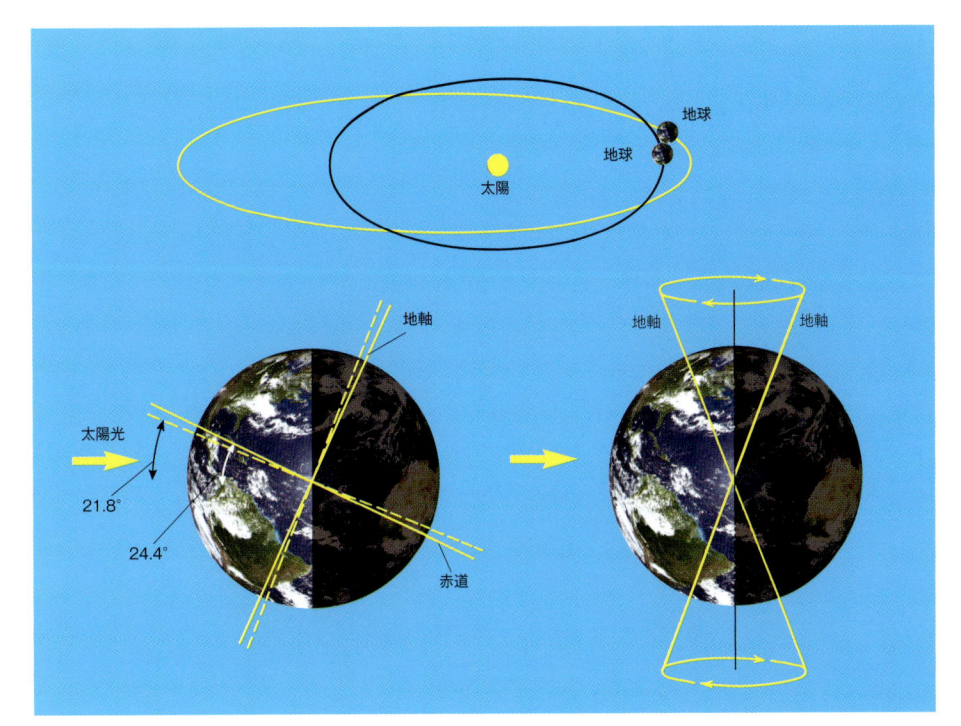

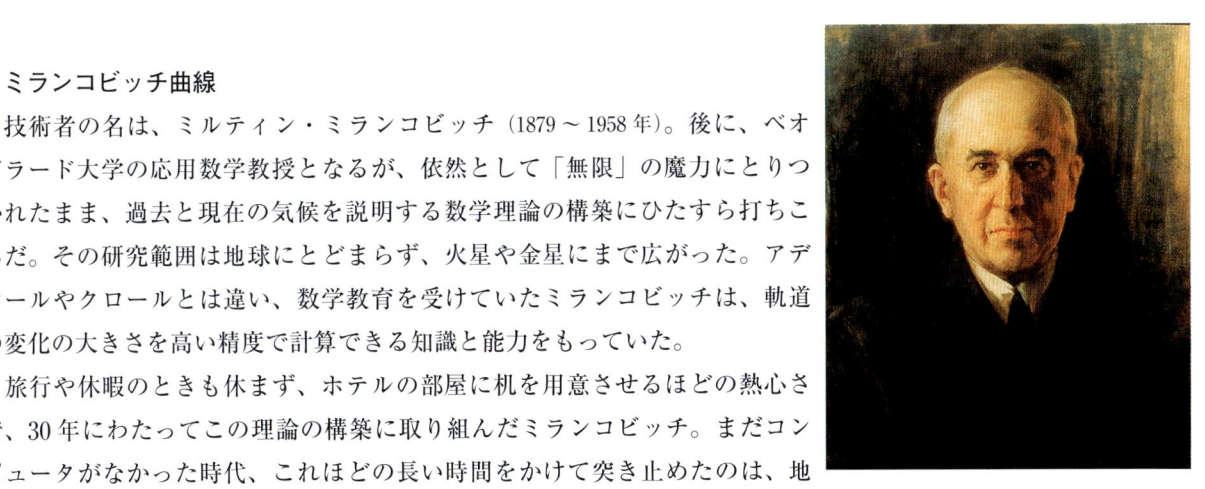

ミルティン・ミランコビッチ（1879～1958年）。セルビア人の画家パヤ・ヨバノビッチ（1859～1957年）が1943年に描いた肖像画。

下のグラフ：深海コアを分析して得られた、過去600万年にわたる海水温の主な変動の記録。海底の堆積物を利用すれば、微生物化石に残された化学元素を手がかりに、過去の気候変動を調べられる。

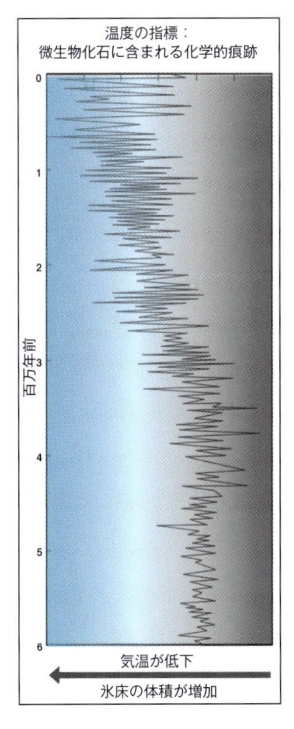

第2章　手がかりを探す

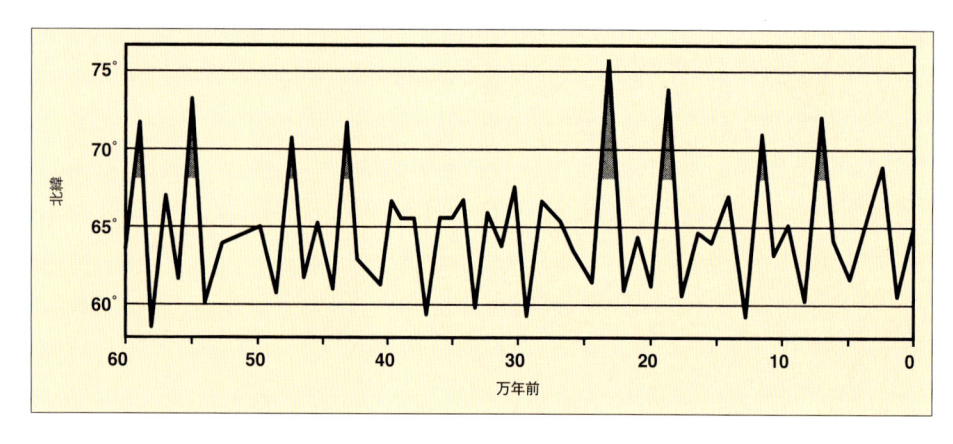

ミランコビッチが作成したグラフ。ケッペンとウェゲナーが著書『地質学的な過去の気候』で使ったものだ。このグラフでは、過去60万年間について北緯65°の夏が現在の北緯何度に相当するかを、日射量にもとづいて示している。たとえば、グラフで北緯75°となっている時期には、北緯65°の地域で現在の北緯75°に相当する日射量しか受け取っていないということだ。グレーで塗りつぶされているのは、相当する緯度が現在よりも高かった期間。ミランコビッチは、この要因を氷期のきっかけのひとつだと考えていた。

ついて過去65万年にわたる夏の太陽放射の変化を計算することにした。「毎日朝から晩まで働いてたっぷり100日」かかった計算で導きだされたのが、「ミランコビッチ曲線」として知られるグラフだ。曲線の低い点は、その少し前にアルプスで確認された4つの氷期と一致しているように見えた。ミランコビッチ曲線には放射量の低下が全部で9回あり、不規則だが特徴的な傾向が見られる。この曲線は、1924年に出版されたケッペンとウェゲナーの著書『地質学的な過去の気候』（*Die Klimate der geologischen Vorzeit*）に掲載された。

　このころには、ミランコビッチ曲線と対比できる雪氷学的なデータがあった。オーストリアの地質学者アルブレヒト・ペンクとエドゥアルト・ブリュックナーがアルプスの氷河時代の氷期について研究した、1909年の論文である。この論文には、アルプスの積雪の高度が現在よりも1000メートル低かった時期として、ギュンツ、ミンデル、リス、ウルムという4つの氷期が記載されているが、この4つの氷期の年代がミランコビッチ曲線とよく一致しているように見えた。こうした生の観察結果はまもなく、ドイツの地質学者バーテル・エーベルルとウォルフガング・ゼルゲルをはじめとする学者たちによってさらに洗練され、ミランコビッチ曲線との整合性も高まった。

　ミランコビッチ曲線が発表されると、地質学者たちは、野外で見つけた氷河堆積物との照合に乗りだした。アメリカの地質学者トーマス・C・チェンバレンとフランク・レベレットは、かつて北アメリカの大部分を覆っていた4つの氷床を特定した。これらはアルプスの4つの氷期と一致しているかと思われたが、厳密に関連づけるにはあまりにもデータが大ざっぱすぎるという批判も受けた。

　1930年代と40年代には、放射性元素による年代測定の技術はまだなかったため、ヨーロッパではミランコビッチの年代が氷河時代の年代の基準となっていた。だが、アルプスから遠く離れたアメリカの学者たちには、あまり信じられていなかった。懐疑派はほかの国にもいて、たとえばドイツの地質学者インゴ・シェーファーは、アルプスの氷河堆積物で温暖な地域にすむ軟体動物を見つけて異議を唱えている。特に大きな反対意見は、気象学者から上がった。ミランコビッチは熱の伝達における大気と海の役割を無視している、というのが彼らの指摘だった。だが、ミラ

第2章　手がかりを探す

ンコビッチはそうした批判を、「無知な者に初歩的な教育をほどこすのは私の役割ではない」と一蹴した。彼の説に対する支持はかなり強かったため、1930年代と40年代には、ミランコビッチの年代が氷河時代に適用できる唯一の年代だった。だがその後、放射性炭素や、カリウムとアルゴンを使った年代測定法が確立されると、彼が構築した説はまるでトランプを積み重ねて作った家のようにあっけなく崩れ去り、氷河時代の年代解釈はがらりと姿を変えることになる。

年代測定法の革命

第二次世界大戦中に原子爆弾を開発するマンハッタン計画で科学者としての経験を積んだウィラード・リビー。彼はシカゴ大学で1946年から3年にわたる研究によって、放射性炭素（炭素14）が大気中にごくわずかながら存在していることを発見した。大気中の炭素14は、最終的に動植物の体内に吸収される。動物が死んだり植物が枯れたりすると、その組織に含まれている炭素14は崩壊しはじめ、放射能測定器のガイガーカウンターで測定できる程度の速さで、安定した窒素原子に変わっていく。この炭素14を使えば過去の年代を測定できるはずだ——。そう確信したリビーは、木材や木炭、骨など過去の有機物のなかに含まれている炭素の同位体の比率を測る研究を始め、広範囲にわた

ウィラード・リビー（1908～1980年）。ノーベル化学賞の受賞者で、放射性炭素による年代測定法を開発した。

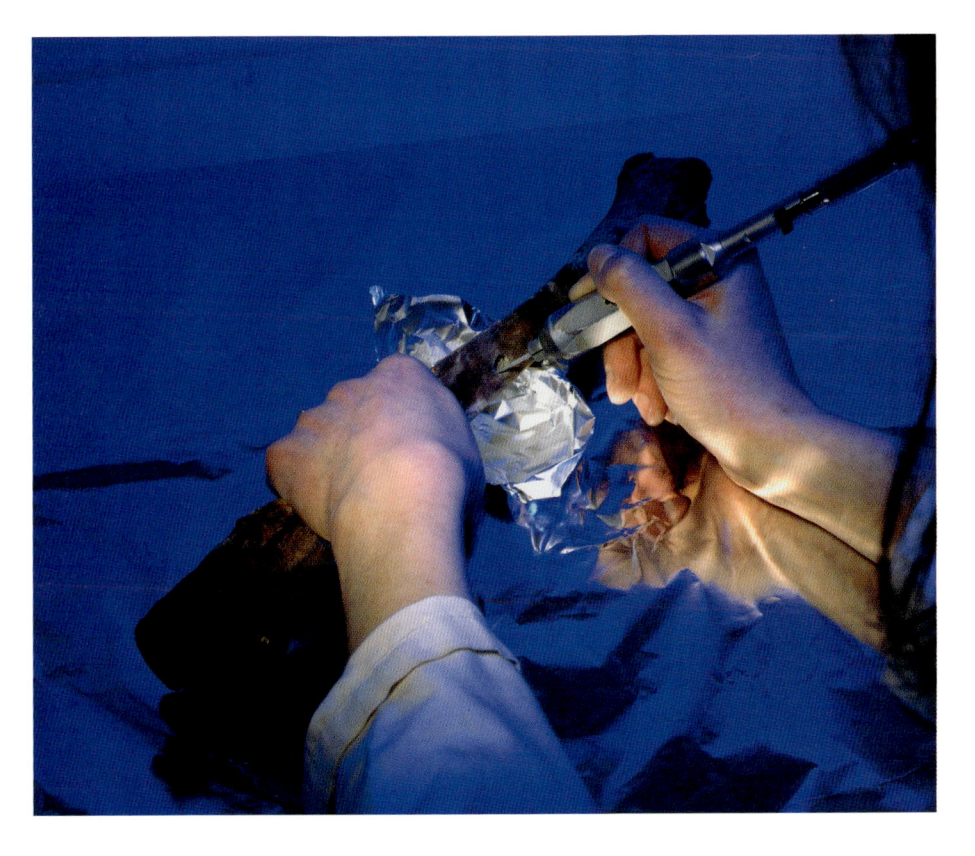

放射性炭素による年代測定のために、科学者がトナカイの骨を削って試料を採取する。この方法では、試料に含まれる放射性同位体の炭素14（14C）と安定同位体の炭素12（12C）の比率を測る。この比率は、動植物が死んでから現在までの時間と関連があると考えられている。放射性炭素から得られた年代は、木の年輪や氷床コアなどを使って暦に合うように調整される。

第2章　手がかりを探す

る試験の結果、この方法が年代測定に有効なことを突き止めた。それだけでなく、4万年前よりも新しい化石だけにこの方法が使えることも発見した。つまり、炭素を使ったこの方法は、氷河時代末期の年代測定に使えるということだ。

　炭素14法をいち早く取り入れた研究者のひとり、アメリカの地質学者リチャード・フォスター・フリントは、アメリカ東部と中部に分布する氷河時代末期の氷河堆積物を数多く集めて、その年代を測った。すると、それらの堆積物が示す氷期は1回だけでなく2回あり、その新しいほうの氷期は1万8000年前に最盛期を迎え、1万年前に終わっていることがわかった。その後まもなくして、ミランコビッチの年代がまったく正確でないということが判明した。炭素14法では年代を高い精度で測定できるため、氷床の後退で残された堆積物を集めれば、後退のさまざまな段階の年代測定ができる。こうして氷河時代末期の年代研究で革命が始まり、地質学者や気候学者が4万年にわたる詳しい気候変動を解き明かす研究は、現在も続いている。

　だが、何十億年にも及ぶ地球の長い歴史からすれば、4万年など一瞬にすぎない。それでは、氷河時代初期の氷期や間氷期の年代をミランコビッチより正確に測るには、どうすればいいのだろうか？　これにも同じく科学的な手法を使う。1950年代に生まれた、カリウム・アルゴン法である。

　1959年、古人類学者のメアリ・リーキーが、アフリカのタンザニアのオルドバイ峡谷に分布する古い湖沼堆積物のなかから、ジンジャントロプスというがっしり

ルイス・リーキー（1903～72年）と妻のメアリ・リーキー（1913～96年）が、初期人類のジンジャントロプスの頭骨を披露する。これは1959年にタンザニアのオルドバイ峡谷でメアリーが発掘したもので、アウストラロピテクス属に分類され、がっしりした体格をしている。

第2章　手がかりを探す

アメリカのカリフォルニア大学バークレー校のカリウム・アルゴン分析室で、電気の熱を使って遠い過去の年代を測定する。この年代測定法によって、氷河時代や初期人類の進化の歴史ががらりと変わった。

した体格の人類の化石を見つけた。彼女が「ディア・ボーイ」と名づけたこの化石は、人類進化の知識をがらりと変える偉大な発見となる。当時は、頭のなかで想像する以外、人類が何年前から地球にいたのか誰も知ることはできず、25万年前ごろから存在していたのではないかという憶測しかなかった。その1年後、メアリは夫のルイスとともに、ホモ・ハビリス（「器用な人」の意）という、きゃしゃな人類の化石を発見した。出土した地層は、火山性の堆積物を伴った湖沼堆積物だったが、ジンジャントロプスの出土層より下位にあり、年代が古いことを示していた。これらの化石の年代を測定することが急務となった。

さいわいにも、オルドバイでの大発見と時を同じくして、アメリカのカリフォルニア大学バークレー校の研究チームが、カリウム・アルゴン法という年代測定法を開発していた。この手法のベースになっているのは、火成岩に広く含まれているカリウムの放射性崩壊だ。カリウムの放射性同位体であるカリウム40は炭素14よりも崩壊速度が遅く、数十億年前の岩石の年代測定に使うことができる。オルドバイ峡谷には火山性の堆積物が分布するため、カリウム・アルゴン法が開発されると、研究者の目はまもなくオルドバイで出土した人類化石に向けられた。年代測定の結果は、ジンジャントロプスが175万年前、ホモ・ハビリスが200万年前。人類進化

の歴史を書き換える大発見となった。

　その後、カリウム・アルゴン法による年代測定によって、人類の歴史は少なくとも450万年前までさかのぼれることが判明した。そして氷河時代の始まりのカリウム・アルゴン年代は、およそ250万年前に徐々に寒冷化した時期と重なることがわかった。つまり、初期人類の進化の歴史は、氷河時代の始まりよりもさらに古いということだ。

海底を掘削する

　一説によれば氷河時代はおよそ150万年くらい続いたというが、この長期的な枠のなかで、氷期と間氷期はどのようにくり返されたのだろうか。氷河時代の気候変動を推測するという点で、氷河堆積物は必ずしも最も正確な指標ではない。このため、気候学者や海洋学者は海底に目を向けた。

　海底に残された記録から氷河時代の気候変動を探るというアイデアは、昔からあった。ジェイムズ・クロールも著書『気候と時間』のなかで、「海の奥深く、何百フィートもの厚さに降り積もった砂や泥、礫（れき）のなかに、川の流れに乗って海に運ばれた、数多くの植物や動物が埋もれている」と、なかば予言するかのような推測をしている。当時の人びとにとって海は謎めいた存在であり、1872～75年に調査船〈チャレンジャー号〉で海洋底堆積物を調べたのが科学的な調査の始まりだった。チャレンジャー号に乗った研究者たちは大陸棚よりもさらに外洋に出て、熱帯と温帯の比較的浅い海で粒子の細かい泥を採取した。その泥には原生動物の一種である有孔虫（ゆうこうちゅう）やプランクトンの化石が含まれていたが、そのなかには、寒冷な海にすむ種と温暖な海にすむ種の両方があることがわかった。つまり、少なくとも理論的には、深海の堆積物の地層を乱さずにそのままコア状（円筒状）に採取して、含まれている有孔虫の化石を調べれば、氷河時代の気温の変動を再現できるということだ。

　深海に降り積もった細かい堆積物を乱さずに回収する方法を考案するのは難しく、調査は進まなかった。しかし1947年、スウェーデンの海洋学者ビョーレ・クレンベルクが、最大で15メートルの堆積物をピストンで管に吸いこんでコア状の試料を採る採取器を開発した。1947～48年に実施されたスウェーデンの深海探査では、大西洋と太平洋の海底から堆積物のコアが採取された。その結果をまとめた有名な論文によれば、大西洋から採取した39のコアに、氷河時代に少なくとも9つの氷期があったことを示す証拠が残っていたという。

　この調査と時を同じくして、アメリカのシカゴ大学の海洋学者チェーザレ・エミリアーニが、有孔虫化石に含まれている酸素原子の同位体組成を調べていた。その結果を、アメリカのコロンビア大学のラモント＝ドーティ地球科学研究所が所有するコアと比べたところ、新しい時代についてはよく一致するが、時代が古くなるとかなり異なることがわかった。当時、ラモントのデビッド・エリクソンは3000以上のコアを使って、少なくとも9つの氷期の順序を特定していた。氷河時代初期の8つ

のコアには、「ディスコアスター」と呼ばれる星形の植物化石が絶滅した境界が含まれていた。この絶滅は150万年前に起こったと推定された。

　だが、当時はコアに含まれている貝類や甲殻類の年代を正確に測定する方法がなかったため、エリクソンが唱えた年代には賛否両論があった。同時期、シカゴ大学のエミリアーニは、酸素原子を使って過去の海水温を調べていた研究チームと共同研究を始めていた。海水には酸素18と酸素16という酸素の同位体が含まれていて、前者は後者よりも重いが、どちらも海洋生物の炭酸カルシウムの殻に含まれている。生物がまわりの海水から酸素18を取りこむ量は水温によって異なり、冷たい海にすむ生物の殻は酸素18の濃度が高い。アメリカの地球化学者ハロルド・ユーリーは、化石の殻に含まれている酸素18と酸素16の比率を使えば、過去の水温を算出できるのではないかと考えた。エミリアーニは、現在「同位体温度計」と呼ばれているこの手法を、氷河時代の有孔虫化石に適用した。そして1955年、8つの深海コアを分析して大西洋とカリブ海の水温曲線を導きだし、過去30万年にわたる7つの氷期の水温を特定したほか、カリブ海では氷期に水温が6℃下がったことも突き止めた。また、その結果が、ミランコビッチ曲線とよく対応しているとも発表した。

　その後、有孔虫の集団を統計的に分析することによって、同位体の値の変化は、海水温の変化ではなく、氷河時代の氷床の体積変化によって生じることがわかった。このアプローチにより、同位体の手法を使って氷床の体積を測定でき、統計的な手

さまざまな有孔虫の殻を光学顕微鏡で撮影した。これらの殻は、チョークや深海に堆積した軟泥の主要成分である炭酸カルシウムで主にできている。生息数が非常に多いため、石灰岩層のなかに大量に含まれている。

第2章 手がかりを探す

法を使って海水温の変化を知ることができるようになった。

地磁気の逆転と氷河時代の境界

氷河時代はいつ始まったのか？ 深海コアの研究からは150万年前と推定されているが、「古地磁気」というまったく別の面から研究すると、異なる推定年代が得られる。

1906年、地球の磁場を研究していたフランスの地球物理学者ベルナール・ブルンが、新しく焼いたれんがは、冷えるとわずかに磁気を帯びることを発見した。また、火山の溶岩が冷えるときにも、れんがと同じ反応を示すことも突き止めた。そしてまもなく、過去の溶岩流のなかには、現在の地球の磁場とは逆向きの磁場をもっているものもあることを発見した。その20年以上あと、日本の地球物理学者、松山基範(もとのり)が、地球の磁場は過去に何度も逆転したことがあり、更新世にも少なくとも1回逆転していると考えた。ブルンと松山の発見が裏づけられたのは1963年。アメリカの研究チームが、磁場の逆転は地球規模で起きていることを証明し、氷河時代には78万年前の「ブルン=マツヤマ」と約180万年前の「オルドバイ」の2回の地磁気逆転があったということがわかった。その後、大西洋の深海で採取したコアからも、同じ地磁気逆転が見つかった。

左：電離層に現れる天然の光、オーロラ。通常は北の高緯度地域で見られる。オーロラは、地球の磁場が光となって現れたもの。地球の磁気圏から出た、電荷を帯びた粒子が衝突して生じる。衝突した粒子は地球の磁場と結びつき、大気圏の上層にある原子や分子を励起する。

次頁：地球磁場を描いたコンピュータグラフィックス。青い線は磁場線を表わし、地球の磁極（北極と南極に近いが、同じではない）から伸びている。磁場は、地球の核にある溶けた鉄の動きによって発生していると考えられ、太陽から降り注ぐ高エネルギーの放射線から地球を守る。磁場は常に同じではなく、地球の歴史のなかで突然、不規則に逆転してきた。最も新しい逆転は78万年前で、「ブルン=マツヤマ」の地磁気逆転として知られている。こうした逆転の記録は、深海コアに残っている。

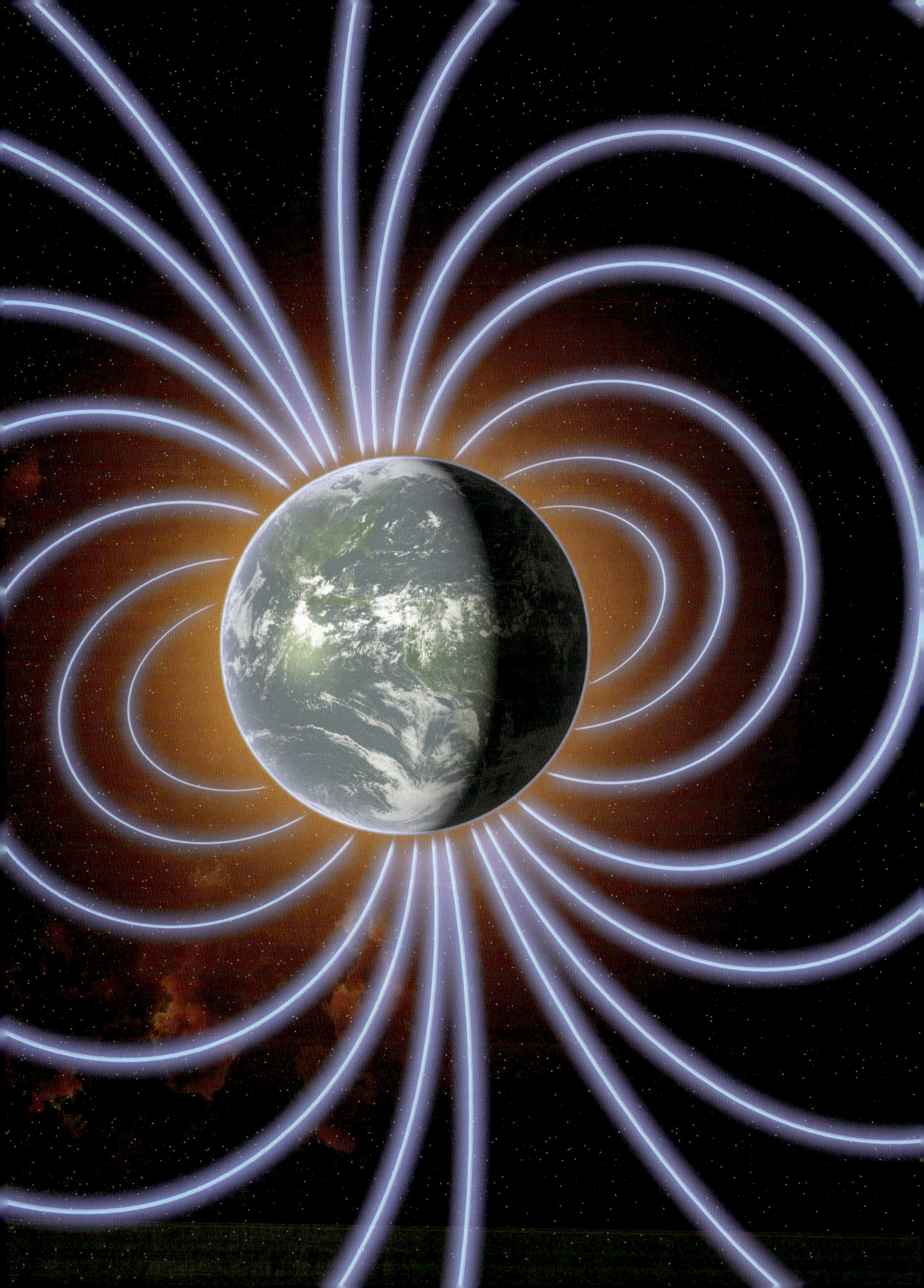

第2章　手がかりを探す

　氷河時代の始まった年代を調べるうえで、古地磁気は年代の精度を上げるのに役立つ。アメリカのウッズホール海洋研究所の研究によると、寒冷な地域にすむ生物が最初に現れたのは、およそ180万年前に起きたオルドバイの地磁気逆転の最中だという。

気候のサイクル

　陸地と海底の地層に関する詳しい調査が進むにつれ、氷河時代の気候に対する理解は変わっていった。1960年代後半、ラモント＝ドーティ地球科学研究所のウォレス・ブロッカーとジャン・バン・ドンクが、カリブ海で採取したコアV12-122に含まれていた有孔虫の同位体データを使って、エリクソンとエミリアーニが調べた同位体データの主要なサイクルは10万年だと結論づけた。この気候サイクルは明らかに非対称で、寒冷化はゆっくりだが、温暖化の速度は非常に速い。こうした深海コアに残された記録と、チェコスロバキア（当時）のれんが工場で見つかったレスの地層という陸上の記録から、主要な氷期はおよそ10万年の間隔を置いて起きていることが確認された。

　さらにそれとほぼ同時期に、同じくラモントのウィリアム・ラディマンとアンドリュー・マッキンタイアが大西洋で南北の線に沿って採取した海洋コアを調べたところ、ブルン＝マツヤマの地磁気逆転以降、8回の気候サイクルのなかで、メキシコ湾流が氷期に南下したあと、スペインに向かって東に流れていたことがわかった。メキシコ湾流の動きも、気候サイクルに従って変わっていたのである。

　1971年までには、「CLIMAPプロジェクト」と呼ばれる国際的な取り組みも始まった。当初は氷河時代における地球の表層の地図作成と、気候変動の研究が目的だったが、73年には、氷河時代の気候サイクルの研究も含められた。このプロジェクトの成果は、氷河時代後期の最盛期にあたる1万8000年前の地球全域の海水温と氷河の分布図にまとめられた。しかし、このプロジェクトでは、ブルン＝マツヤマの境界よりも前にさかのぼる、ひと続きの気候の記録は得られなかった。

　そんななか、ケンブリッジ大学の地球物理学者ニック・シャックルトンは、およそ78万年前までさかのぼる氷河時代の年代を特定した（地質学者のジョン・インブリーは、氷河時代年代の「ロゼッタ・ストーン」と呼ぶ）。太平洋西部の赤道付近の浅海で採取されたV28-238というコアを分析したところ、ブルン＝マツヤマの境界までの堆積物と軟体動物の化石が含まれていたのだ。シャックルトンは、海底にすむ小さな生物の殻に含まれる同位体の変化を測定できる質量分析装置を初めて

大西洋南西部で採取した深海コアV28-238に見られる、氷河時代の気候変動のグラフ。酸素同位体比の変化から氷河時代の気候変動を明らかにした典型的な例であり、氷河時代の気候を解き明かすうえで重要な発見となった。この図では地磁気逆転が70万年前となっているが、現在では78万年前とされている。

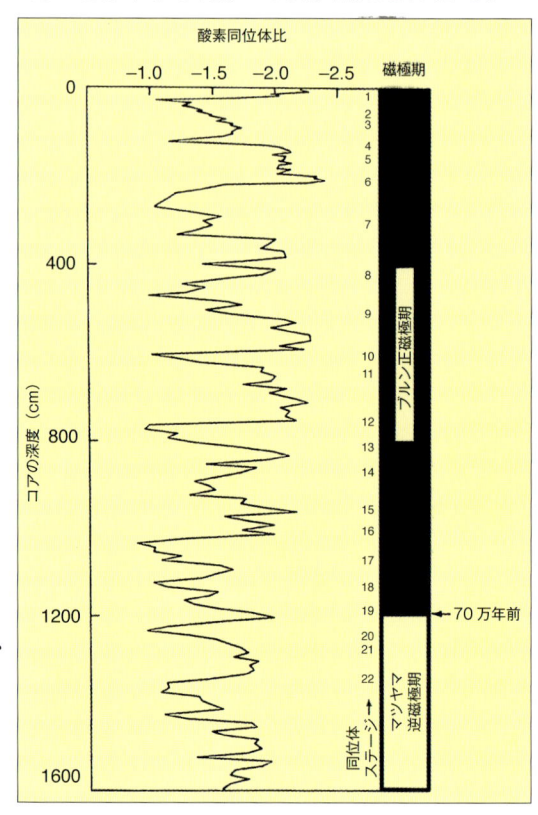

第2章　手がかりを探す

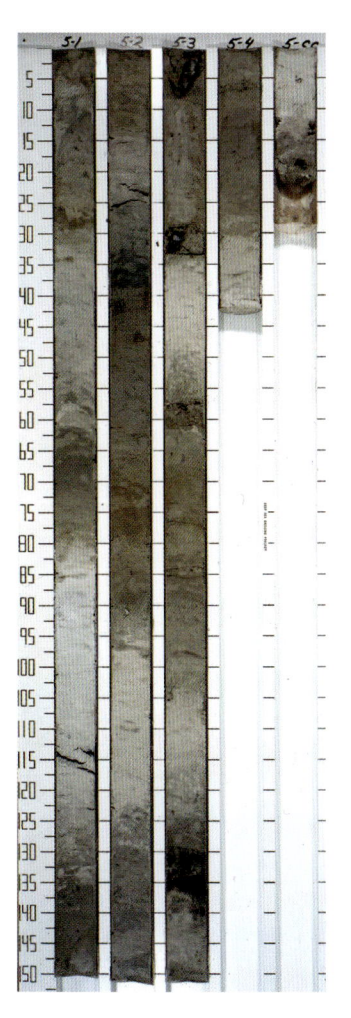

開発した。そうしてV28-238から得られたグラフでは、同位体比から氷河時代が19のステージに分けられ、その始まりの年代は地磁気の逆転で、終わりの年代は炭素14法で特定された。同位体ステージ19は、ブルン=マツヤマの境界で起きている。

　シャックルトンの研究がきっかけになり、ミランコビッチ曲線と氷河時代の気候サイクルについて新たな研究が始まった。スペクトル分析と呼ばれる統計的な手法とCLIMAPの時間尺度を使って、地質学者のインブリーらは、主要な10万年のサイクルだけでなく、4万年と2万年の小さなサイクルが存在することを突き止めた。そして、地球の公転軌道の離心率のサイクルを計算した結果をもとに幅広く統計的な実験を行なったところ、気候変動は離心率の変化に応じて10万年周期で起きるだけでなく、地軸の傾きの変動によって4万1000年周期でも起き、さらには地球の歳差運動によって2万3000年と1万9000年の周期でも起きていることがわかった。これらの年代は同位体と軟体動物の研究結果ともよく一致するうえ、結局、ミランコビッチが正しかったことを強く裏づけることとなった。

　以上の研究結果は1976年に発表された。地球の公転軌道の変化が複数の氷期を引き起こしたという、アデマールとクロールが提唱し、ミランコビッチが磨きをかけた説の重要性が証明されたわけである。だが、氷河時代がどうやって始まったかというその仕組みは、いまだ謎に包まれている。

深海掘削船〈グローマー・チャレンジャー号〉による深海掘削計画で採取された深海コア。1回に採取されるコアは長さ9mで、直径6.35cm。回収されたコアは縦に二分割され、半分は保管される。残りの半分は、今でも研究に使われている。

深海掘削計画で使われた深海掘削船〈グローマー・チャレンジャー号〉。1968年に建造され、83年まで使われた。

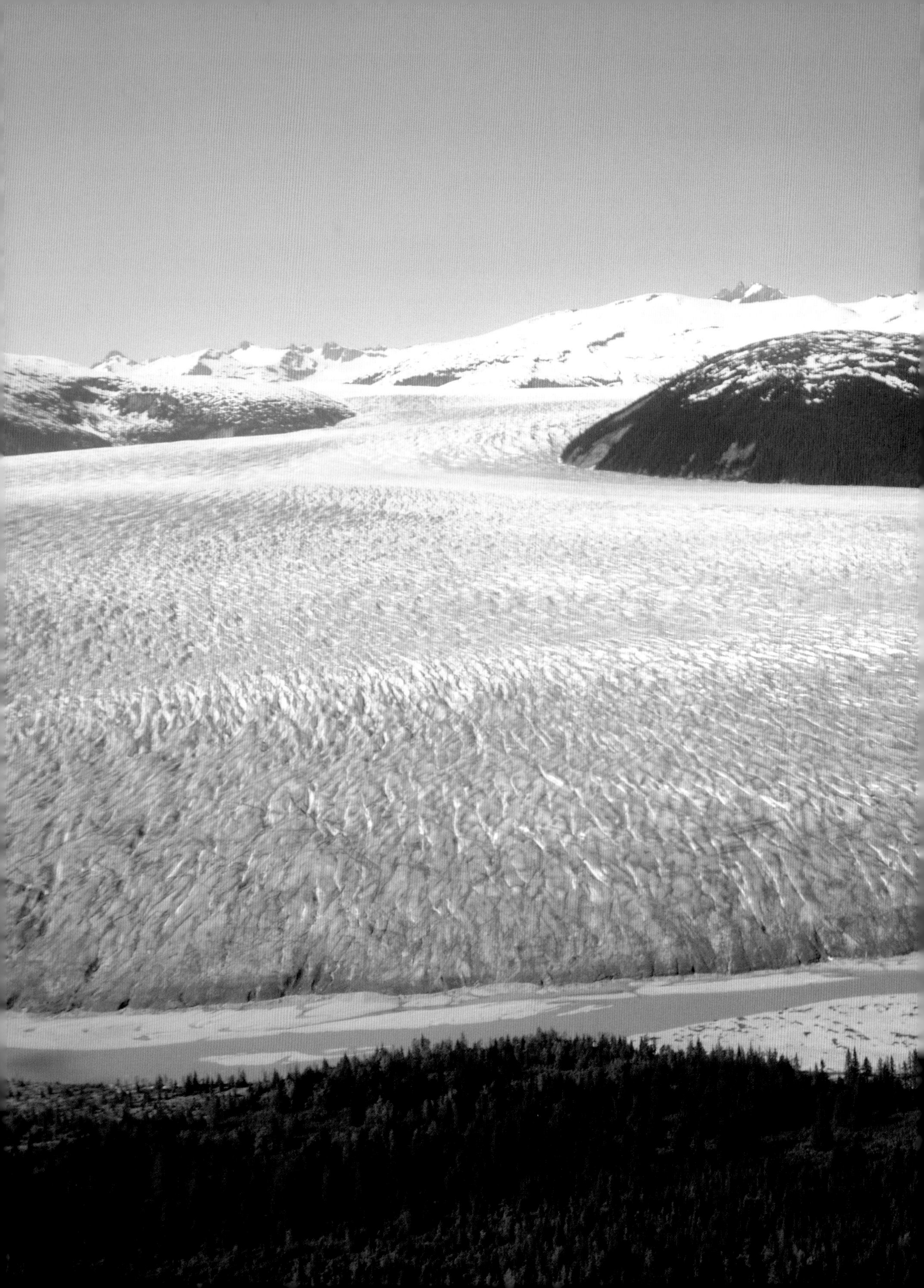

第3章
氷河時代はどのように始まったか

第3章　氷河時代はどのように始まったか

　5000万年前の地球は現在とまるで異なり、今よりも温暖で雨が多く、雨林がカナダ北部から南アメリカのパタゴニア地方までずっと広がっていた。緑豊かだった地球は、どうやって氷に閉ざされた寒い惑星に変わっていったのか？　氷河時代はどうやって始まったのだろうか？　5000万年前の世界地図と現在の世界地図を比べてみると、同じようにも見えるが、よく見てみると小さな違いがあることがわかってくる。大陸が地球の表層を移動する速さはとても遅いが、その小さな違いが地球の気候に大きな影響を及ぼした。

なぜ地球は寒くなったのか？

　氷河時代が始まるためには、まず大陸が極地に集まっていなければならない。地質学者たちによる単純なモデルを使った研究によれば、すべての大陸を赤道付近に置くと、極地と赤道の温度勾配（温度の差）はおよそ30℃になる。これは大気と海の両方の作用によるものだ。暖かい空気は上昇し、冷たい空気は下降するというのが気象の原理だが、熱帯では陸の熱が上昇し、空気中の水蒸気が冷えて凝集して高い雲ができる。反対に、寒冷な極地では空気が下降し、地表にぶつかると、極地から遠ざかる方向に空気が流れる。海水が凍って極地で氷ができても、氷は風で赤道のほうに流され、暖かい海で解ける。この仕組みによって、極地の気温が低くなりすぎないように調整されている。

　だが、極地やその付近に陸地があると、氷は解けないで常に残ったままになり、赤道と極地の温度勾配は65℃以上にまで広がる。現在の南半球で起きているのは、まさにこの現象だ。一方、現在の北半球を考えると、陸地は北極上にはないが、そのまわりにはある。そのため、南極大陸にあるようなひと続きの巨大な氷床はなく、代わりに、それよりも小さな氷床がグリーンランドにあり、まわりの大陸は海氷を北極海に閉じこめるフェンスのような役割を果たしている。北半球における北極と赤道の温度勾配は50℃。これは、極地に陸地がある場合とまったくない場合のほぼ中間の値だ。

　赤道と極地の温度勾配は、熱を赤道から極地に送る、海と大気の循環の主な原動力だ。それが変化すると、地球の気候は大きく変わる。現在のような比較的寒冷な地球では、この温度勾配は極度に大きく、気候はかなり変化に富んだものとなる。暑い熱帯から寒い極地に熱を送ろうとする気候システムの働きによって、ハリケーンや冬の嵐が起きる。

　南極大陸が南極の上にあり、アメリカ大陸とユーラシア大陸が北極を囲んでいる状態は、1億年前から続いている。だが、氷河時代が始まったのはたった250万年前だ。したがって、大陸が極地に集まっていること以外にも、地球の気温を制御する要因はあるはずだ。

48～49頁：アメリカのアラスカ州ジュノーの近くにある氷河を空から撮影した。氷河の源は、北米で5番目に大きい氷原だ。この氷原からは合計で38の氷河が流れ下る。

下：北極周辺を覆う夏の海氷。海氷は季節によって分布範囲を変えるが、夏でも北極海の大部分を覆う。このほかに、グリーンランドと南極大陸に広大な氷床が分布することを考えれば、現代はまさに「氷の時代」だと言える。

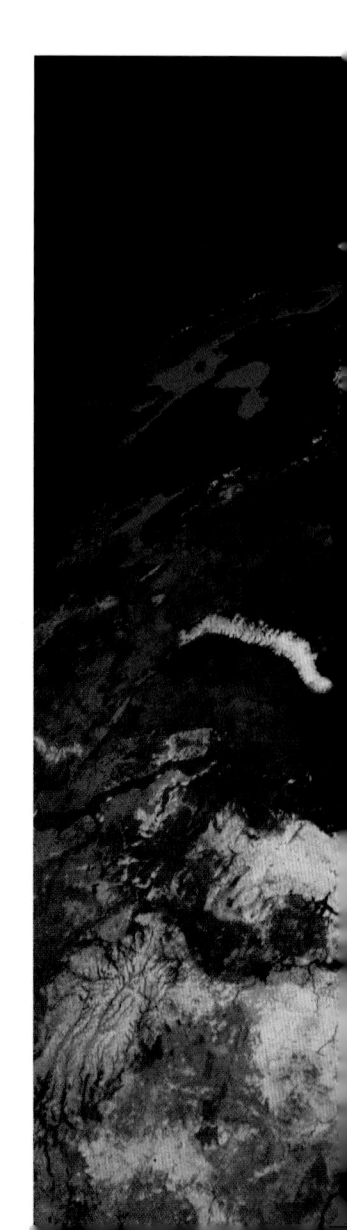

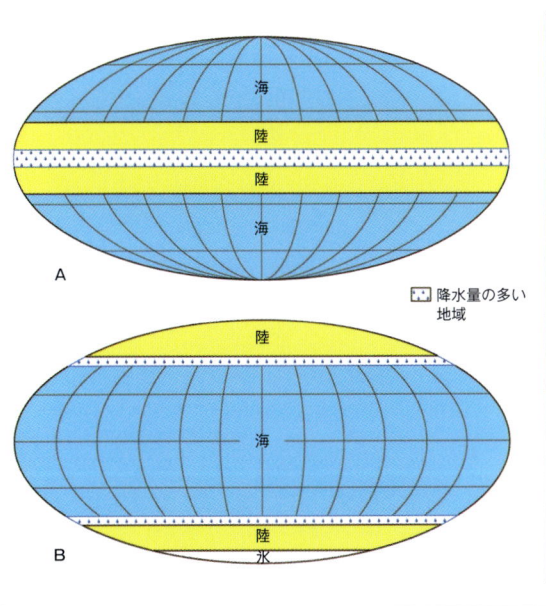

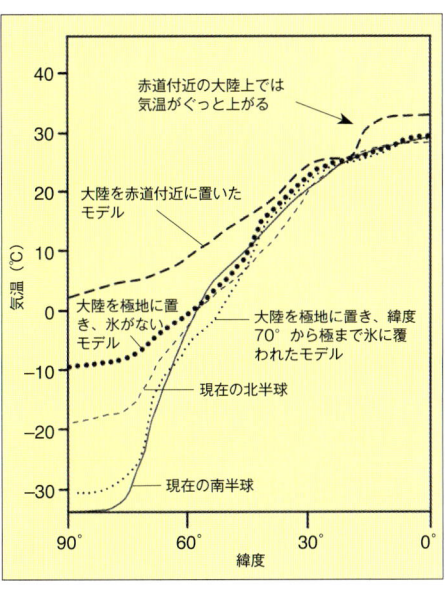

第3章 氷河時代はどのように始まったか

左の図：赤道と極地のあいだの温度勾配は、大陸の位置に影響される。大陸が赤道に集まっている場合（A）、勾配は30℃だが、大陸が極地にある場合（B）は勾配が60℃を超えることもある。

左のグラフ：現在の温度勾配を示した。比較のために、図のAとBの大陸配置モデルを使ったシミュレーションの結果も示してある。

第3章　氷河時代はどのように始まったか

　氷河時代が始まるために次に必要なのは、極地かその付近で大陸を冷やす仕組みだ。南極大陸の場合、氷ができはじめたのは約3500万年前。それまでは温帯林に覆われていて、恐竜化石も見つかっている。

　3500万年前に南極大陸を冷やしたものは何なのか。それは、南アメリカ大陸とオーストラリア大陸がゆっくり南極大陸から分離する地殻変動だった。およそ3500万年前、オーストラリアのタスマニアと南極大陸のあいだに海ができた。その後、3000万年前には、南アメリカ大陸と南極大陸のあいだにドレーク海峡が形成される。これによって、南極大陸は南極海に囲まれるようになった。

　南極海は、冷蔵庫の冷却液とよく似た働きをする。海水は南極大陸のまわりを流れているあいだに大陸の熱を奪い、その熱を大西洋やインド洋、太平洋に伝える。たとえ海峡の幅は小さくても、南極大陸のまわりを完全に循環できる海水の通り道ができたことで、大陸は常に熱を奪われて寒さが保たれるようになった。

図の左は、深海に残された酸素同位体の記録。深海の水温と地球上の氷の量の変化を示している。過去5000万年で地球は寒冷化し、南極大陸とグリーンランドで氷床が発達したことがわかる。右には、過去7000万年の気候、地殻変動、生物にかかわる主なイベントを示し、同位体の記録と比較できるようにした。

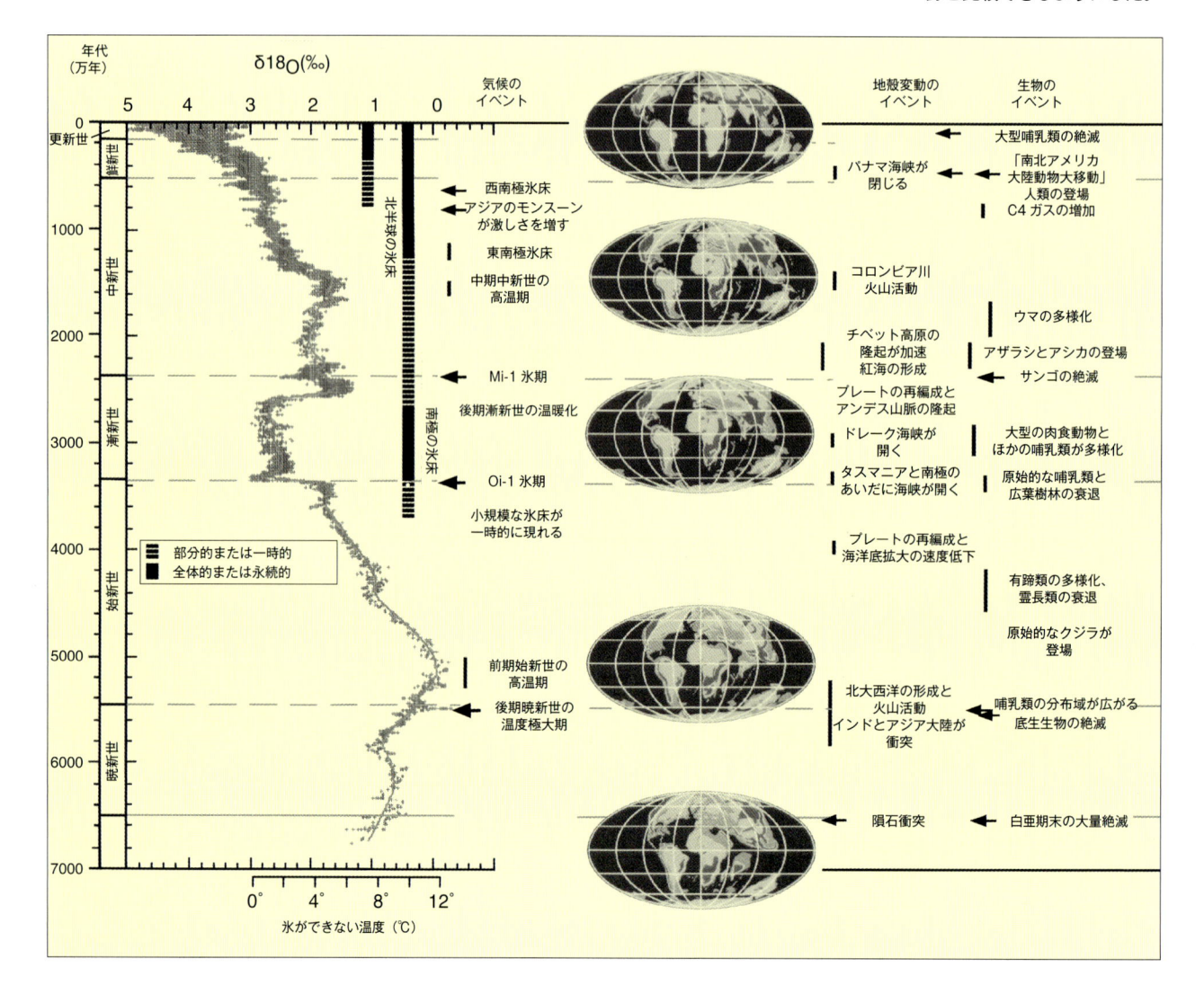

この仕組みは非常に効率的で、いま南極に残っている氷がすべて解けたら、地球の海面は少なくとも70メートルは上がると言われている——これはニューヨークにある自由の女神の大部分が海に沈んでしまうくらいの高さだ。南極大陸の氷は地殻変動が原因で形成されているため、65メートルの海面上昇に相当する量の東南極氷床は地球温暖化では解けないというのが、科学者たちの見方だ。ただし、不安定な西南極氷床については同じことは言えない（第8章参照）。

　南極大陸は3000万年前に氷に閉ざされたが、その状態は長くは続かなかった（理由は不明）。2500万年前には完全に氷に覆われた状態ではなくなり、そのまま1500万年が経過した。

　ここで疑問なのは、なぜ世界は1000万年前に再び寒くなりはじめたのかということと、なぜ北半球で氷床の形成が進んだのかということだ。古気候の研究者たちは、その答えが大気にあると考えている。地球を寒冷な状態に保つには、大気中の二酸化炭素（CO_2）濃度が低くならなければならない。コンピュータモデルを使った研究では、大気中のCO_2濃度が高いと、たとえ海が熱を奪う役割を果たしていても、南極大陸に氷ができないことが示されている。だとすれば、何がCO_2濃度を下げ、北半球を氷で覆いはじめたのだろうか？

氷河時代はどうやって始まった？

　1988年、アメリカのバージニア大学のウィリアム・ラディマンと、当時、彼の研究室の大学院生だったモーリーン・レイモが重要な論文を書いた。そのなかで二人は、北半球での世界的な寒冷化と氷床の形成はチベット・ヒマラヤ地域とアメリカのシエラネバダ・コロラド地域の隆起によるものだと考えた。これらの広大な高原ができたことで大気の循環が変わり、北半球が寒冷化して、積雪や氷結が進んだのだという。

　しかし、二人が当時気づいていなかったのは、ヒマラヤ山脈の隆起が2000万〜1700万年前に起こったということだ。これは、北半球で氷床が形成された原因とするには、あまりにも古すぎる出来事である。

　レイモは指摘を受けて、大胆な主張を新たに展開した。ヒマラヤ山脈の隆起によって浸食の量が大幅に増えたことで、大気中のCO_2が使い果たされ、地球規模の寒冷化が進んだというのだ。彼女の主張によれば、山脈が形成されると、大気が山にぶつかってその頂を越えるときに大気中の水分が集まって雨が降るため、山脈の風下側に降雨量の少ない地域「雨の陰」ができる。風上側で増えた雨は、大気中のCO_2と結合して少量の炭酸を含むようになり、陸地に降り注いで岩石を溶かす。石灰岩でできた建物の色が落ちているのは、この現象の一例だ。

第3章　氷河時代はどのように始まったか

　ここで興味深いのは、大気中の CO_2 濃度を下げるのは、ケイ酸塩鉱物の浸食だけだということだ（石灰岩などの炭酸塩岩が炭酸混じりの雨で浸食されると、大気中に CO_2 が戻る）。ヒマラヤ山脈は大部分がケイ酸塩岩からなるため、大気中の CO_2 を取りこめる岩石が大量に分布している。岩石を浸食して新たな鉱物を取りこんだ雨水がやがて海に流れこむと、海洋プランクトンが海水に含まれている炭酸カルシウムを取りこんで殻をつくる。この殻は最終的に深海底に降り積もって堆積物となるため、海洋地殻が地上に出るまでは地球の炭素循環から外れることになる。こうして、大気中の CO_2 はすみやかに海底に閉じこめられるというわけだ。大気中の CO_2 の長期的な変化を示した地質学的な証拠から、過去2000万年で、その濃度が大幅に低くなっていることが裏づけられている。

　だが、ここで問題なのは、なぜ CO_2 が減少しつづけないかということだ。過去2000万年のあいだにヒマラヤやチベットから浸食された岩石の量を考えれば、大気中の CO_2 がすべて海底に閉じこめられてもおかしくない。明らかに、大気中の CO_2 の量を調整する自然のメカニズムが、ほかにあるということだ。

　1000万〜500万年前に大気中の CO_2 が減るにつれて、グリーンランドの氷床が形成されはじめた。興味深いのは、氷床の形成が南から始まったということだ。これは南側に暖かい海水があるからだ。たとえ世界で最も寒い場所であっても、水分がなければ氷はできない。氷をつくるには水分が必要というのが、地球の寒冷化に欠かせない3番目の要素ということになる。500万年前には、南極大陸とグリーンランドに現在と同じような広大な氷床ができていた。

　北アメリカとヨーロッパ北部で広大な氷床の形成と後退がくり返される氷河時代は、250万年前にならないと始まらない。ただ、その300万年以上前のおよそ600万年前に、広大な氷床ができはじめたことを示唆する興味深い証拠がある。氷河によって浸食され氷山に乗って海に運ばれた陸起源の岩石の破片が、北大西洋、北太平洋、そしてノルウェー海で見つかっており、その年代がおよそ600万年前と特定されているのだ。実は、これは氷河時代が"未遂"に終わった痕跡で、地中海で起きたある"事件"の動かぬ証拠なのである。

地中海が干上がった

　およそ600万年前、徐々に地殻変動が進み、ヨーロッパ大陸とアフリカ大陸を隔てるジブラルタル海峡が閉じて、地中海が一時的に大西洋から分離された。このあいだに地中海は何度か干上がって、厚さ最大3キロメートルもの広大な岩塩（蒸発岩）の堆積層が形成された。塩湖として知られている死海の"巨大版"だと想像してもらえばいい。「メッシナ期塩分危機」（シチリア島のメッシナから名づけられた）と呼ばれ

第3章 氷河時代はどのように始まったか

ジブラルタル海峡の衛星写真。海水が地中海に流れこんでいる様子がわかる。550万年前にこの海峡が閉じると、地中海は孤立し、干上がって膨大な量の岩塩層が形成された。それから20万年後、海峡が再び開くと、大西洋から地中海に海水が一気に流れこんだ。

るこの"事件"によって、世界の海に溶けていた塩の6％近くが岩塩になり、地球の気候に大きな影響を及ぼした。550万年前には、地中海はほかの海から完全に孤立し、塩の砂漠となった。

これとほぼ同じ時期に、地球は氷河時代に入りそうな兆候があったが、530万年前にジブラルタル海峡が再び開き、「メッシナ期末の洪水」と呼ばれる想像を絶するほどの大洪水が発生して、大西洋の海水がジブラルタル海峡から巨大な滝のように地中海に流れこんだ。これにより、岩塩として閉じ込められていた大量の塩分が海に溶けだして、ジブラルタル海峡から地球全体の海に広がり、海洋の循環に影響を及ぼして、氷河時代への突入を止めた。海の循環が地球の気候にいかに大きな影響を及ぼしているかを示す好例だ。

海洋大循環

海洋の深層循環を主にコントロールしているのが、塩分と熱だ。現在、地球全体の水の流れである「水循環」は、熱帯に降り注ぐ太陽光がカリブ海の表層水を熱して大量の水分を蒸発させることから始まる。太陽の熱による蒸発で表層水の水温と塩分濃度が高くなり、その海水が風に吹かれてフロリダ沿岸を通り、北大西洋に押し流される。これが、メキシコ湾流として知られる海流の始まりだ。メキシコ湾流は大きいときにはアマゾン川の500倍もの規模になり、アメリカ東部の沿岸を通っ

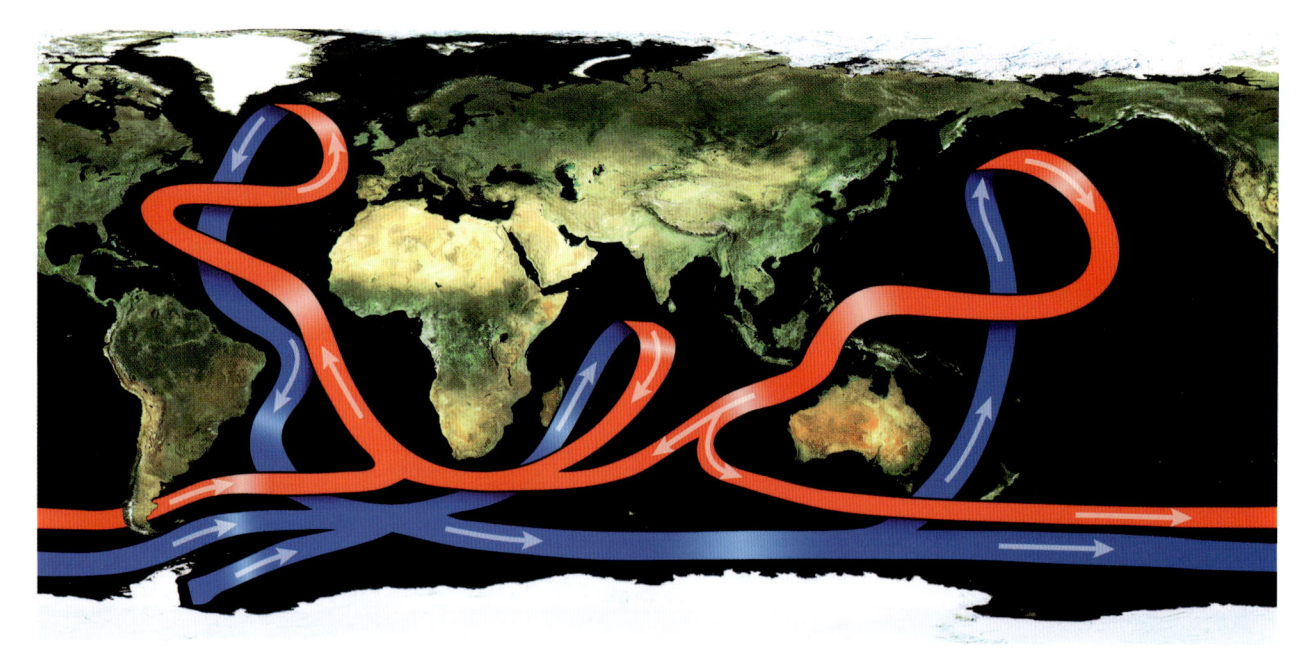

第3章　氷河時代はどのように始まったか

て北大西洋を渡り、アイルランド、アイスランドの沿岸を通りすぎて、北ヨーロッパの海に入る。

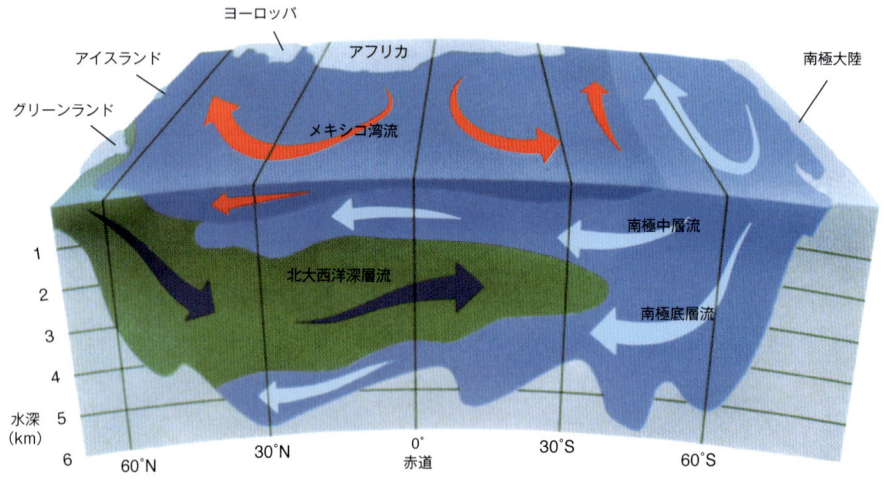

　塩分濃度の高い表層水は北上するにつれて冷やされると、重くて濃い海水になる。このため、相対的に塩分濃度の低いアイスランドの北の海に達したところで表層水は深海へ沈み、「北大西洋深層水」となる。この深層水は大西洋を南下し、やがて南極でできた深層水と合わさって、インド洋、さらには太平洋へと東に流れ、やがて表層水としてカリブ海に戻ってくる。

　この壮大な海の流れは「海洋大循環」と呼ばれ、1周するのにおよそ1000年もかかる。まるで心臓がゆっくりと鼓動を打つように、地球の気候に長期的なリズムをもたらすのだ。

　北大西洋深層水が深海に沈みこむときに生じる"引き"が、暖かいメキシコ湾流の勢いを維持する助けとなっている。これがあるおかげで、熱帯の暖流が常に北大西洋に流れて、ヨーロッパ大陸に暖かい空気が運ばれるのだ。ある計算によれば、メキシコ湾流がもたらすエネルギーは、イギリスのすべての発電所がつくるエネルギーの2万7000倍にもなるという。

下の図：深層水の供給源は二つある。ひとつは北部で形成される北大西洋深層水（NADW）で、もうひとつは南部で形成される南極底層水（AABW）だ。地球の気候は、この二つのバランスに左右される。

第3章　氷河時代はどのように始まったか

それでもメキシコ湾流がヨーロッパの気候にどれほど役立っているのか疑問だという読者は、大西洋の西と東の気候を比べてみればいい。たとえば、イギリスのロンドンとカナダのラブラドル、ポルトガルの首都リスボンとアメリカのニューヨーク、あるいは海と陸の地理的な関係が似ている西ヨーロッパとアメリカ西海岸でもいい。アメリカのアラスカとイギリスのスコットランドは、だいたい同じ緯度にあるのに、気候がずいぶん違う。

メキシコ湾流がもたらす熱は、ヨーロッパの気候を温暖に保つだけでなく、地球全体の寒冷化を防ぐ役割も果たしている。あとで詳しく述べるが、500万年前のメキシコ湾流と深層循環は現在ほど強くはなかった。当時は北アメリカ大陸と南アメリカ大陸がパナマの付近で分断されていて、より塩分濃度の低い太平洋の海水がその「パナマ海峡」を通ってカリブ海に流れこんでいたからだ。メキシコ湾流が弱いために気候は涼しかったが、「メッシナ期末の洪水」で塩分に富んだ海水が地中海から突然流れこむと、大西洋の塩分濃度が上がり、メキシコ湾流が勢いを増し、それに伴って、北ヨーロッパの海での表層水の沈みこみも強まった。これによって熱帯の熱が北に送りこまれ、氷河時代への突入は阻止された。再び地球の気候が寒冷化への道をたどるのは、それから250万年あとのことだ。

パナマの矛盾

氷河時代を引き起こしたと考えられている地殻変動は、ほかにもある。それは、太平洋とカリブ海を結ぶパナマ海峡が閉じたことだ。ドイツ屈指の科学者であるゲ

前頁上：世界の海は「海洋大循環」という大きな海水の流れでつながっている。暖かくて塩分濃度が高い海水が北大西洋で冷やされて沈み、深層水（青）となる。深層水は大西洋を南下し、南極大陸のまわりを回って、最終的にインド洋や北太平洋で再び表層に湧きあがる。この表層水（赤）は再び北大西洋に戻り、深海へと沈む。

左：イギリスでは、暖かいメキシコ湾流が近くを流れているため、冬の気候は比較的穏やかに保たれ、通常もっと南に分布する植物が育つ。たとえば、写真のスコットランド北部のインバリュー・ガーデンは北緯57.8°にあるが、これはカナダのハドソン湾とほぼ同じ緯度だ。

第3章　氷河時代はどのように始まったか

ラルド・ハウグとラルフ・ティーデマン両教授は、海洋堆積物に残された証拠から、パナマ海峡は450万年前から狭まりはじめ、200万年前に完全に閉じたと考えた。パナマ海峡の閉塞は、氷河時代の始まりを促しも妨げもしたという点で、矛盾を抱えたものとなった。

まず、太平洋からカリブ海に流れこむ表層水が減ったことで、カリブ海の塩分濃度が上がった。これは前述のように、太平洋の海水の塩分濃度が大西洋側よりも低いためだ。これにより、メキシコ湾流と北大西洋海流に乗って北に運ばれる海水の塩分濃度も上がり、深層水の形成と高緯度への熱の移動が進んで、氷床の形成が妨げられた。だが一方で、メキシコ湾流が強まると、北に運ばれる水蒸気の量が増えて降雪量が増えるので、氷床の形成は進む。氷河時代は、こうした温暖な気候のなかで始まっていた可能性がある。

なぜ250万年前なのか

地殻変動だけでは、驚くほど急速な氷河時代の始まりを説明することはできない。気候学者のマーク・マスリンが海洋堆積物を研究した結果によれば、氷河時代への移行過程には主に3つの段階があるという（その根拠としているのは、氷河に削られ、氷山に乗って近くの海に運ばれて堆積した岩石の破片）。

第1段階は、およそ274万年前、ユーラシアの北極圏と北東アジアで氷床ができはじめた時期だ。アメリカ大陸北東部でも、このころに氷床が形成されていた証拠が一部にある。第2段階は、270万年前にアラスカで氷床の形成が始まった時期。そして第3段階は、254万年前にアメリカ大陸北東部の氷床の範囲が最大となり、世界で最も大きな氷床へと成長した時期だ。つまり20万年足らずのあいだに、「気候の黄金時代」とも言うべき前期鮮新世の温暖で穏やかな気候から、氷河時代へ入ったということだ。

したがって氷河時代の始まりには、プレート運動による地殻変動以外の原因がなければならない。

ひとつ考えられるのは、地球の公転軌道の変化が地球の寒冷化に大きな役割を果たしているということだ。公転軌道や地軸の変動については第4章で詳しく説明するが、こうした変動は数万年の単位で起きてはいるものの、さらに長期的な変動も見られる。特に重要なのは、地軸の傾きだ。これは公転面に対して地球の自転軸がどれだけ傾いているかを示したもので、4万1000年の周期で変化するが、その範囲は21.8°から24.4°と、それほど大きなものではない。地軸が傾いていることで、四季が生まれる。北半球の夏には地軸が太陽のほうに傾いていて、1日に12時間以上も太陽光を浴びるので気温が上がり、地表から見た太陽の位置も高くなる。だが南半球では、地軸が太陽と反対のほうに傾いているので、1日に太陽光を浴びる時間

は12時間を下回って季節は寒い冬となり、太陽の昇る高さも低くなる。したがって、地軸の傾きが大きいほど、夏と冬の差が大きくなる。

傾きの変化の範囲は125万年の周期で変わっている。地球が氷河時代に入ろうとした500万年前と250万年前は、傾きの変化量が最も大きな時期で、四季の変化も非常に激しかった。ここで特に重要なのは、北半球で夏が涼しいと夏のあいだに氷が解けず、氷床が形成されるということだ。

熱帯の氷河時代

氷河時代の始まりの影響を受けたのは、高緯度地域だけではない。始まって50万年ほどたつと、熱帯でもさまざまな変化が出てきた。

200万年前までは、太平洋の東部と西部で温度勾配はほとんどなかったとみられているが、それ以降はあったようだ。これは、熱帯と亜熱帯で、大気の循環が比較的強くて亜熱帯がやや涼しいという、現在の循環システムに変わったということを示している。

太平洋の東部と西部で起きている循環は「ウォーカー循環」と呼ばれ、地球の気候で特に重要かつ謎の多い現象のひとつと関連している。それは「エルニーニョ」（スペイン語で「神の子」の意）と呼ばれる現象だ。通常クリスマスのころに発生することからこう呼ばれているが、学術的には「ENSO（エルニーニョ南方振動）」と呼ぶのが一般的だ。エルニーニョは通常3年から7年ごとに起き、数ヶ月で終わることもあれば、1年以上続くこともある。ENSOは実際には、「通常の」状態、ラニーニャ、エルニーニョという3つの気候がくり返す変動を指す。

1997〜98年のエルニーニョは記録の上では最大のもので、アメリカ南部、アフリカ東部、インド北部、南アメリカのブラジル北東部、そしてオーストラリアで干ばつを引き起こした。インドネシアでは、あまりにも乾燥が進み、山火事が発生して、手をつけられないほどに森林が燃え広がった。逆に、アメリカのカリフォルニア州、南アメリカの一部、スリランカ、アフリカ中央部の東では、激しい雨が降り、大規模な洪水に見舞われた。

エルニーニョはモンスーン（季節風）の変化、世界各地での干ばつ、大西洋でのハリケーンの位置と発生に関係がある。たとえば、98年にハリケーン「ミッチ」がカリブ海で発生した際には、予報時にENSOの状態を考慮に入れておらず、西に向かうという予報が外れ、ハリケーンが強い貿易風に乗って南に向かい、中央アメリカ諸国を直撃した。

200万年前にはウォーカー循環が比較的弱かったため、エルニーニョが存在していたとは考えにくい。したがって氷河時代は熱帯と亜熱帯の両方の気候に影響を及ぼし、大きな被害をもたらすエルニーニョを生んだということも考えられる。

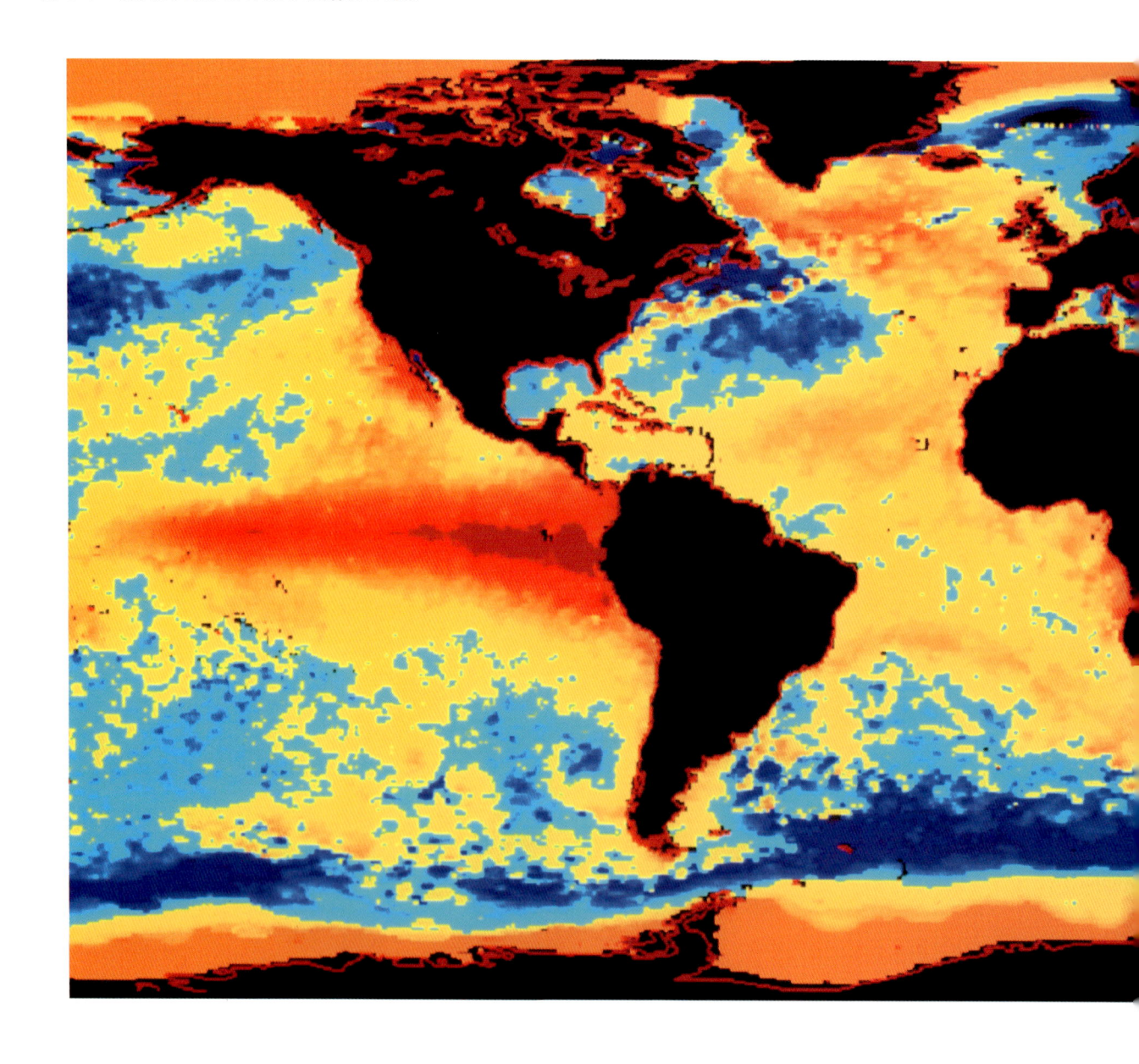

第3章 氷河時代はどのように始まったか

まとめ

　5000万年前から起きている地球の寒冷化を引き起こしたものは何なのか、その原因はまだはっきりとはわかっていない。ただ、地殻変動によって起きた数多くの小さな変化が積み重なって、地球を寒い状態へと変化させたようにも見える。

　北極や南極の上、あるいはそのまわりに大陸がなければ、地球は寒冷化しないということはわかった。また、チベットの隆起によって大気の循環が変化し、大気中のCO_2濃度が下がったために、長期的な寒冷化が引き起こされたという解釈は妥当だとも考えられている。

　氷河時代の"未遂"事件が示すように、海流は地球の気候に非常に大きな影響を

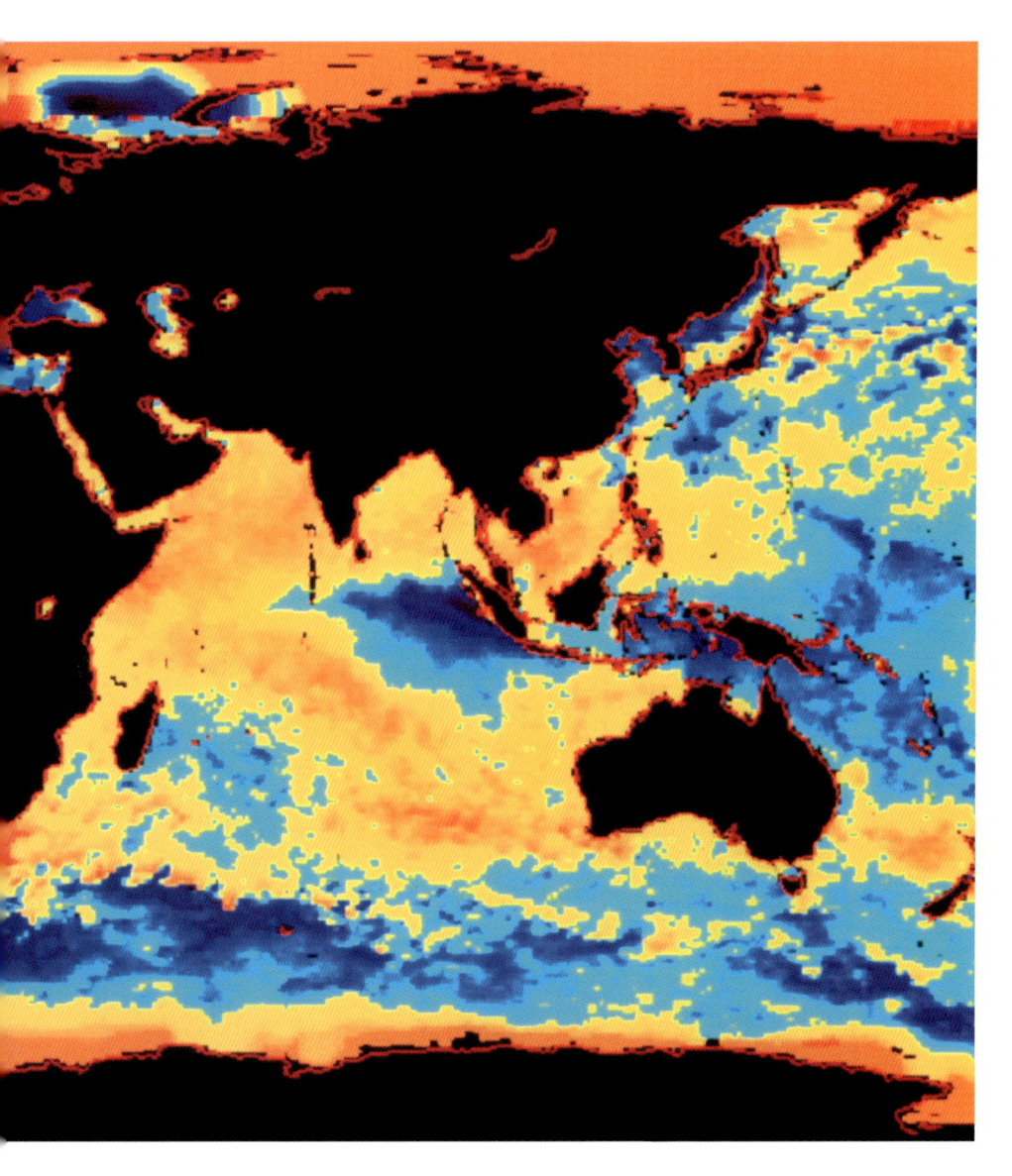

第3章　氷河時代はどのように始まったか

エルニーニョは3〜7年ごとに起きる地球規模の自然現象だ。この現象による海水温の変化を、衛星画像で示した。エルニーニョにより、過去には、アマゾン川流域で干ばつが、米国のカリフォルニア州で洪水が、そしてインドネシアで山火事が起き、ハリケーンの進路も変わった。エルニーニョが起きるようになったのは200万年前より後だと考えられている。

及ぼしている。地中海がいったん干上がったあとに再び海水で満たされた結果、海流の動きが変わったことは、500万年前の氷河時代への移行に歯止めをかける一因となったようだ。パナマ海峡が200万年前に閉じたことは、氷河時代の開始を遅らせるとともに、大量の水蒸気を供給することによって、到来した氷河時代の威力を強めたのかもしれない。

　地球の気候システムは250万年前に、ある臨界点に達したように見える。地球の公転軌道の長期的な変動に影響されて気候システムがついに臨界点を超えると、複雑な気候のジグソーパズルで最後の1ピースがはまり、氷河時代と呼ばれる現象が引き起こされたのだ。

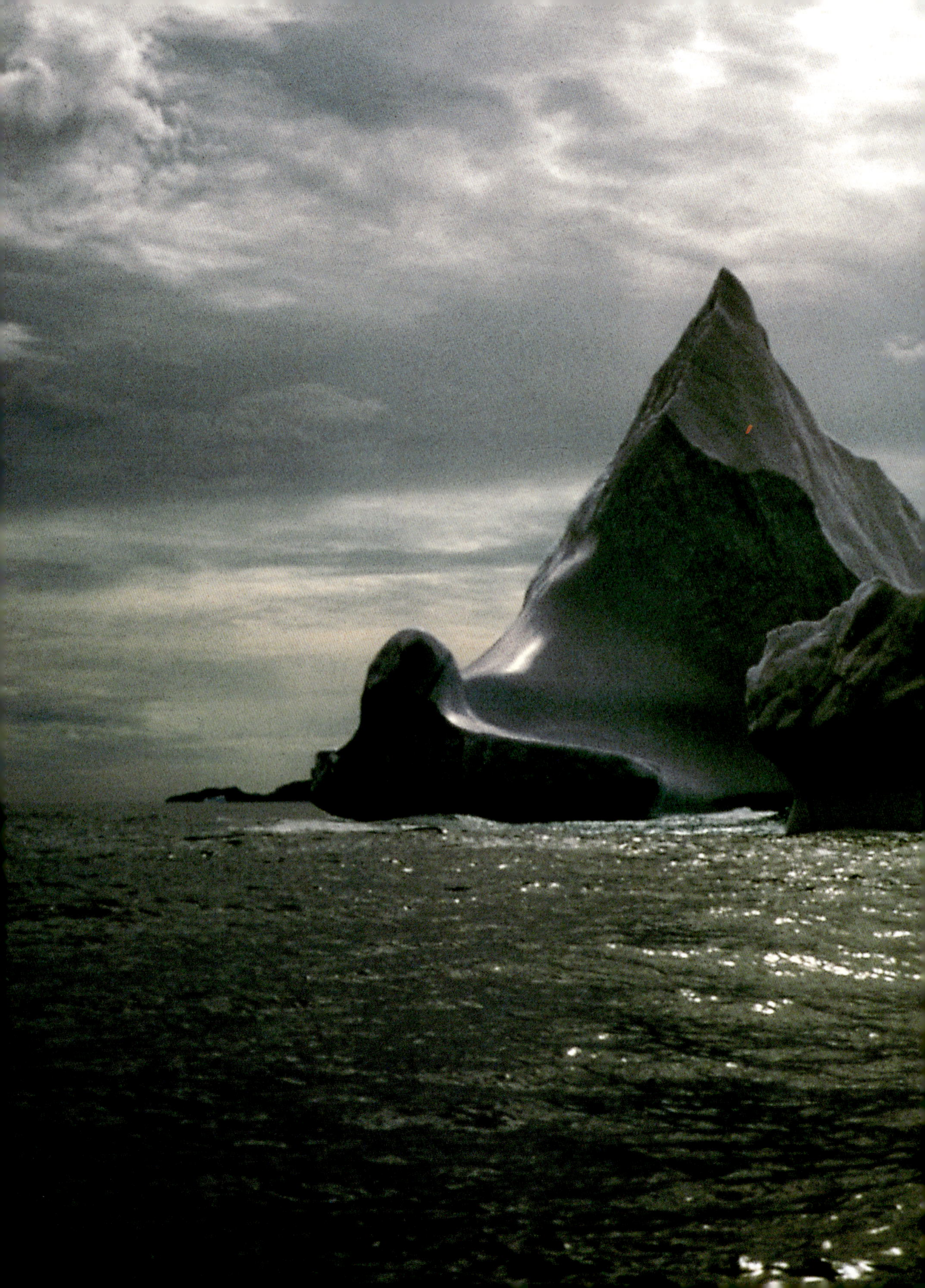

第4章
気候のジェットコースター

第4章　気候のジェットコースター

過去250万年にわたって、地球の気候は進出と後退をくり返す広大な氷床に影響されてきた。最終氷期の最盛期である2万1000年前には、厚さ3.2キロメートルもの氷床が北アメリカと北ヨーロッパを覆っていた。アメリカのシカゴやイギリスのエディンバラがそれほど分厚い氷の下にあったのだと想像してみれば、当時の世界が今とどれほど違っていたのかがわかるだろう。

氷床の影響は、地球の北部と南部だけにとどまらない。氷期のあいだ、世界の平均気温は現在より6℃、海面は120メートルも低かった。陸地に育つ植物の総重量は半分に減り、大気中の二酸化炭素（CO_2）の量は3分の2に、メタンの量は半分に落ちこんだ。

極度に寒冷化が進んだことで、岩石が広大な氷床に削られて堆積し、地球の風景

62～63頁：現在のグリーンランド沖に浮かぶ氷山。1万8000年前の北アメリカとヨーロッパでは厚さ3.2kmもの氷床が陸地を覆い、大量の氷山を海に送りだしていたが、当時の北大西洋はこんな姿だったのだろうか。

第4章　気候のジェットコースター

もがらりと変わった。大きな川は流れを変え、山の高さは半分になり、海面が下がるにつれて異なる大陸や島を結ぶ「陸橋」が現れて、生物が新しい地域に入れるようになった。

　この章では、気候や環境ががらりと変わった氷河時代に地球がどんな姿をしていたのかを探っていく。また、広大な氷床の進出と後退がどうやって引き起こされていたのかも見ていく。

氷河時代を探る

　まず、これまでの章で学んだことをふり返ろう。長年にわたり科学者たちは、数々の研究手法を使って氷河時代に関するさまざまな説を唱えてきた。手法が進歩するにつれて、氷河時代の気候がどんなものだったのか、その知識は徐々に深まっていった。1658年には、アイルランドの聖職者ジェイムズ・アッシャーが陸の地形はノアの大洪水で形成されたと考え、1787年にはスイスの博物学者オラス＝ベネディクト・ド・ソシュールが、アルプス山脈に転がる迷子石はジュラ山脈の斜面から氷河に運ばれてきたものだと推測した（この説はその後ルイ・アガシーが発展させた）。

　初期にはこのように、世界の氷河地形の謎を解き明かす試みはなされているものの、氷期に世界の気候がどのように移り変わっていったかや、それが起きた時期についてはほとんど示されなかった。だが1909年、氷河堆積物を調べていたペンクとブリュックナーが、ギュンツ、ミンデル、リス、ウルムという4つの主な氷期があったとする説を唱えて、氷河時代の変遷を詳しく理解する第一歩を踏みだした。

　氷河時代に関する初期の研究では、陸で見つかる証拠が少ないのが問題だった。そうした証拠はたとえ見つかっても不連続であり、さまざまな場所で見つかるモレーン（氷河堆積物）が互いにどう関係しているのかを特定できない場合も往々にしてあった。また、陸上の堆積物は年代の特定も難しいうえ、新しく氷床ができると過去の氷期の証拠が削りとられ、ある氷期全体の証拠がすっかり消えてしまっている可能性もある。

　だが1960年代に入ると、海底掘削によって堆積物の連続したコア（円筒状の試料）が採取できるようになり、氷期が何回起きていたかが明らかになっていった。現在では、水深6000メートル以上にある深海底から、深さ1000メートル近くまでの堆積物を回収できるようになっている。

上：海底からコアとして回収された堆積物。氷河時代の研究に欠かせないものだ。海底堆積物は長い年月をかけて降り積もり、過去の気候変動の記録を残している。

前頁：アメリカのワシントン州、レーニア山の南東の山腹にあったカウリッツ氷河が運んできた堆積物（モレーン）。陸地には氷河時代にできた地形が数多く残っている。この氷河が運んできた土砂の山は、氷河が後退するにつれて形成された。

第4章　気候のジェットコースター

　こうした海の堆積物を調べることで、過去250万年のあいだに50以上の氷期があったことがわかった。さらに、氷期・間氷期のサイクルは、250万年前から100万年前までは4万1000年周期で起こり、100万年前からは10万年周期で起きていることも判明している。

　海底堆積物を使った研究が進むと、氷期・間氷期の命名法も変わっていった。1970年代までは、各国が独自の名前をつける場合がほとんどだったが、このシステムはあまりにも複雑で、それぞれの国の名前を対応づける作業を専門にやる小さな組織があったくらいだった。

　もっと単純な命名法がないものか——。そう考えたのが、第2章で紹介したイギリスの気候学者ニック・シャックルトンだ。彼は長く連続した海洋堆積物の研究を世界に先がけて始めた科学者で、現在の間氷期を1とし、そこから過去にさかのぼってそれぞれの氷期と間氷期に順番に番号をつけた。したがって、現在の完新世の間氷期は1で、2万1000年前にあった最終氷期の最盛期は2となる。この単純な命名法の登場で、世界中の科学者たちが共通の名前で氷河時代について議論できるようになった。

氷河時代を"解剖"する

　氷河時代の特徴である氷期と間氷期のサイクルが地球の公転軌道の変化によって起きていることは、すでに述べた。公転軌道の変化が地球の気候変動に反映される仕組みは複雑であるため、氷期と間氷期は必ずしも規則的に起きるわけではない。それぞれの期間の長さと影響の大きさはさまざまであり、過去250万年でサイクルのパターンは大きく変化してきた。

　先ほど述べたように、250万年前から100万年前には、氷期と間氷期はおよそ4万1000年の周期で起きていて、寒暖の差はそれほど大きなものではなかった。だが100万年前以降、主に氷期の長さが延びたことが原因で、氷期と間氷期の周期は約10万年に延び、氷期のあいだに成長する氷床の規模が大きくなった。

　氷期が長引いてその寒さも厳しくなると、間氷期は極度に暖かくなることが多くなり、暖かい間氷期と寒い氷期の気温差が広がった。100万年前より前の間氷期のなかで、直近の5回の間氷期と同程度の暖かさとなったのは、110万年前、130万年前、220万年前の3回だけだ。

　異常だったのは暖かさだけではない。50万年前以降に起きた5回の間氷期（およそ42万年前、34万年前、24万年前、13万年前、1万2000年前）には、CO_2の濃度が290〜300ppmと、それ以前の間氷期における濃度260ppmに比べてかなり高くなっている。最も長い間氷期は43万年前のもので、2万8000年も続いたが、このときは気温が現在よりも暖かく、海面が最大で15メートルも高くて、グリーンランドと西南極（南極の西半球部にある地域）の氷床がかなり解けたことを示唆している。

第4章　気候のジェットコースター

　ここで興味深いのは、100万年前より前は氷期と間氷期の移行が規則的でバランスがとれていたが、100万年前以降の気候の記録は「のこぎりの歯」のような形になっていることだ。氷期に入るまでの寒冷化が8万年もかかっているのに対し、間氷期に向けた温暖化が4000年足らずで終わっている。しかもこのサイクルは不規則で、1周期の長さは8万4000年のこともあれば、11万9000年のこともあり、かなりばらつきがある。

　2万1000年前の最終氷期だけに注目してみると、氷期がいかに気候に大きな影響を及ぼしているかがわかる。北アメリカでは、西の太平洋岸から東の大西洋岸まで、氷床が大陸をほぼ一面に覆った。これは、カナダ北東部のハドソン湾を中心としたローレンタイド氷床と、西の沿岸部に連なる山脈とロッキー山脈を覆うコルディレラ氷床という、二つの氷床からなる。

　ローレンタイド氷床は1300万平方キロメートル（日本の面積の34倍強）もの範囲を覆い、厚さはハドソン湾のあたりが最も厚く、3300メートルを超えていた。最盛期にはニューヨーク、シンシナティ、セントルイス、カルガリーにまで氷床が達していた。一方、コルディレラ氷床はそれよりも小さく、面積は250万平方キロメートル（日本の7倍弱）、厚さは最大で2400メートルだった。グリーンランドも最終氷期の

下の地図は、数々の氷期に成長した氷床の最大範囲を示している。氷床はヨーロッパと南北アメリカで形成され、南極大陸では拡大した。大陸で氷床が成長するにつれて、海面は大きく下がり、人類や動物がそれまで到達できなかった地域に移動できるようになった。ベーリング海には二つの大陸をつなぐ陸橋ができて、人類が北東アジアからアラスカに渡れるようになり、北米さらには南米まで進出した。

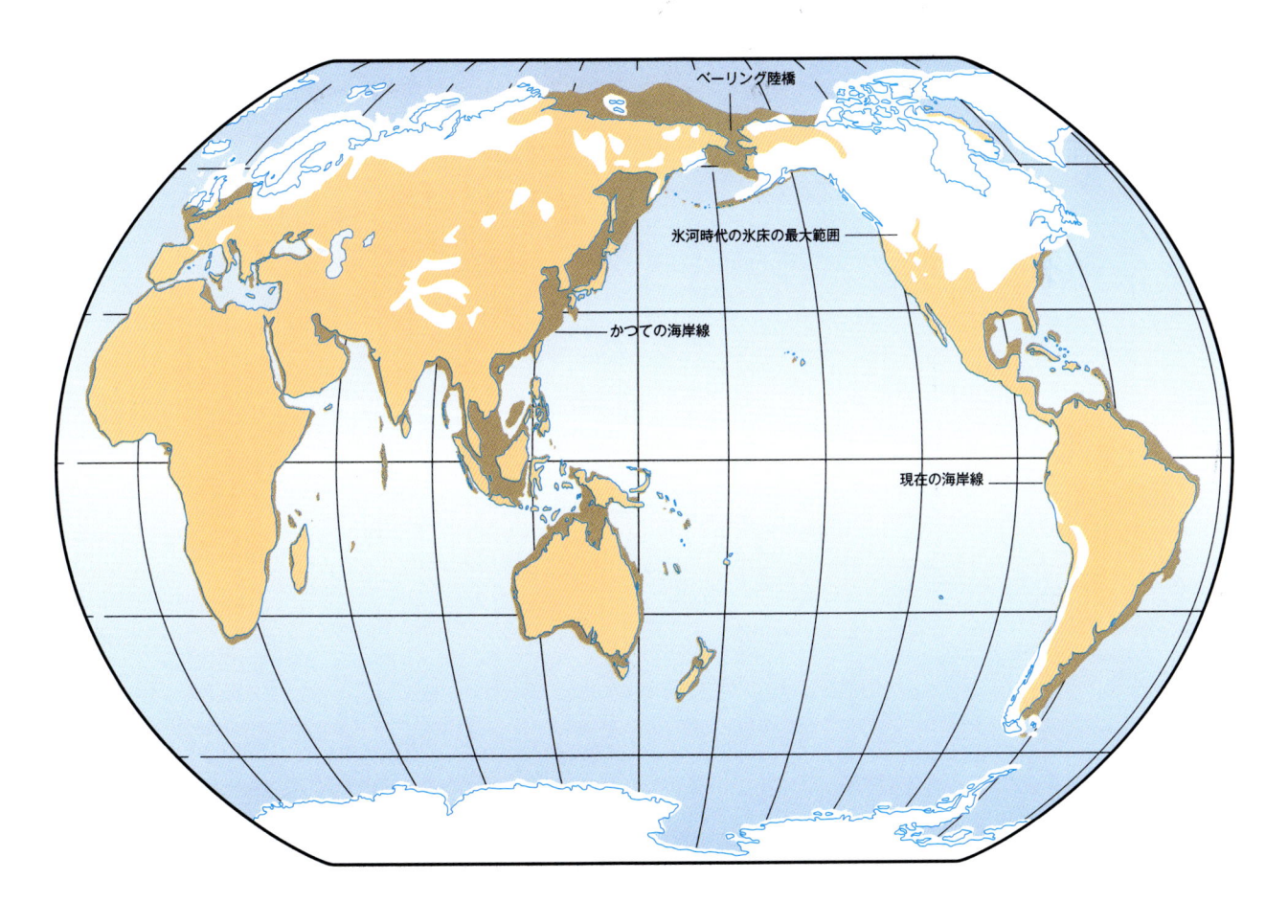

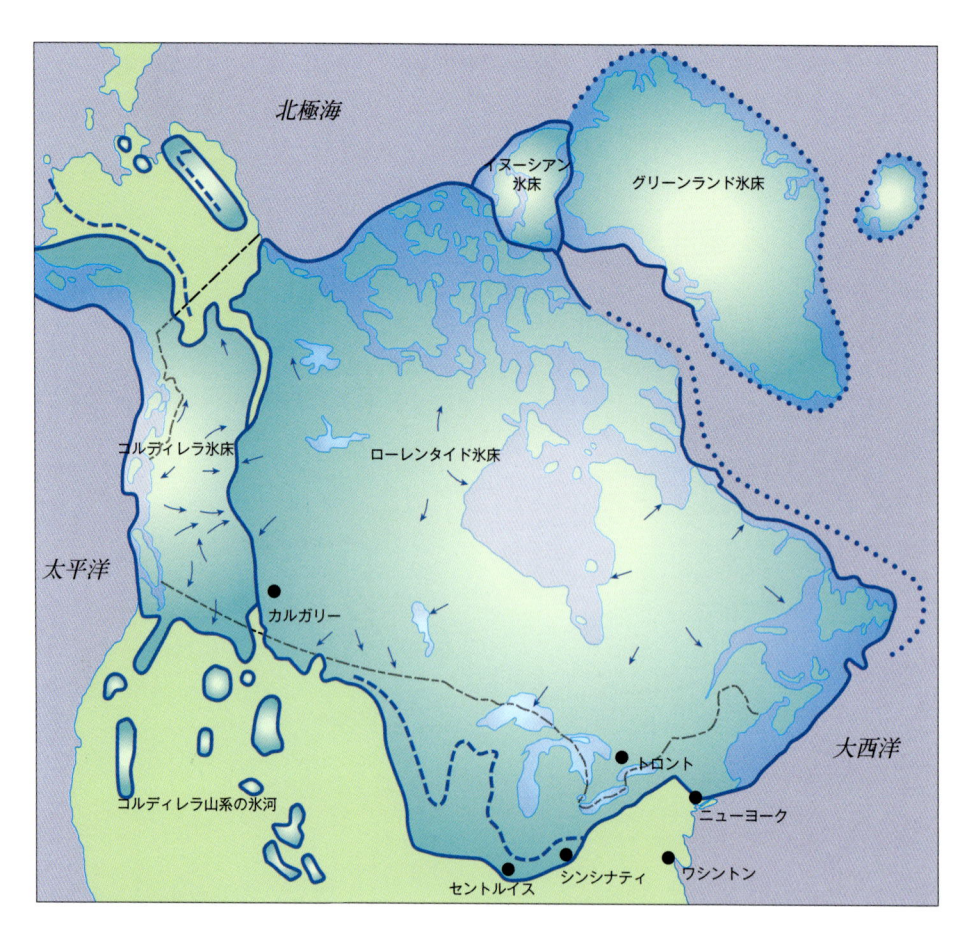

第4章　気候のジェットコースター

3つの地図には、氷期の南北アメリカ、イギリスにおける氷床の分布を示した。

下：イギリスの地図には、氷床の境界が2種類描かれている。実線は、最終氷期に最も分布が広がった1万8000年前の氷床の位置を示している。点線は14万年前の氷床の分布を示す。このときは、ブリストルやロンドン北部に達している。

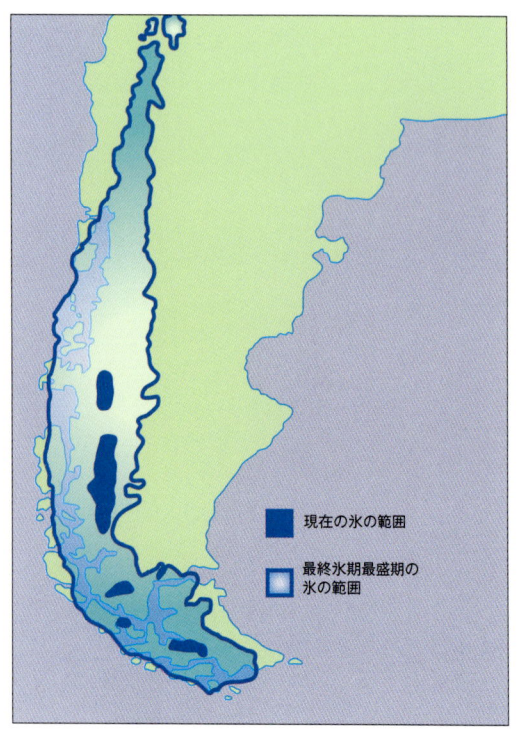

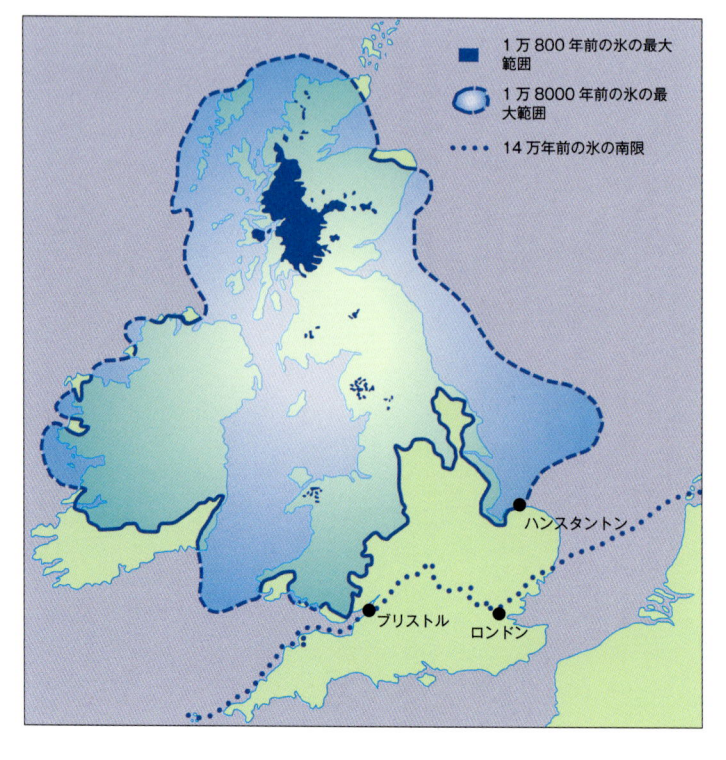

ときには面積が現在より30％大きく、小さなイヌーシアン氷床をはさんで、ローレンタイド氷床の北部とつながっていた。

ヨーロッパには、スカンジナビア氷床とブリティッシュ氷床という大きな氷床のほか、アルプス山脈を覆う小さな氷床もあった。

ブリティッシュ氷床は、各氷期の平均で、日本の面積よりやや狭い34万平方キロメートルの範囲を覆っていて、スカンジナビア氷床とひとつになった時期も多かった。この氷床は、スコットランドのハイランド（高地地方）、サザンアップランズ（南部の丘陵地帯）、イングランドの湖水地方、ペナイン山脈、そしてウェールズとアイルランドの山地からそれぞれ地域的に発達した氷床がつながってできたものだ。最終氷期にはイギリス諸島の北半分を覆っていて、ノーフォーク州のハンスタントンまで達していた。それより前の氷期には、ブリストルやロンドン北部まで氷床が進出していたこともある。

スカンジナビア氷床はブリティッシュ氷床よりもずっと大きく、その面積は660万平方キロメートル（日本の17倍強）に及び、ノルウェーからロシアのウラル山脈までを覆っていた。北極圏の北部のスピッツベルゲン諸島を覆う氷床とつながっていた可能性もあり、その証拠が見つかっている。

シベリアと北東アジアの氷床の範囲に関しては諸説あるが、さまざまな推定から、少なくともブリティッシュ氷床の10倍以上の390万平方キロメートル（日本の面積の10倍強）が氷に覆われていたと考えられる。アルプス山脈については、最終氷期のあいだ北部で標高500メートル、南部で標高100メートルまで氷河が進出し、その厚さは最大で1500メートルに及んでいたのではないかとみられている。

南半球のことも忘れてはならない。南アメリカのパタゴニア地方、南アフリカ、オーストラリア南部、そしてニュージーランドにも、大きな氷床があった。さらに、南極大陸の氷床は現在よりも10％大きく、季節的な海氷は大陸から800キロメートルの範囲にまで広がっていた。

これらの氷床の分布を現在と比べると、現在のような間氷期と最終氷期のあいだに大きな違いがあったことがわかる。

現在、大陸に分布する氷のうち86％が南極にあり、11.5％がグリーンランドにある。だが、2万1000年前の地球の姿はかなり異なっていて、そもそも氷の量が現在の2.5倍もあった。分布もがらりと変わって、南極大陸にあったのが全体の32％。その他は、北アメリカに35％、スカンジナビアに15％、グリーンランドに5％、北東アジアに9％、アンデス山脈に2％が分布していた（70頁の図参照）。ブリティッシュ氷床の量は地球全体のわずか0.7％だった。

氷床に蓄積されていた氷の量がどれくらいだったのか、頭に思い描くのはむずかしいが、海のことを考えてみれば少しは理解しやすくなるだろう。地球の表面の7割は海が占めているが、最終氷期にはあまりにも大量の水が氷床となって閉じこめ

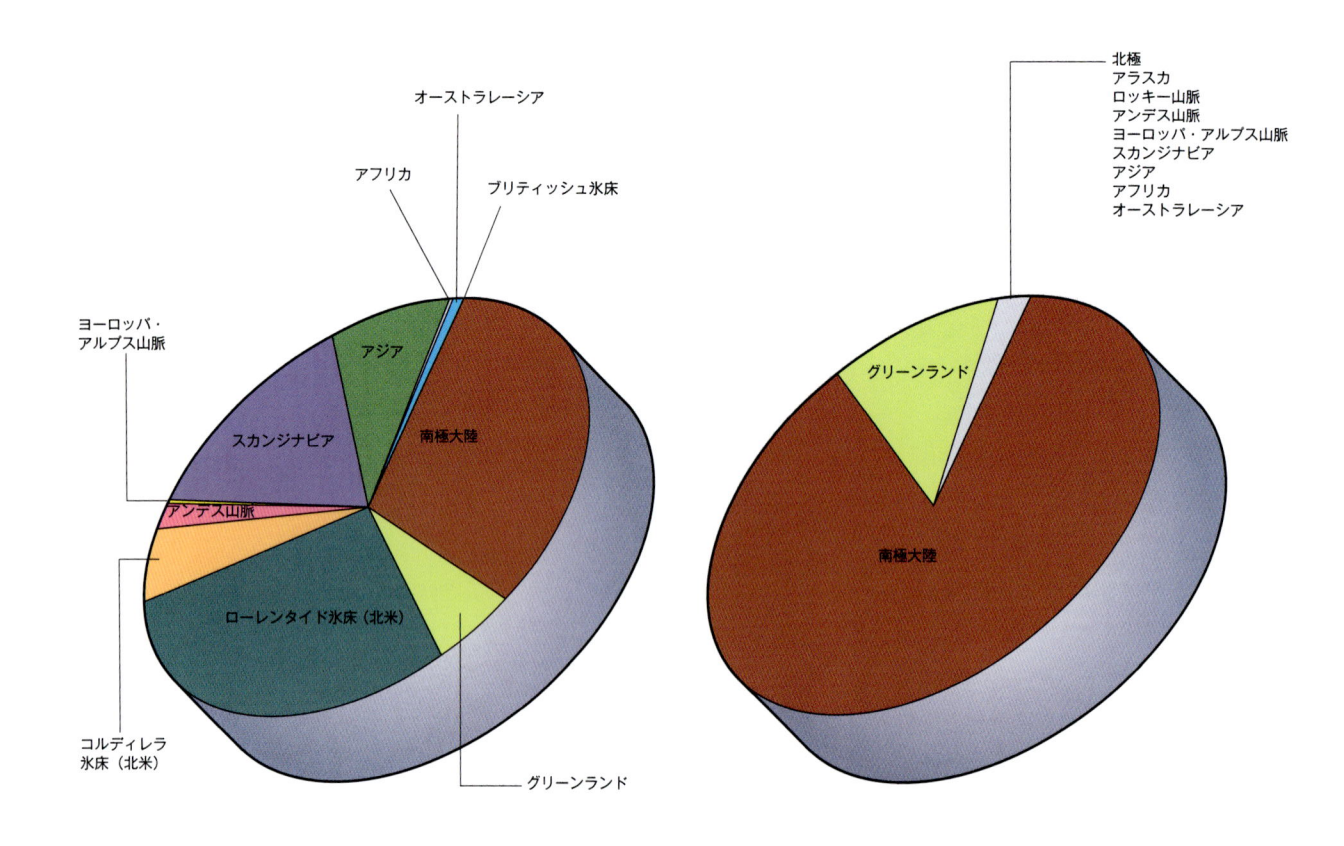

第4章　気候のジェットコースター

られていたため、海面が今より120メートルも低かった。これは世界最大級の観覧車に匹敵するくらいの高さだ。

現在の南極大陸とグリーンランドにある氷床がすべて解けたとしたら、海面はなんと85メートルも上がることになる。大都市など、地球上で特に人口密度の高い地域は低地にあるが、その多くが海に沈んでしまうということだ。

氷が刻んだ大地

氷期のあいだ、広大な氷床の存在は、地域的な気候と環境にも影響を及ぼした。高緯度の地域に現在広がっている北方林は氷の下に埋もれ、氷床のまわりには永久凍土が広く発達した。永久凍土とは、表層の数メートルが夏に解けるだけで、その下は一年中凍っている地面のことを言う。イギリス、北ヨーロッパ、アジア北部、そして北アメリカには、氷楔（ひょうせつ）や構造土など、永久凍土が過去に分布していた跡が残っている。

永久凍土の分布する地域では、ツンドラのように一年のある時期にしか植物が育たないが、その南端はステップとツンドラの移行帯であり、植物が一年中育っていた。だが、当時のそうした地域は現在の同様の地域よりも南にあったため、環境

上の円グラフは、2万1000年前の最終氷期最盛期（左）と現在（右）における、地球上の氷の分布を示したもの。氷で覆われた地域の面積は地球全体で最終氷期には約4500万km²あったと考えられるが、現在は1570万km²にとどまる。

第4章　気候のジェットコースター

は現在とは大きく異なっていた。南では夏に降り注ぐ太陽のエネルギーが北よりもずっと大きく、タイガと呼ばれる独特の植生が分布していた。ステップとツンドラに生える植物のほかに針葉樹も育ち、ときには広葉樹も育った。

　風景も広大な氷床の影響を受けた。温帯の地域で、氷期の影響を受けなかった地域はほとんどないと言っていい。ヨーロッパや北アメリカを旅してみれば、あちこちの風景に氷床の影響を見てとれるし、たとえ旅行しなくても、ニュージーランドで撮影された映画『ロード・オブ・ザ・リング』を観れば、さまざまなシーンの背景に氷河地形を見ることができる。こうした荒々しくて雄大な風景は、氷床が長い時間をかけて大地を削ったために生まれた。

　氷河が氷床から海に向けて流れ下ると、「U字谷」と呼ばれる地形ができる。スコットランドやノルウェー、グリーンランド、カナダ、ニュージーランド、南アメリカのパタゴニア地方では、氷河時代の終わりに数多くのU字谷が水没して、「フィヨルド」と呼ばれる雄大な入り江ができた。

　氷河がつくる地形は、ほかにもある。たとえば、ルイ・アガシーが研究した、「末端堆石堤（まったんたいせきてい）」と呼ばれる細長い丘は、氷河が運んできた岩石などの堆積物でできている。イギリスのヨークシャーやイングランド中部には、ドラムリン（氷堆丘（ひょうたいきゅう））

永久凍土の分布域によく見られる「構造土」。こうした地域の地下は1年中凍っているが、地表近くだけは夏になると解ける。融解と凍結が繰り返されることで、地表に割れ目ができて、このような特徴的な模様ができる。

72〜73頁：氷に削られてできた、ニュージーランドの雄大な風景。鋭くとがった山の頂上とは対照的に、谷は氷河に削られてなだらかなU字形をしている。

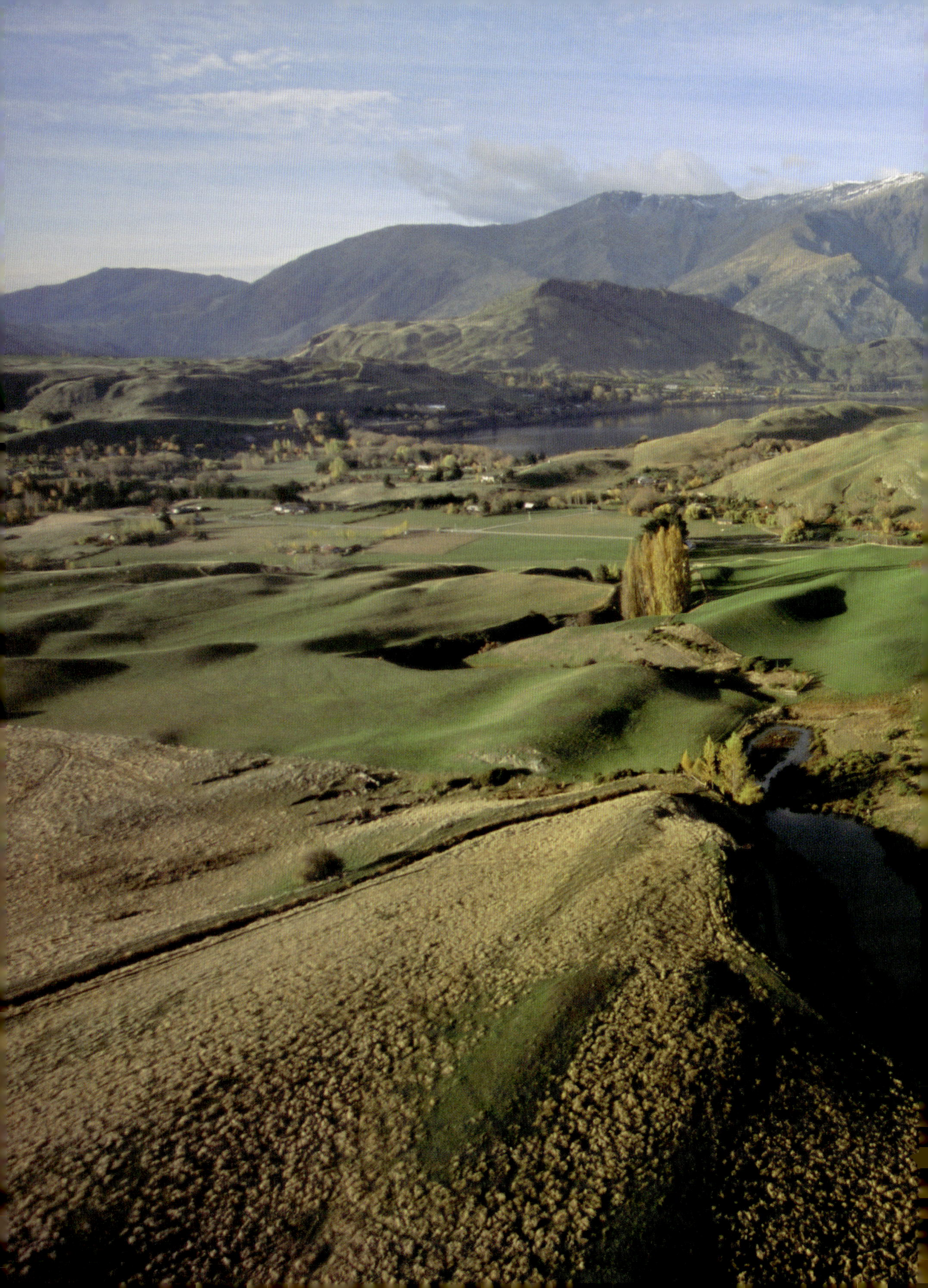

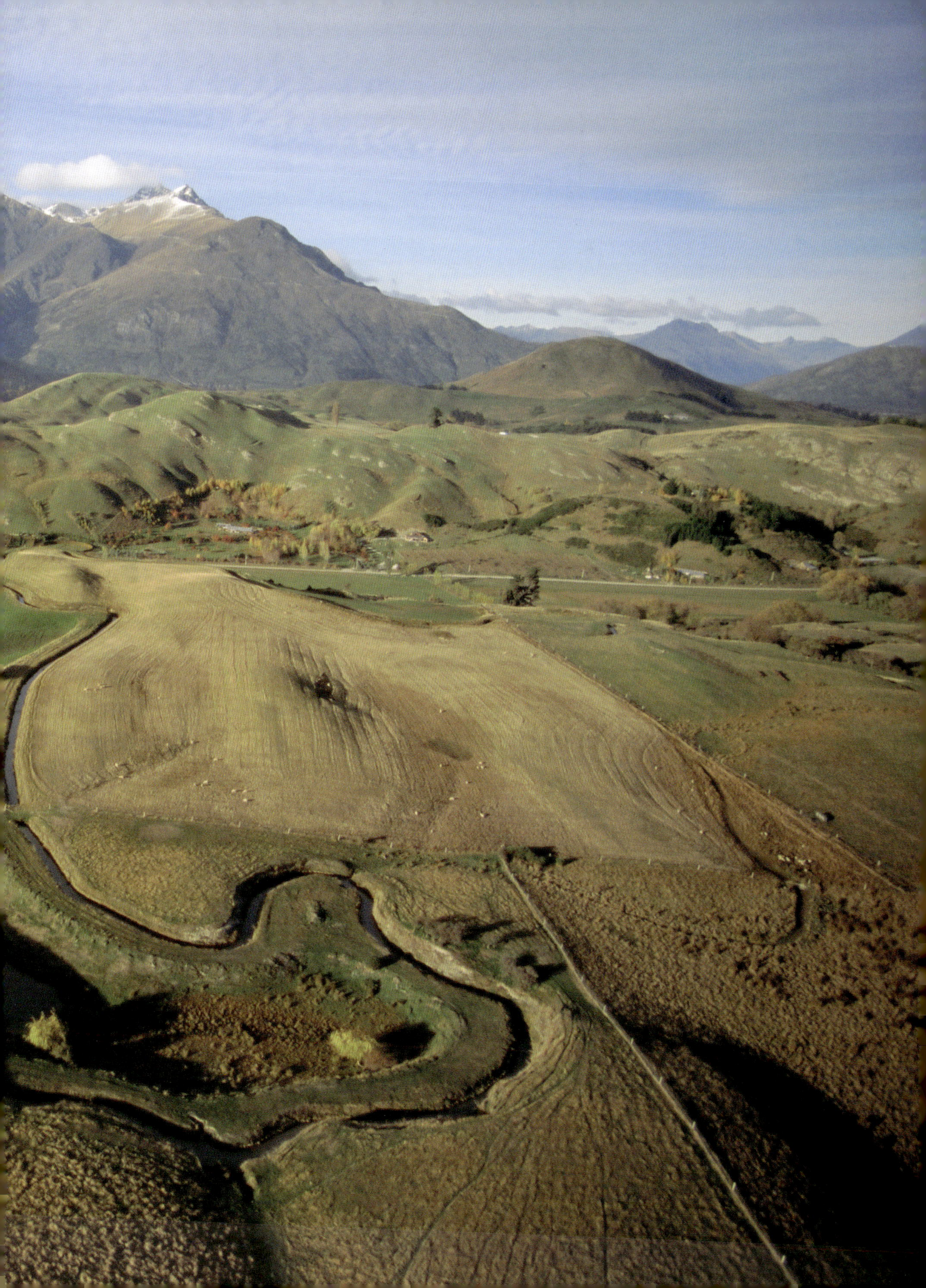

アメリカのコロラド州のサンファン山脈に見られるU字谷（上左）。山から流れ下る氷河で削られたものだ。氷期の終わりに海面が上がると、U字谷は水で満たされ、ノルウェーに見られるようなフィヨルドを形成した（上右）。

と呼ばれる独特の形をした丘があるが、これは岩石と土が地下の氷に押しあげられてできたもので、卵形をしている。

　イギリス南部を流れるテムズ川の現在の位置も、氷床の影響を受けている。かつてはイングランド南東部のセントオールバンズからロンドンの北を通って、エセックスのあたりで北海に流れこんでいたが、前々回の氷期がヨーロッパで猛威をふるい、氷床がロンドン北部のフィンチリーにまで進出した。現在「フィンチリーのくぼ地」と呼ばれている場所が、氷床が止まった跡だ。これによってテムズ川の流れが現在の位置に変わった。ロンドンの地形もまた、主に氷河時代に形成されたということだ。

　アメリカでも、主要河川の多くが氷期に流れを変えたが、その原因は、氷床の位置だけでなく、1万2000年前に氷床が解けてできた膨大な量の水にもあった。セントローレンス川とミシシッピ川の現在の位置は、最終氷期の終わりに起きた大洪水の名残だ。

　イギリスやアメリカに行くことがあったら、景色を眺めたときに、どれが氷河時代にできた地形で、どれがそれよりも新しい地形か考えてみるのもいいだろう。たとえば、U字谷の底を流れている川がV字形の谷を刻んでいる場合、U字谷が氷河時代の古い地形で、V字形の谷が新しい地形だ。

　氷期の影響は、当時の氷床から遠く離れていた場所でも見られる。地球の平均気温は今より6℃低かったが、どの地域でも一様に6℃低かったわけではない。高緯度の地域では気温が最大で12℃も下がったが、熱帯地方では2～5℃の低下にとどまっ

た。

　氷期には乾燥化も進み、風に巻きあげられた大量の砂塵が大気中に漂っていた（第1章参照）。中国北部、アメリカ東部、中央ヨーロッパと東ヨーロッパ、中央アジア、そして南アメリカのパタゴニア地方では、こうした砂塵が氷期に何百メートルも降り積もって、「レス（黄土）」と呼ばれる堆積層が形成された。

　海面が120メートルも下がったことで、大陸の形が変わり、地球の姿も今とはずいぶん異なっていた。たとえば、イギリスのグレートブリテン島はヨーロッパ大陸と陸続きになっていた。当時はイギリス海峡を歩いて渡ってフランスまで行けたということだ。ただ、現在のイギリス海峡の中央部あたりには、テムズ川やライン川、セーヌ川から水を集めた大河が大西洋に向かって流れていたから、その川を渡るのが難しかっただろう。

　海面の低下に伴って、こうした「陸橋」が世界各地で形成され、さまざまな動物たちが新しい地域に進出できるようになった。スリランカ、日本、イタリアのシチリア島、パプアニューギニア、南アメリカ近くのフォークランド諸島といった島々は、近くの大陸と陸続きになっていた。

　特に興味深いのは、現在ベーリング海で隔てられている北東アジアとアラスカが陸続きになったということだ。このため、最終氷期の終わりごろ、気候が暖かくな

氷期には膨大な量の水が氷床となって閉じこめられるため、気候は乾燥化する。大地が乾くと大量の砂塵が舞いあがり、風に乗って世界各地に降り積もって、「レス（黄土）」と呼ばれる堆積物となる。下の地図には、世界のレスの分布を示した。

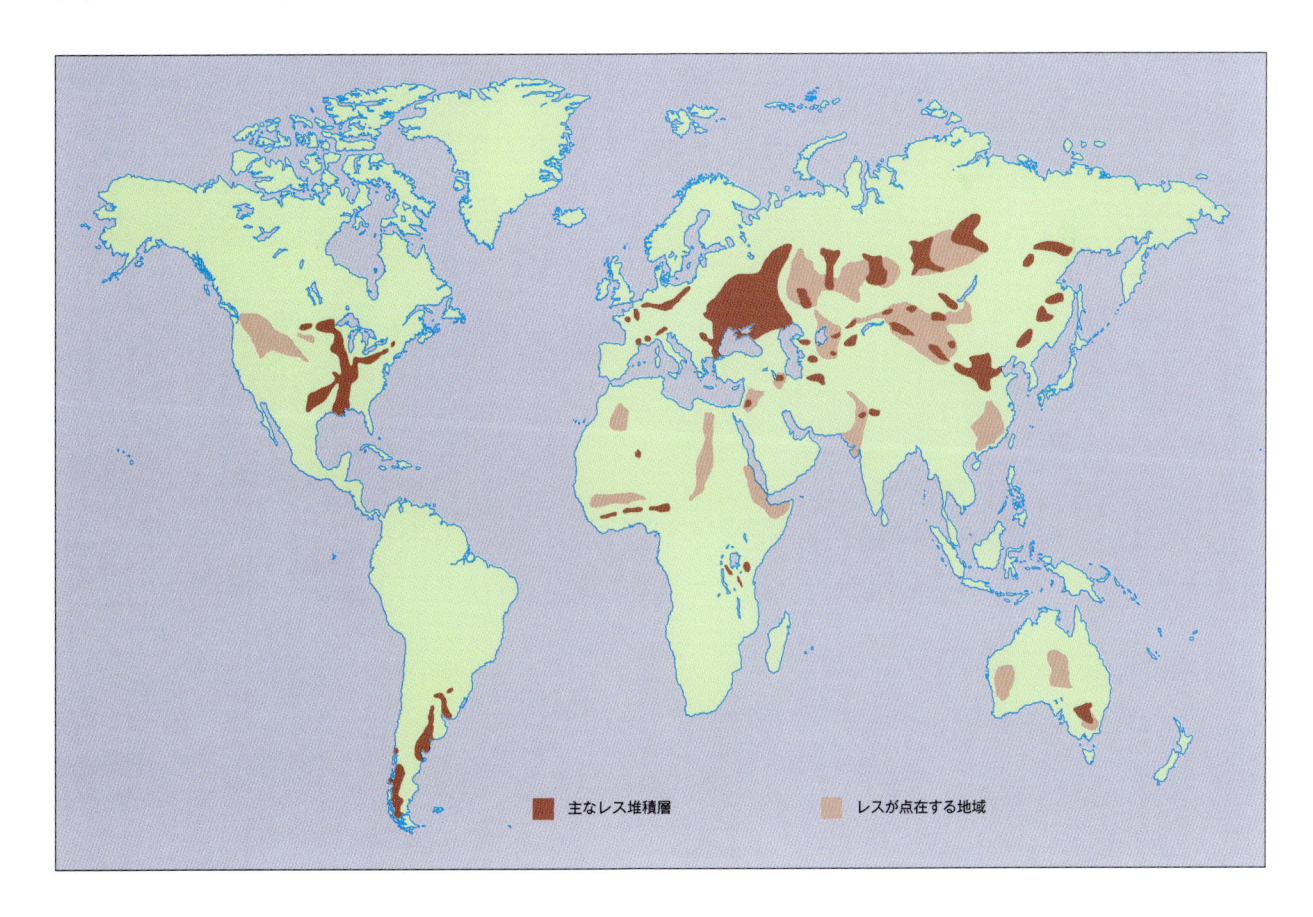

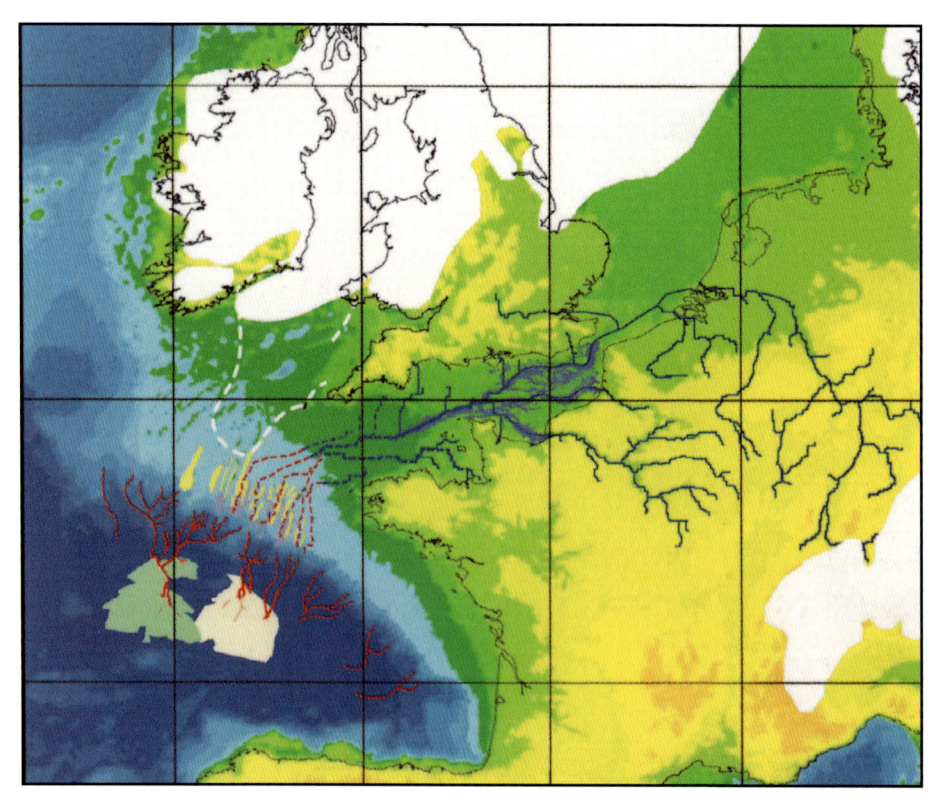

第4章　気候のジェットコースター

左：最終氷期の最中の1万8000年前には、海面が今より120mも低かった。北海とイギリス海峡はほぼ完全に干上がった。中央部には大河が流れ、テムズ川やライン川、セーヌ川の水を集めて大西洋に運んでいた。

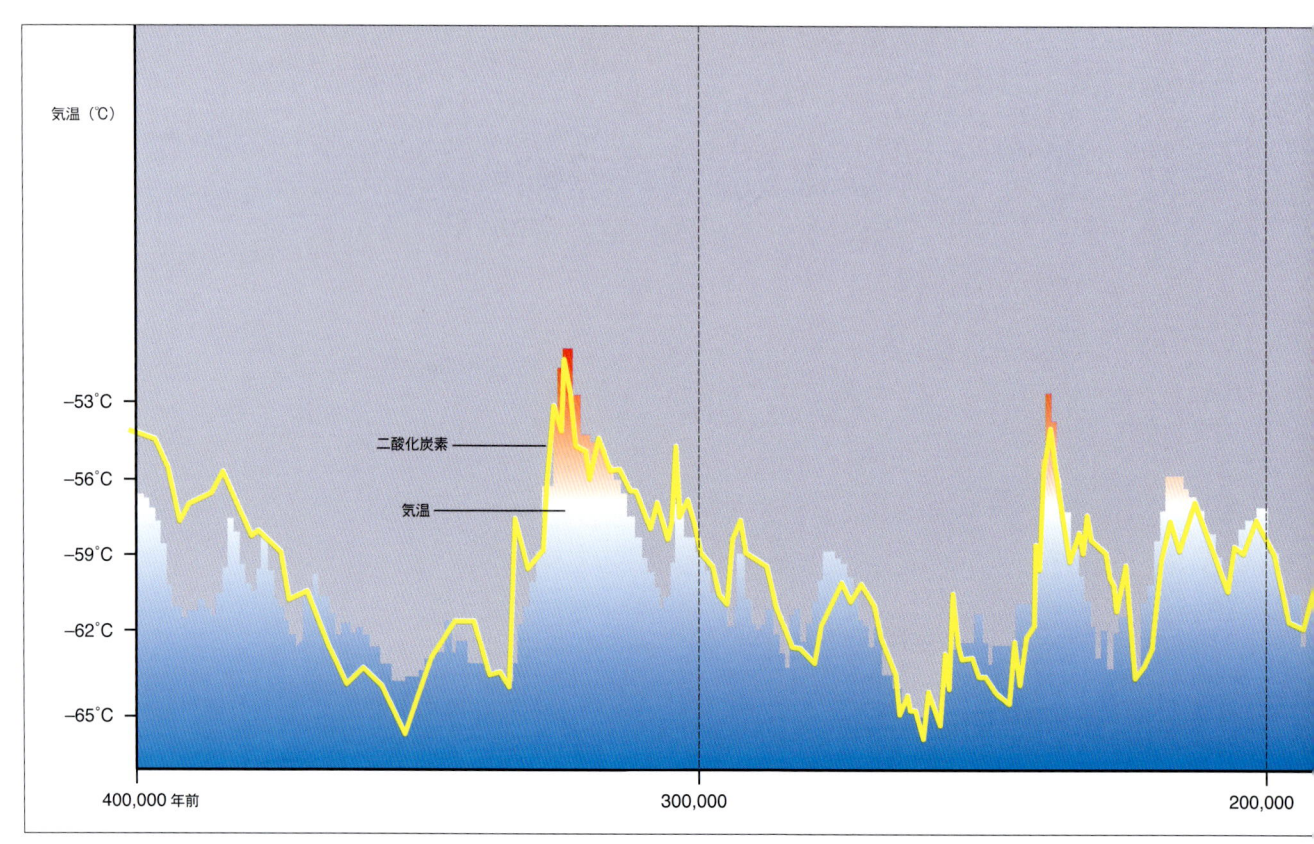

第4章　気候のジェットコースター

りだすと、人類が史上初めてアジアから北アメリカに渡れるようになり、アメリカ大陸という"すばらしき新世界"に移住しはじめた（第5章参照）。

氷河時代は大気にも影響を及ぼした。すでに説明したようにCO_2の量は3分の2に、メタンの量は半分に減ったが、これは炭素の循環システムが大きく変わったことによるものだ。

たとえば、メタンが減ったのは、氷期に気候が乾燥化したためだった。天然のメタンは熱帯の湿地で水没した植物が腐ったときにできるため（アマゾン川では、毎年イギリスの国土に匹敵する地域が水没する）、雨の量が少なくなると、生成されるメタンの量も減る。CO_2もメタンも主要な温室効果ガスだから、その量が減ると、太陽の熱が大気から逃げやすくなり、地球全体が寒くなる。

詳しくは本章の後半で説明するが、温室効果ガスの減少が氷床の進出と後退の一因となっていた可能性がある。当時、地球上の植物の総重量は、おそらく現在の半分程度にまで落ちこんでいた。

アマゾンの草原はなぜ消えた？

氷河時代が地球の気候システムに影響を及ぼしていたのは明らかだが、熱帯地方にどんな影響を及ぼしていたのかについては、さまざまな議論がある。

地球の表面積の半分は北回帰線と南回帰線のあいだにあり、世界中の熱帯雨林は

二酸化炭素（CO_2）は主な温室効果ガスで、氷期には量が3分の2に減り、寒冷化の一因となった。下のグラフでは、CO_2濃度を黄色の折れ線グラフで示し、南極大陸の気温を青や赤の棒グラフで示した（赤くなるほど温暖）。このグラフから、CO_2濃度と気温の変動はよく対応していることがわかる。現在の急激なCO_2濃度の上昇は、地球温暖化の兆候ではないかと懸念されている。

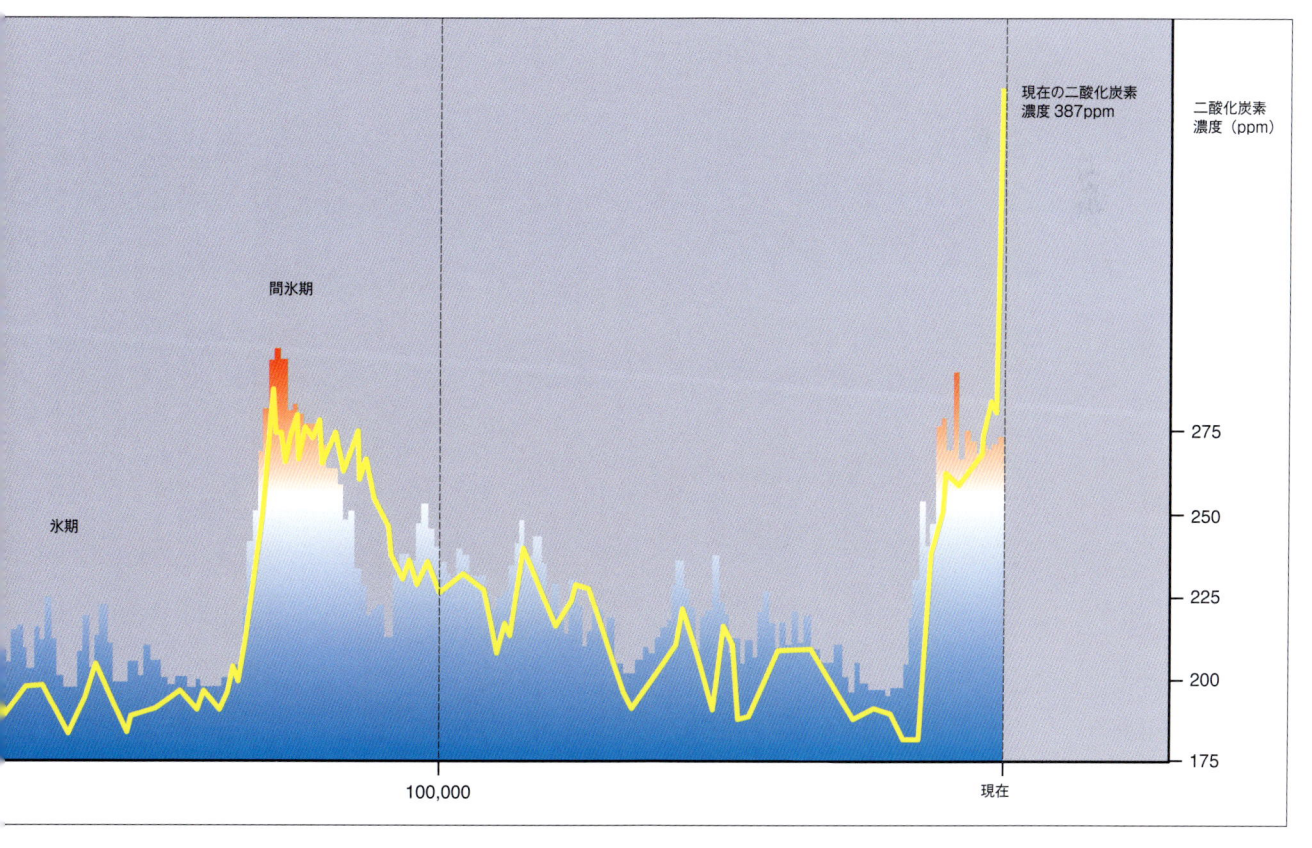

第4章　気候のジェットコースター

すべてこの地域に存在している。そのなかでも、規模と生物の多様性という点で特に重要な地域が、南アメリカのアマゾン川流域だ。アマゾン川は700万平方キロメートル（日本の面積の約19倍）という世界一の流域面積を誇り、地球上の淡水のおよそ2割を海に流している。

アマゾン川流域の大半は世界でも屈指の多様性を誇る熱帯雨林に覆われているが、ドイツの地質学者ユルゲン・ハファーは1969年、その豊かな生物多様性が氷河時代に生まれたという興味深い説を発表した。彼の説によれば、氷期に熱帯地方で気温が下がり、降水量が減ると、熱帯雨林の大部分がサバンナ（熱帯地方にみられる大草原）に変わったという。しかし、一部の熱帯雨林はサバンナに囲まれて島のように孤立した状態で残っていた。こうした熱帯雨林の"島"では生物が独自の進化をとげ、新しい種が数多く生まれた。ひとつの氷期が終わると、豊かな生物多様性を獲得した小さな熱帯雨林どうしが、再びひとつの大きな森になった。以上が、ハファーが唱えた説だった。

だが、サバンナが広がっていたという証拠がなかなか見つからなかったため、1990年代後半には、この説は誤りではないかという批判を浴びていた。

現在では、アマゾンに残された花粉の記録やコンピュータモデルを使った解析か

アマゾンの熱帯雨林（次ページ）は世界でも屈指の生物多様性を誇る。多様な生物が分布する理由については、さまざまな説が唱えられてきた。当初は、氷期に入るたびにアマゾン地域のほとんどがサバンナ（左）に変わり、それが生物の進化を促して多様性を生んだと考えられていた。だが今では、最終氷期にも現在の8割程度の広さの熱帯雨林が残っていたことがわかっている。このため、多様性に関して新たな説が唱えられている。

第4章 気候のジェットコースター

第4章　気候のジェットコースター

ら、アマゾンの熱帯雨林は寒冷化と乾燥化によって現在の8割ほどの面積に減っていたことがわかっている。サバンナに変わっていたのは、熱帯雨林の縁辺部だけだった。

アマゾンの熱帯雨林が氷期を生き延びただけでなく、豊かさを失っていなかったということは、地球の生態系における熱帯雨林の回復力の高さと重要性を示すものだ。だが、なぜ熱帯雨林は生き延びたのか。その理由のひとつとして考えられるのは、気候の寒冷化によって森から蒸発する水分の量が減り、貴重な水分が失われにくくなったために、降水量が減ってもさほど問題にならなかったということだ。

とはいえ、アマゾンに分布する生物の種類は、氷期と現在とではかなり異なっていた。たとえば、現在のアンデス山脈に育つ樹木の多くが、かつてアマゾンの中心部に分布していたことが、花粉の記録からわかっている。これは、氷期の寒い気候に適応した植物が、現在の暖かい間氷期に涼しい生息域を求めてアンデスの高地に移動したということだ。

過去数百万年のおよそ8割が氷期の状態にあったことを考えれば、現在の熱帯雨林がアマゾン地域における"通常の"状態であるとみなすことはできない。最終氷期のアマゾンの森林には、現在のアンデスに育つ樹木と熱帯の低地に育つ樹木が混在していたことがわかっている。

氷期のアマゾンに草原がほとんど分布していなかったとなれば、現在の豊かな熱帯雨林はどのような進化の仕組みによって生まれたのか。その原因は氷河作用ではないかもしれない。

氷河の進出と後退

氷期と間氷期のサイクルは、地球の過去250万年を語るうえで欠かせない特徴であるが、広大な氷床の進出と後退は、どのようにして起こるのだろうか。実は、地球の公転軌道の変化が、氷床の分布に大きな影響を与えている。また、地球の自転軸（地軸）の傾きも長い時間をかけて変化し、それに伴って地球のさまざまな地域で受ける太陽光の量（太陽エネルギー）も増えたり減ったりする。

こうした小さな変化でも、気候を変える力は十分にある。だが、氷床の進出と後退は地球の軌道の変化によって直接引き起こされているわけではなく、そのような変化に対する地球の気候の反応によって起きている。太陽エネルギーの変化がたとえ地域的で小さなものであっても、気候はそれに敏感に反応して大きく変わるものなのだ。

現在の地球の位置が2万1000年前と非常に似ているという事実を考えれば、その概念がわかりやすく伝わるかもしれない。2万1000年前は最終氷期のまっただ中で、厚さ2キロメートル以上の氷床が北アメリカ大陸を覆っていて、気候は今とはまるで異なっていた。だから、気候を左右するのは地球の軌道上の位置ではなく、軌道

軌道の離心率

地球の公転軌道は、円に近い形から楕円形まで、およそ9万6000年の周期で変化するが、その変化の度合いを表わすものが離心率である。新しい輪ゴムを考えてみるといい。テーブルの上に落とすと、ほぼ円に近い形になる。だが、2本の指を輪ゴムの内側に入れて、軽く外に広げると、楕円形ができる。地球の公転軌道は、このように円から楕円になり、また円に戻るという運動を9万6000年ごとに繰り返している。

別の言い方をすれば、楕円の長軸の長さが時とともに変わるということだ。現在の地球は、1月3日に太陽との距離が1億4600万kmと最も近くなり（この位置を近日点と呼ぶ）、7月4日に太陽との距離が1億5600万kmと最も遠くなる（この位置を遠日点と呼ぶ）。こうした公転軌道の変化によって生じる年間の太陽放射（太陽エネルギー）の変化はごく小さいもの（およそ0.03％）だが、季節の変化に大きな影響を及ぼすことがある。公転軌道が完全な円だとすれば、太陽エネルギーが季節によって変わることはない。

ミランコビッチが1949年に唱えた説によれば、夏に地球と太陽との距離が遠くなると、北半球に氷床ができやすくなり、毎年、冬の雪の一部が夏のあいだも解けずに残るという。地球に届く太陽放射の強さは、地球と太陽の距離の2乗に比例して低下するから、現在の地球の日射量は1月と7月とでは7％の違いがあるということだ。ミランコビッチが考えたように、これによって雪が蓄積しやすい環境ができるが、地球の北と南では差があり、南半球よりも北半球のほうが雪が解けにくくなる。公転軌道の離心率が大きくなるほど、一方の半球では季節の変化が激しくなり、もう一方の半球では変化が穏やかになる。

公転軌道の変化は地球の歳差運動の影響を調整する役割もある。歳差運動は軌道の変化よりもずっと大きな影響を気候に与える。軌道の離心率は、軌道の3つの要素のなかではもっとも影響が弱い。

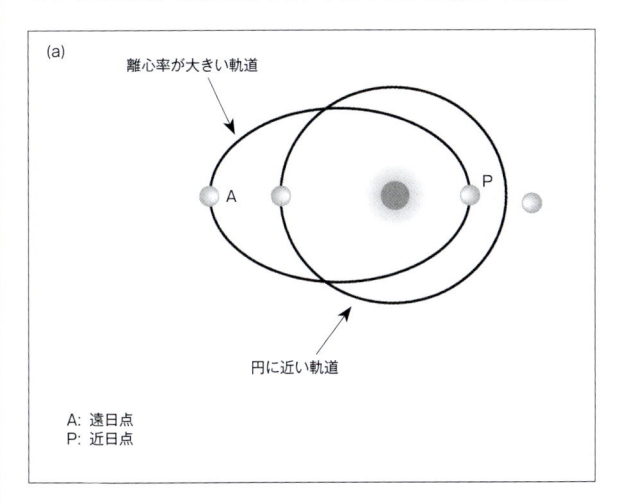

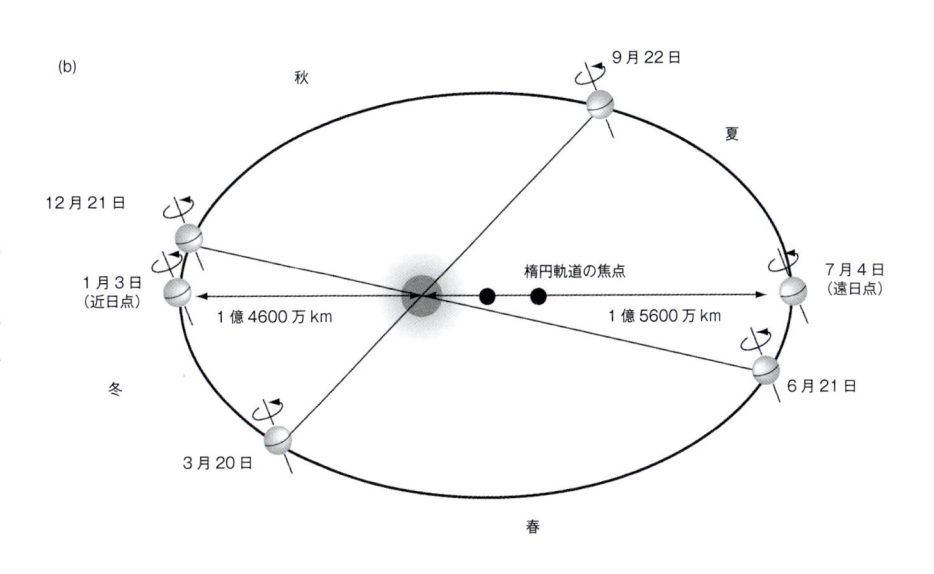

地球の公転軌道の変化を示した。図（a）は、軌道が円に近い形から楕円までどのように変わるかを示したもの。軌道上で地球が太陽に最も近づく点を「近日点」、最も遠ざかる点を「遠日点」と呼ぶ。図（b）には、現在の軌道とその季節との関係を示した。北半球で太陽に最も近い点が、夏ではなく、冬であることに注目しよう。

第4章　気候のジェットコースター

地軸の傾き

軌道面（黄道面）に対する地軸（地球の自転軸）の傾きは、4万1000年の周期で21.8度から24.4度までの範囲で変化する。四季があるのは地軸が傾いているからだ。地軸が太陽のほうに傾いている半球では気温が上がり、昼の長さが12時間を超えて太陽の位置も高く、季節は夏になる。だが、もう一方の半球では地軸が太陽とは逆のほうに傾くため、昼の長さが12時間を下回り、太陽の位置も低くて、気温は下がり、季節は冬になる。このため、地軸の傾きが大きいほど、夏と冬の差は大きくなる。

ミランコビッチが考えたように、北半球の夏が寒くなると、氷床ができやすくなる。こうした事実を素直に解釈すれば、過去100万年のあいだに氷期と間氷期が4万1000年の周期で交互に起きてきたのは、地軸の傾きの変化が原因のように見える。

米国のボストン大学のモーリーン・レイモ教授によれば、どの緯度においても太陽エネルギーの変化は歳差運動に影響されているとはいえ、高緯度と低緯度の熱交換を制御しているのは地軸の傾きであるという。大気中の熱と水蒸気の南北の流れは地球の気候を左右する主な要因だが、その流れは4万1000年周期で変わるということだ。これは、北緯30度と70度のあいだの熱移動の大部分が大気を通して起きていることに起因する。

以上のことから、地軸の傾き、北への熱の移動、氷期・間氷期のサイクルは互いに関連していると考えられる。

の位置の「変化」だということだ。

地球の軌道にかかわる主な要素は、軌道の離心率、地軸の傾き（黄道傾斜角）、歳差運動（詳しい説明は81～83頁コラムを参照）の3つあり、それぞれの変化の周期と気候への影響は異なる。これら3つの動きが組み合わさると、気候がどのような影響を受けて、氷河時代が始まったり終わったりするのか。そのことを考えると、興味深い事実が浮かびあがってくる。

時計じかけの気候

軌道の離心率、地軸の傾き、歳差運動の詳しい説明はコラムを見てもらうとして、この3つによる影響をひとつにまとめて考えると、ある緯度で過去にどれくらいの太陽エネルギーを受けていたかを算出できる。

1949年、ミルティン・ミランコビッチは、北緯65度の地点で夏に受ける太陽放射の量（夏の日射量）が氷期・間氷期のサイクルに大きな影響を及ぼしているという説を唱えた。彼の主張によれば、夏の日射量が十分に下がると、氷は夏に解けなくなり、成長しはじめて、最終的に氷床を形成するという。

地球の軌道が夏の日射量に大きな影響を及ぼしているのは確かだ。過去60万年のあいだに起きた太陽放射の最大の変化は、現在の北緯65度で夏に受ける太陽放射の量が、そこから550キロメートル以上も離れた北緯77度で受ける量まで減るのに等しい。もう少し簡単に言うなら、現在ノルウェー中部にある氷の南限が、スコットランド中部まで南下するということだ。

北緯65度での日射量の低下は、夏の地球と太陽の距離が延び（離心率が大きくなり）、

歳差運動

歳差運動にはふたつの要素がある。ひとつは地球の楕円軌道に関連するもので、もうひとつは地軸に関連するものだ。

地軸は回転しながら円を描くように振れていて、その円を一周するのに2万7000年かかる。これは、回転するコマの軸が揺れ動くのに似ている。コマは軸を中心にして回転しているが、その軸自体もゆっくり回って円を描いているのを見たことがあるだろう。これと同じように、地球も地軸を中心に1日1回自転しているが、その地軸自体もおよそ2万7000年という非常にゆっくりした周期で回転しているのだ。この歳差運動によって秋分や春分の日の地球と太陽の位置関係も変わるため、ある日付における地球と太陽の距離も年によって変わることになる。

こうした影響をまとめたのが図（c）だ。地球の軌道の歳差運動（周期は10万5000年）と、地球が太陽に最も近づく日付（近日点）の変化を示している。子どもが片足でフラフープをゆっくり回している姿を想像してみればいい。フラフープが地球の公転軌道だとすれば、片足のまわりを回る回転運動が軌道の歳差運動に当たる。

従来から言われていた2万3000年と1万9000年という歳差運動の周期は、軌道にかかわる異なる要素が合わさった結果生じたものだ。2万3000年の周期は地軸の歳差運動と軌道の歳差運動が合わさって生まれ、1万9000年の周期は軌道の形（つまり離心率）の変化と地軸の歳差運動が合わさって生まれる。この2種類の周期が組み合わさると、平均で2万1700年ごとにそれぞれの半球で近日点が夏と重なり、秋分と春分の歳差が起きる。

歳差運動は熱帯地方に最も大きな影響を及ぼす（一方、地軸の傾きによる影響は赤道ではゼロ）。地軸の傾きの変化は高緯度の気候変動に明らかな影響を与えていて、その影響は最終的には熱帯にも及ぶとはいえ、熱帯における日射の直接の効果は、軌道の離心率の影響を受けた歳差運動に左右される。

春分と秋分の歳差を生む要素を示した。図（a）は、2万7000年で一周する地軸の歳差運動を示したもの。図（b）には、10万5000年で一周する公転軌道の歳差運動を示した。図（c）は、春分と秋分と、地球が太陽に最も近づく日付の歳差を表わしている。

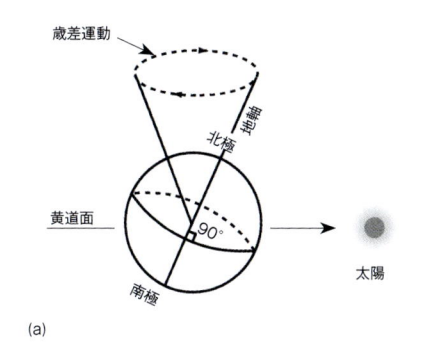

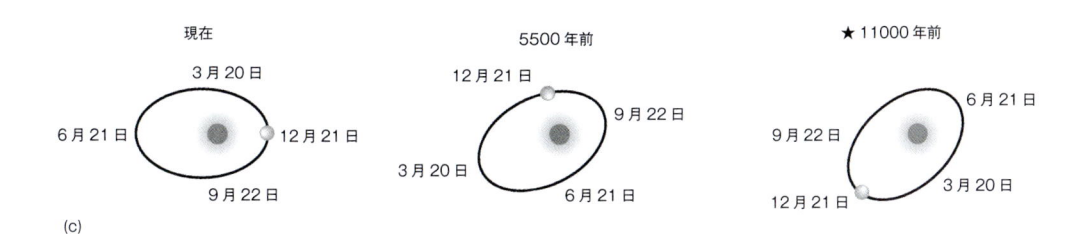

地軸の傾きが小さくなり、離心率の増加で延びた地球と太陽の距離が歳差運動で夏に最大となった場合に起きる。気候を左右するのが南緯65度ではなく北緯65度である理由は単純で、北半球には氷が成長できる大陸が数多くあるからだ。南半球では、氷の成長が南極大陸を囲む南極海に阻まれている。南極大陸でできた氷はやがて海にこぼれ落ちて、暖かい海へと流されていく。

このように、北半球の温帯で夏に太陽エネルギーが低下することによって夏に氷が解けず、大陸で氷床ができはじめるというのが、氷期に対する従来の見方だった。しかし現実と照らし合わせると、世界が時計のように規則的に移り変わるという考え方は単純すぎるということがわかる。軌道の変化が季節に及ぼす影響はとても小さい。実際には、こうした変化が、気候システムのフィードバック機構によって増幅されているのだ。

氷河時代はどうやって始まる？

軌道の変化自体は氷期・間氷期の気候変動を起こすには不十分で、地球の気候システムがさまざまなフィードバック機構を通じて、地表で受ける太陽エネルギーの変化を増幅させ、ほかのかたちに変えている。

たとえば、氷期を起こすシステムを考えてみることにしよう。太陽エネルギーが低下したときに最初に起きるのは、夏の気温が少しだけ下がることだ。夏の気温の低下によって雪や氷が解けずに残るようになると、そのまわりの環境が変わる。その主な原因は、地球に降り注ぐ太陽光と、宇宙に戻る反射光の比率（アルベド）が大きくなることにある。スキーをするときのことを考えてみればいい。サングラスをしないとまぶしいのは、雪がほとんどの太陽光を反射するからだ。宇宙に戻る太陽光が多くなるほど、その地域の気温は下がり、それがさらに雪や氷の蓄積を促して、周囲の環境をさらに変える――「アイスアルベド・フィードバック」と呼ばれる現象だ。いったん小さな氷床ができれば、そのまわりの環境が変わり、雪や氷が増えて、氷床はどんどん成長する。

フィードバックはほかにもある。それは、氷床、特に北アメリカのローレンタイド氷床が高さを増して、ジェット気流が進路を変えたときに起きる。

ジェット気流は、北大西洋からヨーロッパに流れる空気の温暖前線と寒冷前線の位置に影響を及ぼす。その気流が変化すると、北大西洋を通るハリケーンの進路が変わり、メキシコ湾流と北大西洋海流が現在ほど北まで流れなくなる。また、大陸に大きな氷床があると、北ヨーロッパの海と大西洋では氷が解けてできる淡水の量が全体的に増える。海流の変化と淡水の量の増加が重なって、最終的に生産される深層水の量が減ることになる。

第3章で説明したように、グリーンランド海とラブラドル海での深層水の生産は、現代の気候において"心臓の鼓動"のような役割を果たしている。生まれる深層水

の量が減ると、北に流れる暖かい水の量も減って、北半球で寒冷化が進み、氷床の範囲が広がる。

　しかし今、古気候学者のあいだで議論になっているのは、「物理的な気候の」フィードバックの役割が、大気中の温室効果ガスの役割よりも大きいかどうかということだ。

　CO_2やメタン、水蒸気といった温室効果ガスの濃度が下がると、全体的に地球の気温も下がる。それぞれの氷期にCO_2とメタンの濃度が下がっていることは、極地の氷に閉じこめられた気泡の分析からわかっている。また、そうした寒冷な時期には湿度も下がり、大気中の水蒸気の量も減る。このため、次のような議論が生まれた。地球の軌道の変化は温室効果ガスの生産に影響を及ぼし、地球を寒冷化させて、北半球に大規模な氷床ができやすくするのか。それとも、地球の軌道の変化によって北半球に大規模な氷床が形成され、その結果、地球の気候が変わり、温室効果ガスの生産量が減って、氷期が長引き、威力を増すのか——。まだ議論は続いているが、どちらにしても、通常の氷期・間氷期のサイクルをつくるうえで、温室効果ガスが重要な役割を果たしていることは確かだ。

　もうひとつ考えるべき問題がある。なぜこうしたフィードバックが際限なく進んで、地球全体を凍らせてしまうことがないのだろうか。それは、水蒸気の量に限界があるからだ。氷床が成長するには、気温が低くて降水量が多い気候でなければならない。しかし、すでに説明したように、氷床ができると、空気と水の循環が地球全体で変わる。暖かい表層水が北に到達しなくなると、氷床の形成に必要な水蒸気の供給が減る。氷床は大気と海の循環を変えることで水蒸気不足におちいり、みず

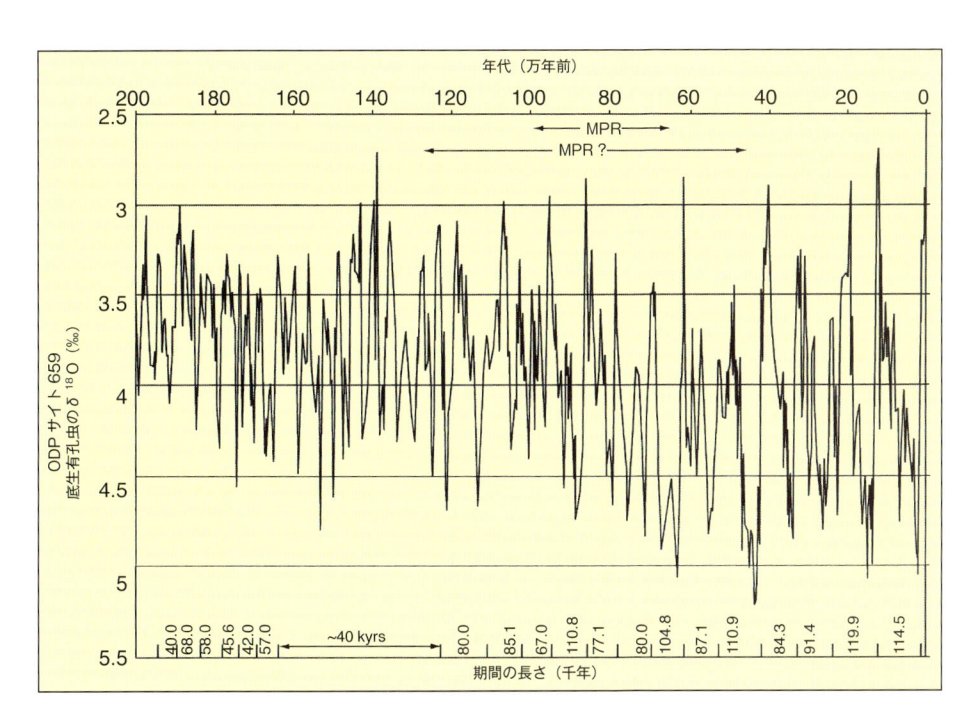

深海堆積物に残された酸素同位体の記録。地球上の氷の量の変化を示すもので、氷河時代の氷期の年代を特定できる。100万年前より前は氷期が4万1000年ごとに起きていたが、それ以降は間隔が長くなった。この気候の変化は、中期更新世の気候大変動（MPR）と呼ばれているが、気候の変化がどの程度の時間をかけて起こったのかはよくわかっていない。

第4章　気候のジェットコースター

から成長を止めてしまうのだ。

　過去数百万年間の記録を見ると、氷床が最大に成長するまでに8万年かかっている。これが前回起きたのが2万1000年前だ。

　一方で、氷の後退は急速に進む。専門用語で「退氷」と呼ばれるこの現象は、最長でも4000年程度しかかからない。退氷は北緯65度付近で夏に受ける太陽エネルギーが増加して、北半球の氷床が少し解けることで始まる。世界的に降水量が増えて、海の循環が変化すると、大気中のCO_2とメタンの濃度が上がりはじめ、地球の

氷期の気候は変化に富み、同じ状態にとどまることはなかった。これは、もともと氷は不安定で、氷床は絶えず分離して海に流れこんだり、大きく崩れたりするからだ。

温暖化と大陸の広大な氷床の融解を促す。だが、氷床の付近ではアルベドによる影響を受けて氷を保とうとする作用が働くため、CO_2 とメタンの増加による効果は限られる。

　急速な氷床の後退を実際に引き起こすのは、最初に氷が少し解けることによって起こる海面上昇だ。海面が上がると、沿岸部まで進出していた大きな氷床で海と接した氷が解けはじめる。海水は最も冷たくて氷点下1.8℃ほどで、氷床の基盤のあたりは通常、氷点下30℃を下回るから、お湯の入った容器にアイスクリームを入れるようなものだ。こうして氷床の消失が沿岸部で始まると融解はさらに進み、氷は小さく分離して海を漂いはじめる。それによって海面がさらに上がると、氷床の消失はもっと進む。

　こうした海面のフィードバック機構はかなりの速さで進むことがある。いったん氷床の後退が本格化すると、氷床を形成するフィードバック機構とは逆の現象が起きることになる。

氷河時代の気候のジェットコースター

　「気候のジェットコースター」という見出しをつけたのは、氷床はもともと不安定なもので、急激な崩壊と形成をくり返すことで気候が激しく変動し、氷期の気候がころころ変わるからだ。このような変動は千年単位で起きるものだが、これから説明するように、気候変動が3年のあいだに始まることもある。

　こうした気候変動イベントのなかで最も劇的な変化を起こすものは、「ハインリッヒ・イベント」と呼ばれるものだ。これは、海洋地質学者のハルトムート・ハイン

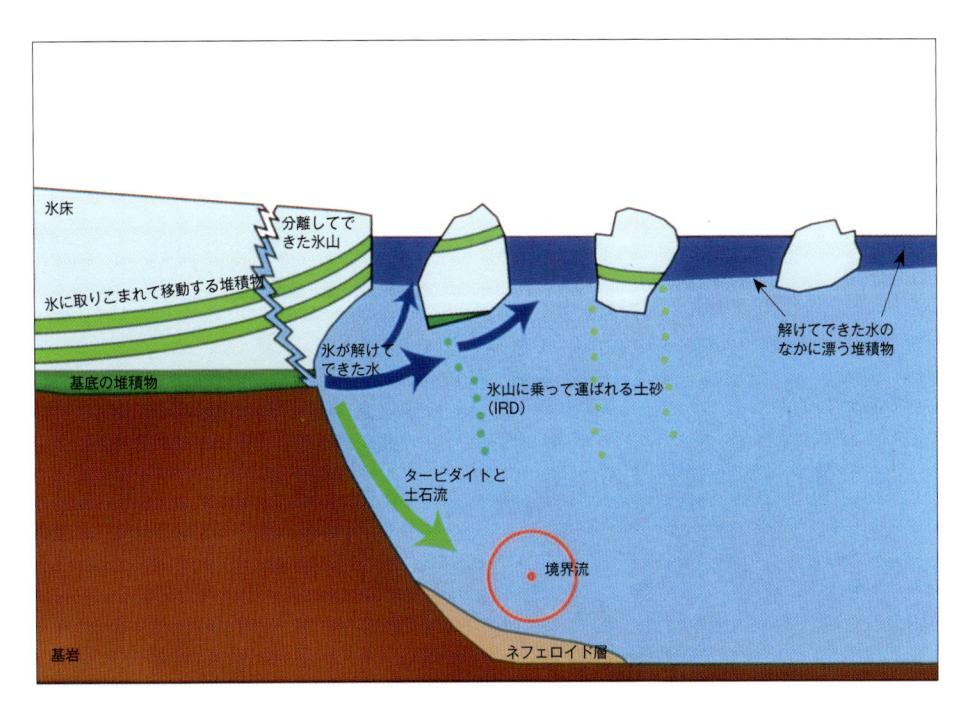

氷床から分離した氷山は、大量の堆積物を運んでいる。氷山が解けるにつれて、堆積物は少しずつ海に沈み、あちこちの海底に降り積もって土砂の堆積層をつくる（これをネフェロイド層と呼ぶ）。この堆積層の分布を調べることで、氷山の移動範囲がわかる。

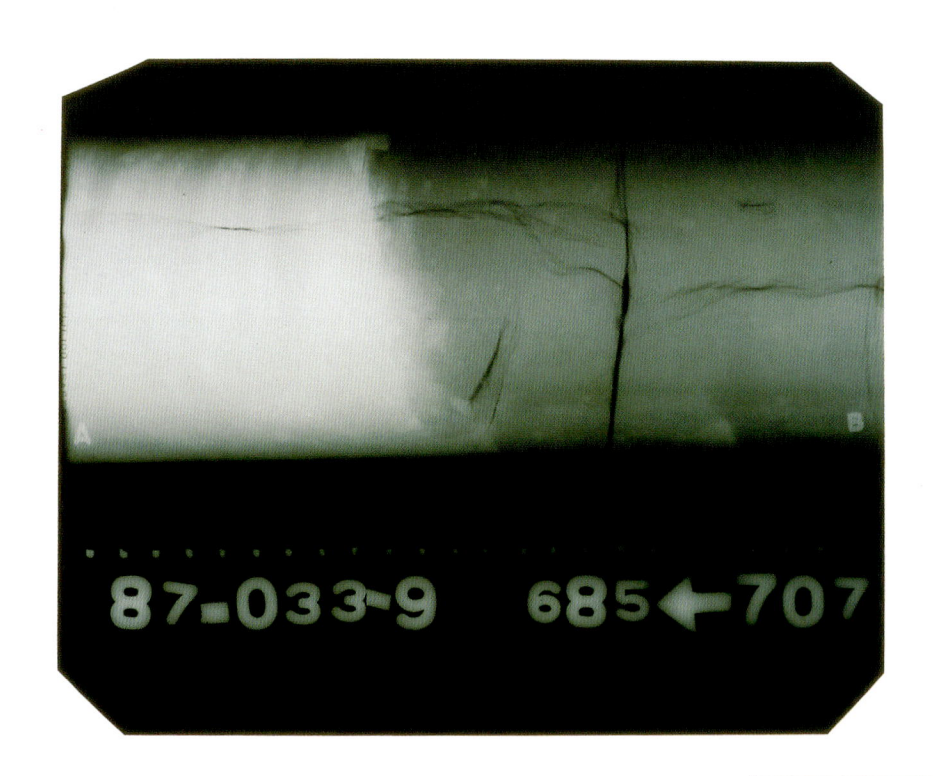

第4章　気候のジェットコースター

左：海洋堆積物のコアのX線画像。化石に富んだ氷河時代の通常の堆積層（右側の色の濃い部分）と、氷山に運ばれた土砂を多く含んだハインリッヒ・イベント層（左側の白い部分）の境界がわかる。

下：北大西洋から採取した海洋コア。ハインリッヒ・イベントを示す地層の上部境界がわかる。化石に富んだ堆積層は色が明るい上半分で、氷山に運ばれた土砂を多く含んだハインリッヒ・イベント層は色が暗い下半分。

リッヒが1988年にこのイベントのことを論文に記載しているのを発見した、コロンビア大学のウォレス・ブロッカーがつけた名称だ。

ハインリッヒ・イベントとは、北大西洋に厖大な量の氷を流出させた、北アメリカのローレンタイド氷床の大崩壊のことを指す。ブロッカーの記述によれば、「氷山の大群」が北アメリカから大西洋を渡ってヨーロッパに押し寄せ、フランス北部の沿岸に乗りあげた跡を残しているという。ハインリッヒ・イベントが起きると、氷期の寒冷な状態からさらに気温が3〜6℃下がることが、グリーンランドの氷床コアの分析からわかっている。さらに地球全体にも影響を及ぼし、南アメリカ、北大西洋、サンタバーバラ海盆、アラビア海、東シナ海、南シナ海、そして日本海でも、大きな気候変動の跡が残っている。

こうしたイベントは北大西洋地域の周辺で起きていたため、北アメリカとヨーロッパでは気温が大きく下がった。気候の寒冷化は、大量の氷山が北大西洋に流れこみ、それが解けて淡水が海に供給されたことに始まる。海の表層水の水温が下がって塩分濃度も下がり、表層水が深海に沈みこまないようになると、北大西洋での深層水の形成が完全に止まって、熱帯の温かい水を運ぶ大循環が途絶える。

ハインリッヒ・イベントはどうやって起きる？

　ハインリッヒ・イベントは人間が認識できる時間の尺度で起き、気候に重大な影響を与える。このため研究者はこのイベントに大きな関心を寄せ、その原因についてさまざまな説を唱えている。

　雪氷学者のダグラス・マカイルの考えでは、ハインリッヒ・イベントでの氷山の大規模な発生は、ローレンタイド氷床の内部が不安定であるために起きるという。この氷床の下には軟らかい堆積層があり、凍っているときにはコンクリートのように固まって、氷床を支えることができる。だが、氷床が拡大するにつれて、地殻内部の地熱と、氷の上を氷が移動するときに発生する摩擦熱が、表層を覆う氷床の断熱効果によって閉じこめられる。この効果によって堆積層の温度が上がり、臨界点を超えると解けはじめる。堆積層は軟らかくなり、氷床の基底がすべりやすくなって、氷が海に向かって動きはじめ、ハドソン海峡を通って北大西洋に流れこむ。これによって氷床の量が急に減り、断熱効果が小さくなると、氷床の基底と堆積層がふたたび凍り、氷床もふたたび徐々に拡大する。

　マカイルによれば、どの氷床にも不安定な時期があり、スカンジナビアやグリーンランド、アイスランドの氷床でも、それぞれ異なる周期で氷山の大発生があるという。

　もうひとつ、興味深い説を紹介しよう。ウォレス・ブロッカーが唱えている「両極の気候シーソー（bipolar climate seesaw）」説というものだ。この説はグリーンランドと南極大陸の氷床コアから見つかった新しい証拠にもとづいたもので、ハインリッヒ・イベントのあいだ北半球と南半球の気候が連動しなくなり、北半球が寒冷化しているときに、南極大陸が温暖化しているという状態を示すものだ。気候のシーソーとでも言うべきこの状態は、氷床の崩壊とそれに伴って解けた水の大流出が、北大西洋と南半球の海で交互に起きると考えることで説明できる。

　氷が解けて水が大量に供給されると、両半球で形成される深層水の相対的な量が変化し、それに伴って北半球と南半球を行き来する熱の方向も変わる。現在、北半球が南半球から熱を奪うことで、メキシコ湾流が維持され、北ヨーロッパの海で暖かい深層水が常に形成されるようになっている。この熱は深層水の流れに乗って、北から南大西洋に少しずつ戻される。

　このモデルでは、北大西洋付近の氷床が崩壊して、大量の氷山が海に流出すると、氷山が解けて海水の塩分濃度が下がり、表層水が深海に沈まなくなる。これによって北大西洋深層水の形成が止まり、北半球から南半球への熱の移動もやんで、南半球は徐々に暖かくなる。そしておそらく1000年ほどたつと、たまった熱で南極大陸の氷床の先端が崩れ、南極大陸付近で深層水ができなくなり、それまでとはまったく逆のことが起きる。

　この説のいいところは、間氷期にも適用できるということだ。本文で説明しているように、ダンスガード・オシュガー・サイクルは、氷期と間氷期の両方で約1500年ごとに起きる（第7章も参照）。

　ハインリッヒ・イベントは、大西洋の中央部で採取された海洋堆積物のなかで簡単に特定することができる。当時、氷山に乗って海に運ばれた大量の岩石片が、氷山が解けるにつれて海に沈み、海底のあちこちに堆積しているからだ。

　海洋堆積物のなかにあるこうした岩石の痕跡と、化石の年代測定の結果から、ハインリッヒ・イベントは、最終氷期のあいだ平均で7000年ごとに起きていたとみられている。化石の証拠に加えて、岩石片を含む地層の下に、海洋性の環形動物の巣

第4章　気候のジェットコースター

氷河時代の通常の海洋堆積物（右下）と、ハインリッヒ・イベントの最中に堆積した地層（左上）の組成の違いを示した。このような違いが生じたのは、ハインリッヒ・イベントの最中に大量の岩石の破片が氷山に乗って大陸から海に運ばれて、海底に降り積もったからだ。

穴が残っている。通常、こうした巣穴は、餌を食べにきたほかの生物によって乱されるため地層に残らないもので、原形をとどめるためには、氷山に運ばれてきた岩石片の堆積が3年以内に起こり、ほかの生物が堆積物に侵入できないほど急速に進まなければならない。この証拠は、北アメリカの氷床が急速に崩壊し、大西洋への氷山の流出が3年以内に起こったことを示唆するものだ。氷期には、大規模な氷床が存在した寒い環境と、北アメリカの氷床が部分的に崩壊することによってもたらされた極寒の環境が混在していたということだ。

　ふたつのハインリッヒ・イベントのあいだに、「ダンスガード・オシュガー・サイクル」と呼ばれる小さなイベントが1500年ごとに起きていたことがわかっている。これも、氷が解けてできた水が北大西洋に流れこむことによって起こるイベントだが、このダンスガード・オシュガー・サイクルが大規模になったものがハインリッヒ・イベントだという説もある。

　この2種類のイベントの最も大きな違いは、ハインリッヒ・イベントが氷期にしか起こらないのに対し、ダンスガード・オシュガー・サイクルは、氷期にも間氷期にも起こるということだ。詳しくは第7章で説明するが、実際、過去1万年のあいだに6回の大きなダンスガード・オシュガー・サイクル（完新世では「ボンド・イベント」と呼ばれる）が起こっている。4200年前のときには、中東で大規模な干ばつが発生して、当時の古代文明に大打撃を与えたとみられている。

まとめ

過去250万年にわたり、地球の気候は氷期と間氷期をくり返しながら、常に変わりつづけてきた。

250万年前から100万年前までは、地軸の傾きの変化が気候のフィードバック機構によって大幅に増幅されることで、氷期は4万1000年ごとに発生した。100万年前以降は、氷期の勢力が増して、それぞれ10万年ほど続いた。気候変動を示したグラフを見ると、当時の気候はのこぎりの歯のような形をしていることがわかる。氷床の形成は通常8万年以上かけてゆっくり進んだが、暖かい間氷期の気候へは4000年足らずで急速に戻った。

しかし、氷河時代に起きた気候変動イベントは、氷期と間氷期のくり返しだけではない。厳しい氷期のあいだ、気候のジェットコースターは、北アメリカの広大な氷床を定期的に崩壊させて海に流した。大量の氷山が北大西洋を覆い、地球の気候に大きな影響を与えて、世界をさらに寒い環境へと変えた。

特に目をみはるのは、この崩壊が起きた速さだ。氷山が北大西洋を覆うのに3年かかっていなかったことを示す証拠が残っている。これはハインリッヒ・イベントと呼ばれ、今後もこうした気候変動の影響が極端かつ急速に現れる可能性があるという厳しい警告でもある。

気づかないこともあるだろうが、氷河時代の影響は山や谷の形からテムズ川の現在の位置まで、温帯地方の風景のほとんどに現れている。気候のジェットコースターはこれまで無数のやり方で地球の姿を作り変えてきたし、これからもそうすることだろう。

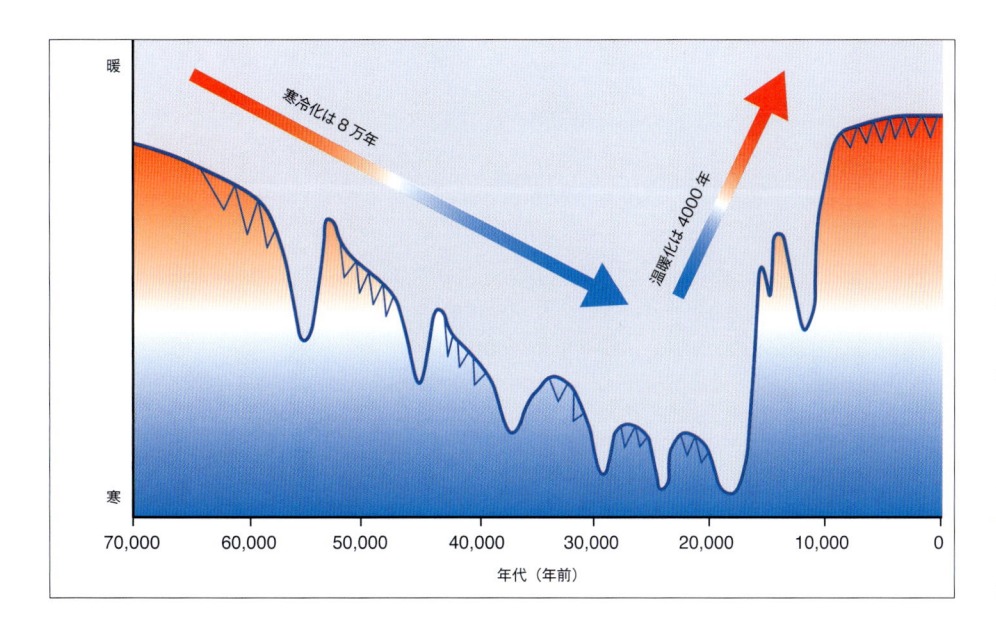

間氷期から氷期への移行には8万年という長い時間がかかるが、間氷期への移行には4000年しかかからない。これは氷床がもともと不安定な性質をもっているから。氷床は、気候が寒冷化している最中であっても継続的に崩れる。左は最終氷期の気温の変動を示したもので、急激に大きく下がった部分がハインリッヒ・イベントを示す。また、のこぎりの歯のような形の部分はダンスガード・オシュガー・サイクルを示し、氷期にも間氷期にも見られる。

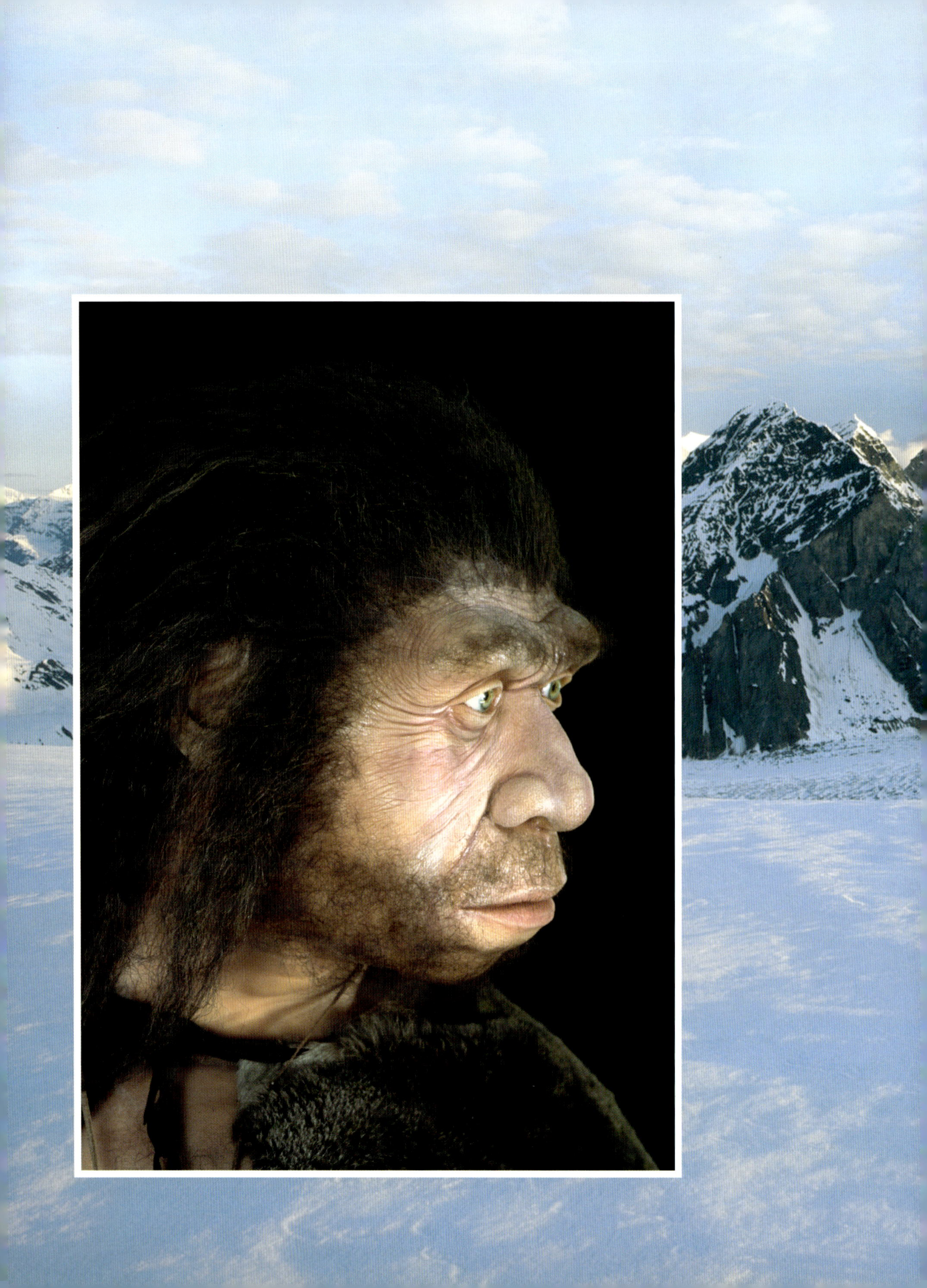

第5章
人類の物語

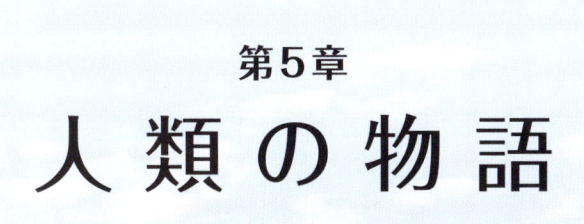

第5章　人類の物語

人類は500万年以上も前に、アフリカの類人猿から分かれて独自の進化をとげた。氷河時代の初期であるおよそ200万年前には、初めてアフリカの地を離れている。現生の類人猿よりもやや大きな脳と、単純な道具をもっていた彼らは、中緯度のさまざまな地域に分布を広げ、熱帯のアフリカよりも涼しく、四季の変化に富み、食料となる動植物が少ない場所で生活した。最終氷期が終わるころ（およそ1万2000年前）には、地球上で主要な生物となった。地球のあらゆる陸地に住み、海にも進出しはじめた。

氷河時代の人類の移り変わりを見るうえで特筆すべきなのは、人間の知能の発達だ。高等な動物には、まわりの環境から得た情報を処理する脳が備わっているが、人間ほど知能を発達させた動物はない。人間の脳は単に情報を処理するだけでなく、情報を生みだすこともできる。こうした創造力と、それを実現する手の能力を駆使して、人間は自分たち自身とまわりの環境をつくり変え、祖先なら数時間で命を落としたような厳しい環境に適応して繁栄した。

人類の物語を語るうえで、知能はその中心となる要素であり、知能の発達において重要な役割を果たした出来事のほとんどは、氷河時代に起きている。人類がアフリカで進化を重ねて、およそ200万年前からユーラシア大陸に移り住んだことは、現在はっきりしている。

アフリカを出た人類は、北半球のさまざまな地域で氷河時代の気候変動の影響を目の当たりにしたことだろう。厳しい寒冷期と、時によっては現在よりも暖かった温暖期が交互に訪れるにつれて、気候変動は徐々にその激しさを増していった。寒い時期には広大な氷床が発達しただけでなく、北極圏のツンドラにすむ動物がステップや森林にすむ動物と共存しているという、現在とは似ても似つかない風景が広がっていた。また、氷河時代の気候変動は急速に進むことが多かったため、人間はすばやく生活様式を変える必要があった。

氷河時代が始まるまで

350万年前より古い人類の化石は非常に少なく、人類の起源について考えられていることの大半は、最も近縁な動物と遺伝子にどの程度の違いがあるかにもとづいて推測されているものだ。遺伝的な変化は時間とともに一定のペースで起きるため、二つの種のあいだで遺伝子がどの程度違うかがわかれば、共通の祖先から枝分かれしてどれくらいの時間がたったかを推定できる。人類とアフリカの類人猿の遺伝子の違いは比較的小さく、進化の過程で両者が枝分かれしてから数百万年しかたっていないことを示している。

これが初めて明らかになったのは1960年代のことだが、人類の歴史は1500万年前までさかのぼると信じていた当時の人類学者たちはショックを受けたものだ。現在では、人類の歴史が数百万年だという説は化石の記録によって裏づけられている。

92〜93頁：人類は熱帯地方で進化したが、氷河時代に高緯度地方に北上したため、極寒の環境に適応して生き延びる必要があった。ネアンデルタール人（92頁囲み写真）は、厚い胸や短い手足を獲得したほか、動物性のタンパク質や脂肪を食べ、火を使って、寒さに適応した。

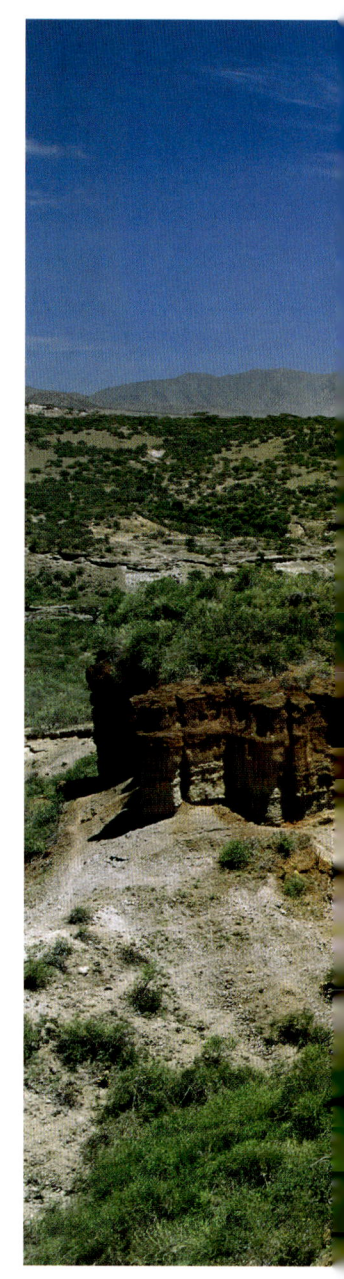

第5章　人類の物語

初期人類のものだとはっきりわかっていて、アウストラロピテクス（「南の類人猿」の意）と呼ばれている人類の化石のなかに400万年前のものがある。また賛否両論はあるが、人類の可能性がある化石のなかには500万〜600万年前のものもあるし、アフリカ中部と東部からは600万〜700万年前の化石も見つかっている。

これらの化石を初期人類のものだと特定する際に鍵となる解剖学的な特徴は、直立二足歩行、つまり直立して後肢だけで歩いたかどうかだ。

直立二足歩行は、実際には骨格のさまざまな部分に見られる特徴の組み合わせで可能になる。だから人類学者たちは、断片的な化石のかけらにその特徴があるかど

タンザニア北部のオルドバイ峡谷。1950年代に古人類学者のルイスとメアリーのリーキー夫妻がホモ属の古人類を初めて発見した場所だ。急峻な崖に囲まれたこの大地溝帯では、初期人類の進化を理解するうえで欠かせない驚くべき発見が数多くなされている。

第5章　人類の物語

うか懸命に探す。直立二足歩行への移行によって人類が類人猿から枝分かれしたということは、ほぼ間違いないと言っていい。また、直立二足歩行は、その後に起きる重要な発達のほぼすべてを下支えしているように見える。直立して歩けるようになったことで手が自由になり、道具や武器を作ったり使ったりできるようになった。これによって、狩りをする機会が増え、肉を食べることも多くなった。直立二足歩行は、脳の発達と発声能力の進化にも間接的に関連があるかもしれない。

なぜアフリカの類人猿が後肢だけで歩くようになったのか。はっきりした答えは見つからないかもしれないが、現状、人類学者のあいだでよく言われているのは、直立二足歩行が（森で木に登るのではなく）広い大地を効率的に移動することに関係があるということだ。また、森林が減ってサバンナと木がまばらな地域が増えたのに伴って直立二足歩行が発達したとも、広く考えられている。800万年前以降、おそらく極地での氷床の成長によって、アフリカでもほかの地域と同じく気候が涼しくなり、雨が少なくなった。森林が小さくなり、木が少ない地域に適応できる動物にとって、新たな繁栄の機会が生まれたのだ。

350万年前には、アフリカ東部でアウストラロピテクス属が十分に確立されていた。足跡も含めて化石の記録は比較的多いため、彼らの姿と習性はよくわかっている。

アウストラロピテクスは脳が類人猿と同じくらい小さいなど、さまざまな点で類人猿に似ていて、「二足歩行をする類人猿」と呼ばれることもある。また、直立二足歩行をするにもかかわらず、四肢には類人猿に似た特徴も残り、多くの時間を木の上で過ごしていたのではないかと考えられている。食べていたのは植物で、腐肉をあさったり狩りをしたりした痕跡は見つかっていない。この時代からははっきりした道具は見つかっていないが、アウストラロピテクスの手には、その後の発達を予見させる、現生人類に似た特徴もある。

およそ250万年前になると、人類の進化は突然、新たな方向に向かう。石器の登場だ。石を打ち欠いて刃をつけたチョッパーと呼ばれる石器と、石の破片から作った剝片石器が、アフリカ東部で現れた。これは皮をはいだり物を切ったりするために使う単純な道具だが、ある実験によれば、現生のチンパンジーの能力では作れないものだという。

こうした道具の少なくとも一部は、動物の骨から肉をそぎ落とすのに使われていた。当時の人類の解剖学的な特徴はそれ以前からほとんど変わっていないが、脳が初めて類人猿よりも大きくなり、手の形態も発達しているという大きな違いがある。

アウストラロピテクスから現生人類に近づく過程を示す化石の記録は、はっき

タンザニアのラエトリの火山灰層に残されていた、アウストラロピテクスの足跡。およそ350万年前に人類が直立二足歩行をしていたことを示す大発見だ。

りしていない。当時、大きな歯とやや大きな脳をもち、体格がっしりした（頑丈型の）アウストラロピテクスなど、数種類の人類が現れている。また、現生人類をはじめとするホモ属（ヒト属）に分類される人類も2種いたと広く考えられている。そのひとつホモ・ハビリスは1960年にルイスとメアリーのリーキー夫妻が最初に発見したもので、脳は現生の類人猿より大きいものの、現生人類よりはずっと小さい。もうひとつはホモ・ルドルフェンシスで、やや大きな脳をもち、あごと歯も大きい。

　これらの人類のどれが道具を作り、肉を食べていたかを特定するのはむずかしいが、少なくとも一方のホモ属がどちらかの行動をとっていたという見方が主流だ。ここで興味深いのは、氷河時代が始まる数十万年前に、人類は大きな脳、器用な手、そして道具を作れる高度な能力を獲得していたということだ。こうした特徴をもっていたことで、幅広い気候や環境のもとで生活できるようになり、180万年前までには熱帯以外の地域でも通常の暮らしを営んでいた。そして、非常に厳しい氷河時代の環境に適応し、かつ繁栄する能力を獲得することになる。

アフリカを出る

　グルジア共和国の首都トビリシから南西におよそ80キロメートル、二つの川の合流点を見おろす中世の城跡の下に、世界でも特に重要な遺跡がある。ドマニシという町にあるこの遺跡からは、アフリカ以外では最も古い人類の化石と石器が見つかっている。

　ドマニシは、中国の北京やアメリカのデンバーと同じ、北緯約40度に位置して

オルドバイ峡谷の地層Iから出土したチョッパーなどの石器。人間が作った最も古い様式の道具だ。実験によれば、現生の類人猿にはこうした石器を作る能力はないという。

いる。人類がこの地に最初に住んだと考えられている180万年前、この地域の気候は現在よりもやや暖かく、雨が少なかった。マツとカバノキの森と、開けたステップという環境に、シカやウマなどユーラシア大陸の典型的な大型動物が暮らしていた。

ドマニシに住んでいた人類は、アフリカに住んだ最初期のホモ属と非常に似ていた。脳の大きさはほぼ同じで、ほかの解剖学的な特徴も大半が似ていたが、四肢の骨には、長距離の移動に適していたことを示唆する特徴が見られる。食料となる植物や動物が赤道付近よりも少ない地域に住んでいた人類にとって、食料探しの範囲を広げることは、そうした環境に適応するひとつの手段だったのだろう。

肉を食べる量を増やすというのは、熱帯以外の地域で生きるためのもうひとつの手段だ。肉は植物よりも必要なカロリーを効率的に摂取でき、北の地で生き延びるのに欠かせないものだった。ドマニシで出土した哺乳類の骨には、石器で付けられたとみられる傷が残っている。当時の人びとはシカなどの野生動物を狩っていたか、あるいは少なくとも動物の腐肉をほかの動物に荒らされる前に石器で切りとっていたのだろう。こうした作業のために作られた道具は、アフリカの最初期のホモ属の

グルジアのカフカス山脈の南麓に位置するドマニシ遺跡。アフリカ以外では最も古い、約180万年前の人類の痕跡が見つかっている。

第5章　人類の物語

ものとみられる道具と同じものだ。

　ドマニシと同じ緯度にある中国北部でも石器が出土しているが、それは170万〜160万年前のものと推定されている。ということは、人類はユーラシア大陸を北へ移動しただけでなく、東にも向かったということだ。その石器はドマニシで出土したものと似ている。ヨーロッパでどうだったのかははっきりしないが、当時のヨーロッパ南部に初期の人間が定住していた可能性はあるようだ。スペインには100万年以上前のものだと推定されている遺跡があり、アフリカを出て間もない人間が残した痕跡であるとみられている。

　人間が最初にユーラシア大陸に住みはじめたころ、アフリカの人類にいくつかの変化が起きていたことが、化石の記録からわかっている。1984年、ケニアで見つかった150万年前のものと推定される見事な骨格化石からは、当時の少年がどんな姿だったのかを詳しく知ることができる。この少年の化石は今日では一般的にホモ・エルガステルに分類されていて、現在の熱帯アフリカに住む大多数の人びとと同様、背が高くてやせ形で、手も含めて首から下は実質

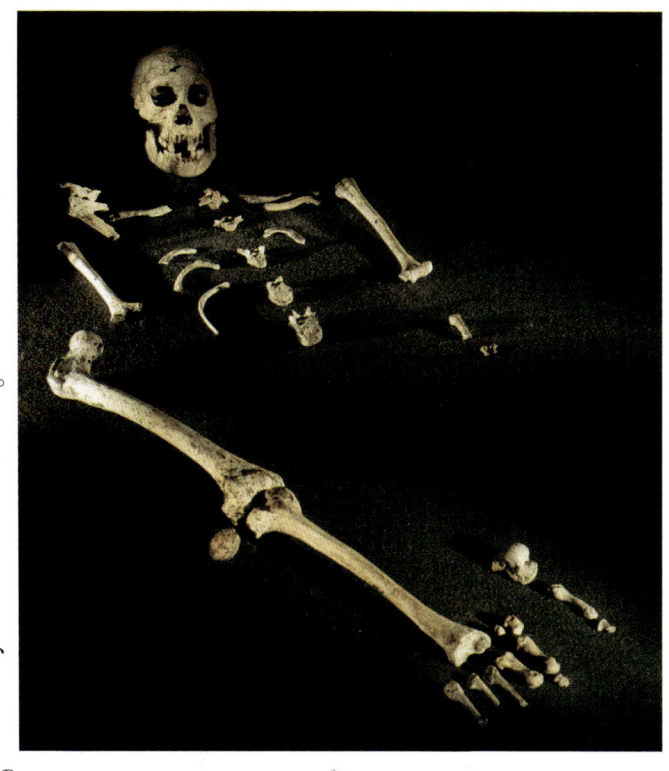

上：ドマニシで出土した人類の骨格化石。これまで確認されたなかではユーラシア大陸で最古のものだ。アフリカの人類に似た特徴を示すが、手足にいくつかの違いがあり、歩行に重点が置かれていたことを示唆している。

左：ドマニシに暮らした人びとが作った石器。これもアフリカの人類の石器とよく似ていて、大型哺乳類の骨から肉をそぎ落とすなど、おそらく用途も似ていただろう。

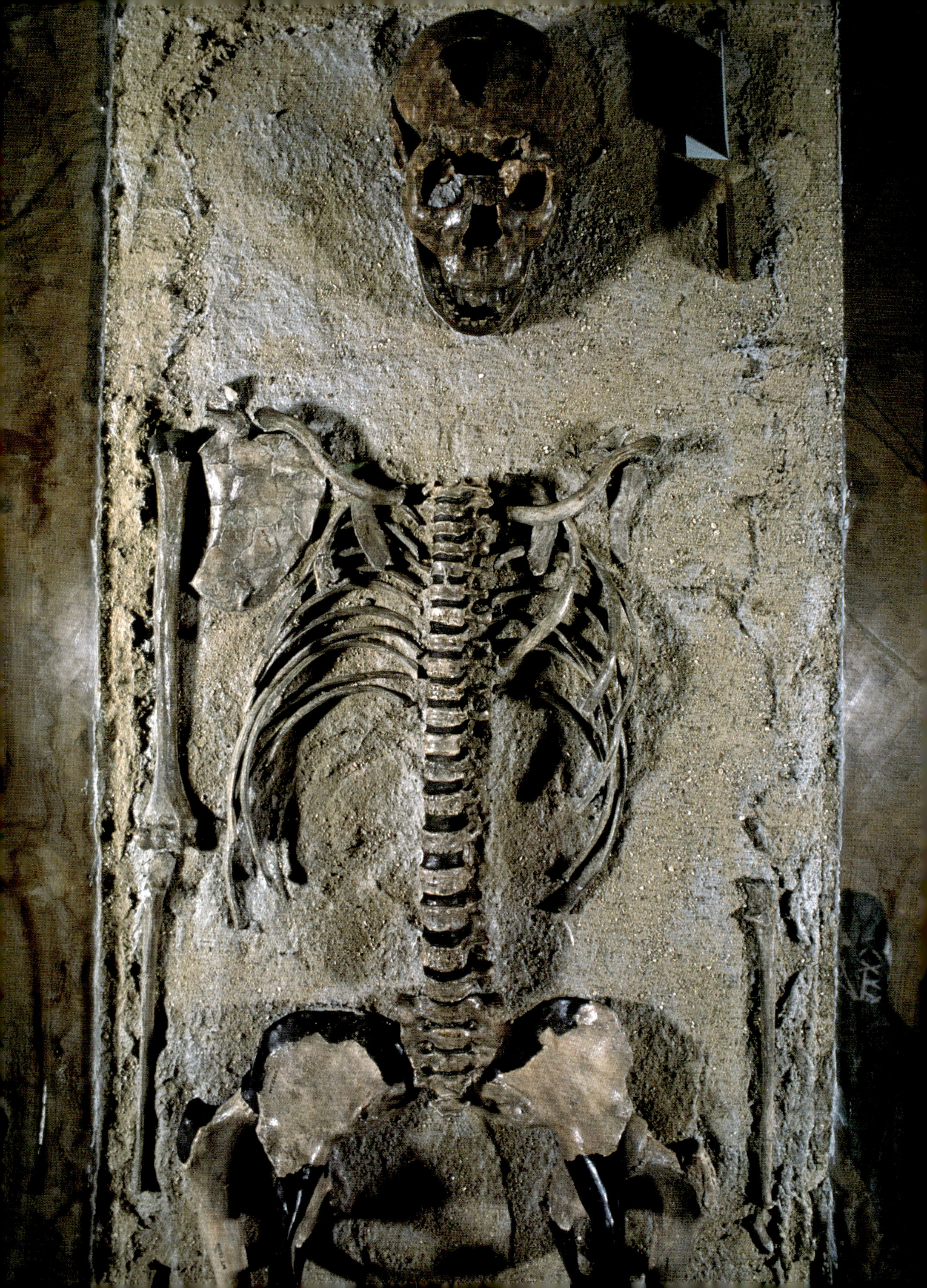

第5章　人類の物語

的に現代人と同じだ。頭骨だけが大きく異なり、脳の大きさは現代人の3分の2ほどしかなく、眉のあたりは大きく盛りあがっていて、歯とあごは大きい。

　アフリカの人びとは170万～160万年前に、新しい種類の道具を作るようになっていた。彼らが作っていたのは、石の大きな破片の両面をそぎとって卵形に成形した「握斧（ハンド・アックス）」と呼ばれている道具だ（もっと先のとがったものは「ピック」、先の丸まったものは「クリーバー」と呼ばれる）。最初期の握斧は不格好だったが、まもなく、もう少し手のこんだものが現れて、やがてかなりの精密さで作られるようになった。

　これらの石器は何を意味しているのか。その議論は長年にわたって続いてきた。実験によれば、握斧は動物の死体を解体する優れた道具であるという。また、その縁についた傷を顕微鏡で詳しく調べた結果、少なくとも石器の一部は動物の解体に使われていたことがわかった。

　だが、多くの握斧は、製作後に一度も使われていないか、わずかに使われただけで捨てられているという。こうした使用状況から、握斧が実用面で重要なものだったのか疑問の声もある。東アジアのほとんどの地域で、握斧はほとんど出土せず、動物の死体の大半は、ほかの道具で解体されている。

　おそらく握斧の最大の重要性は、当時の人びとが声ではなく手を使って、脳の外で自分の考えを認識し表現する能力をもっていたと暗示していることにあるのだろう。できあがった握斧に原石の形がほとんど残っていないということは、握斧は脳の外の世界に表現された概念を表わしているということだ。また、その概念は、ひとりの脳から別の人物の脳へと渡され、何世代にもわたって受け継がれている。

　氷河時代のはじめにアフリカで起こった解剖学的な特徴と道具の変化は、まもなくユーラシア大陸にも伝わった。ケニアで見つかった背が高くてやせ形の少年と似たような体格の人びとは東南アジアでも見つかっていて、年代の範囲もほぼ同じだ。これらの人類はホモ・エレクトスに分類され、アフリカで見つかった人類と同じか非常に近いアジアの亜種だと広く考えられている。その時代の少しあと約140万年前には、西アジアに握斧が現れているが、これはおそらく、ほかの出アフリカを表わしているものと考えられる。

ハイデルベルクの驚異

　およそ75万年前、アフリカで新たなホモ属が生

前頁：ケニア北部のナリオコトメで見つかった、少年の全身骨格化石。150万年前のものと推定され、首から下は現生人類とほぼ同じ特徴を示す。

下：握斧（ハンド・アックス）は、170万年前から160万年前のあいだに初めて登場した。人間の脳にある概念が外の世界に表現された最古の事例だ。

第5章　人類の物語

まれ、それまでの人類と同様、北に向かってユーラシア大陸に入った。この新しい人類はホモ・ハイデルベルゲンシスと呼ばれ、1908年に、ドイツの都市ハイデルベルク近くに分布する古い河川堆積物から見つかった。このとき出土したのは、がっしりした人類のものとみられるあごの骨だけだが、ヨーロッパではこれ以外にも、およそ50万年前の骨格化石が見つかっている。ハイデルベルゲンシスはそれ以前のどの人類よりも現生人類に似ていて、脳はかなり大きく、現代人とほぼ同じくらいの大きさがある。頭骨には原始的な特徴が残っているものの、大きな眉の盛りあがりと大きなあごという、それ以前の人類の特徴は見当たらない。

ハイデルベルゲンシスも握斧とともにクリーバーやピックを作っていたが、その成形技術はかなり高い。また、小型の道具に使う剥片を作る際に、その原石となる石核の形をあらかじめ整える手法も編みだしていて、さまざまな大きさと形の剥片を作れるようになっていた。この手法は、複数の素材を組み合わせた道具や武器（石の刃や尖頭器を木製の柄に付けるなど）の製作につながっていったのではないかと考えられている。

さらに、ハイデルベルゲンシスについては、確実なものとしては最も古い火の使用の証拠が見つかっている（それ以前の初期人類については、はっきりした火の使用の証拠はない）。こうした技術——環境を操作する能力——の向上は、認識能力の高まりを示すものだと思われるが、ハイデルベルゲンシスが大きな脳をもっていたことを考えれば順当だろう。

イスラエルのゲシャー・ベノット・ヤーコブ遺跡からは、約80万年前に火山岩の大きな破片から作られた握斧とクリーバーが大量に見つかっている。これらは約100万年前以降にアフリカで作られてきた道具とよく似ている。この時代の人類化石は西アジアでは乏しいが、アフリカの同時代の石器に似た石器があるということは、ハイデルベルゲンシスの到来を示唆するものだ。世界最古の火を使った跡は、この遺跡から見つかっている。

ハイデルベルゲンシスは西アジア、あるいはひょっとしたらアフリカ北西部から、北のヨーロッパへ分布を広げ、ヨーロッパ大陸で大きな存在感を示した最初の人類集団となり、現在のロンドンからさらに北まで分布を広げた。イタリアでは64万年前の握斧が見つかっているほか、ドイツで見つかったあごの骨の年代と同じ50万年前には、イギリス南部のボックスグローブ遺跡にハイデルベルゲンシスが到来している。

ボックスグローブは1980年代初めから詳しい発掘調査が行なわれているが、単に遺跡というだけでなく、太古の景観ま

下：現生人類と同じホモ属のホモ・ハイデルベルゲンシス。およそ75万年前にアフリカで進化し、西ヨーロッパを含めた、ユーラシア大陸に北上した。

次頁下：イギリス南部のボックスグローブ遺跡では、およそ50万年前に海岸平野をハイデルベルゲンシスが歩き回っていた。大型哺乳類を捕まえたり、それらの腐肉をあさったりしていたのだろう。

第5章 人類の物語

で残している場所だ。浸食されてできた石灰岩の崖の下に広がる海岸平野に位置し、かつては現在よりも暖かく、ウマやサイなど大型の哺乳類が草原を歩き回っていた。人類も動物に混じって移動し、狩りをしたり腐肉を食べたりしていた。崖の下には泉か水たまりがあったと考えられ、人びとはそのまわりに何度も集まっていたようで、そこにはあまり使われていない握斧が捨てられている。ほかの場所では、道具を研ぎ、それを使って大型哺乳類の死体を解体していた。

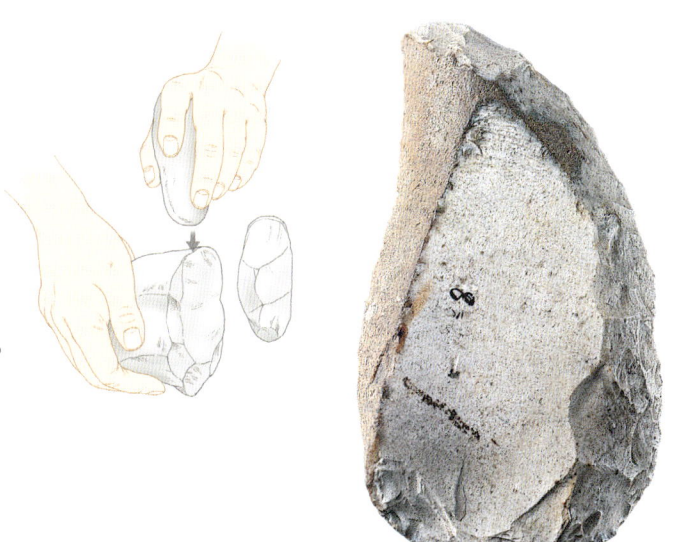

上：およそ50万年前、石器を作る新たな手法が生まれ、作る剥片の大きさや形をかなり自由にコントロールできるようになった。

人類の食生活の変遷

多様な食料を手に入れ、食べて消化する能力は、人類の進化において重要な役割を果たした。その能力を獲得したおかげで、熱帯からはるか離れた地域にまで進出できるようになった。今や人びとが食べる食物の種類は、ほかのどんな生物よりも多様になった。また、現生人類は動物や植物、無機物を組み合わせ、伝統文化や個人の好みに合わせて、次々と新しいレシピを作り、食物を料理してきた。

人類はかつて、どんな食生活をしていたのだろうか。その疑問を解き明かす方法は、主に二つある。従来から行なわれてきたやり方は、人類の化石や遺物に伴って見つかった食物の痕跡を研究することだ。こうした痕跡は、遺跡から見つかった動物の骨や歯であることが多いが、特に氷河時代の後期の遺跡では植物も見つかることがある。遺跡で出土する動植物は、動物に運ばれてきたり、露天では水流に乗って流れてきたりするなど、必ずしも人が持ちこんだものとは限らないため、「タフォノミー（化石生成論）」と呼ばれる手法を使ってその起源を確かめる。たとえば、ハイエナが集めた動物の骨は、骨格の一部に見られる固有の特徴や、骨の表面についた傷の種類などから見分ける。

最近では、人類の骨と歯を化学的に分析することで、さまざまな食物が食生活にどんな影響を与えているかを知る研究も行なわれている。多くの食物には、炭素や窒素といった元素の安定同位体が含まれている。こうした同位体は食物を食べた人の骨に組みこまれ、時間とともに失われることがないため、死後長い時間がたっていても、骨に含まれている量を測定することができる。

人類は植物も動物も食べる雑食性だが、この食習慣は祖先の霊長類から引き継がれたものだ。現生の類人猿は、熱帯雨林や森林に分布する木の葉、果実、昆虫など、比較的多様な動植物を食べる。アウストラロピテクスの化石を分析した結果によれば、当時のアフリカでは、サバンナに育つ植物（スゲやイネ科植物）や、こうした植物を食べる動物、あるいはその両方が食料になっていたという。初期のホモ属とおそらく頑丈型のアウストラロピテクスが暮らしたと考えられる、これまで確認されたなかで最古の遺跡からは、石器で割られたり削られたりした大型哺乳類の骨が出土している。

人類は氷河時代に、熱帯地方から動植物の少ないユーラシア大陸の温帯地域に進出するにつれて、より多くの肉を食べるようになったのはほぼ間違いない。だが、当時の人びとがどれくらいの量の肉を食べていたかや、その入手経路（狩りで捕まえたものと腐肉の割合）を詳しく調べるのはむずかしい。75万年前から25万年前のハイデルベルゲンシスとその同時代に生きた人びとの遺跡から出土した大型哺乳類の骨のタフォノミーを調べると、肉は動物の死体からとったものだということはわかったが、そのうち狩りで捕まえたものがどの程度あるのか、そして食生活のなかで肉がどの程度の割合を占めていたのかは解明できていない。

一方、もっと新しい時代に生きたネアンデルタール人については、大型哺乳類を狩りで捕まえ、肉を大量に食べていたという生活様式がはっきりわかっている。ネアンデルタール人の骨に含まれている安定同位体の分析結果によれば、タンパク質のほとんどが動物起源だという。この傾向は、植物が豊かに育っていた暖かい間氷期にも見られる。タフォノミーの研究からは、死体や骨が大きく加工されていることが確認されているが、一方で、ネアンデルタール人の野営地にさまざまな肉食動物が来ていたことも明らかになっている。氷河時代にユーラシア大陸北部の寒い環境で生き延びるうえで、タンパク質と脂肪に富んだ食生活は、おそらく欠かせないものだったのだろう。

5万年前、こうした環境に現生人類が現れると、食生活に大きな変化が訪れた。ネアンデルタール人と比べて、ずっと多様な動物、そしておそらく多様な植物も食べるようになったのだ。狩猟の対象も小型哺乳類や鳥類、そして魚にまで広がった。こ

左：ボックスグローブから出土した骨についた切り傷。50万年前、この地に暮らした人類が、大型哺乳類の死体から肉をそぎ落としていたことを示すものだ。

第5章 人類の物語

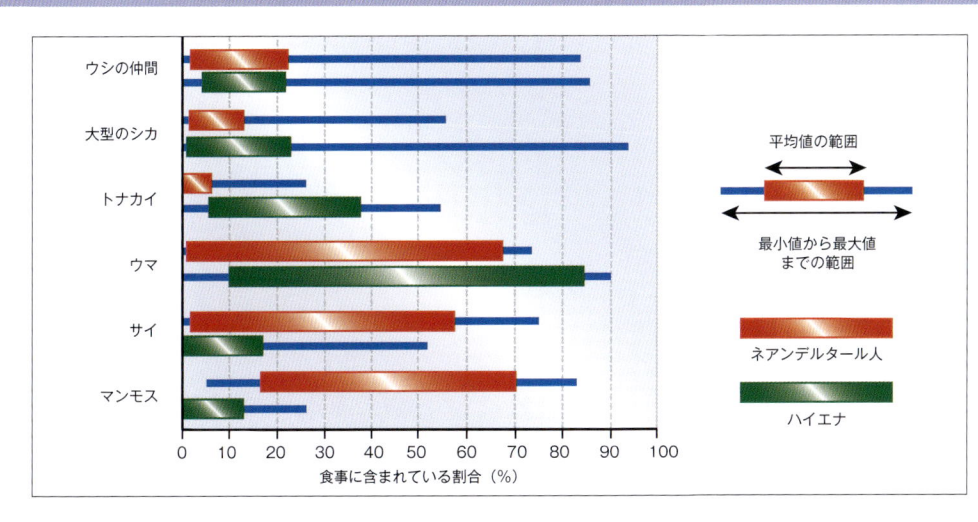

西ヨーロッパで見つかったネアンデルタール人の骨の化学分析結果。マンモスやサイなど、大型の哺乳類を主に食べていたことがわかる。ネアンデルタール人は、こうした動物から大量のタンパク質と脂肪をとっていた。大型の哺乳類を狩ることで、比較的小型の哺乳類を狙うハイエナと食料をめぐって争う機会を減らしたのだろう。

の食生活の変化は、遺跡で見つかる動物の骨の種類や、人間の骨の安定同位体分析からわかる。また、ユーラシア大陸北部に位置する最終氷期の現生人類の遺跡からは、植物を食べていた形跡が次々に見つかっている。このような食生活の変化は、斬新かつ複雑な道具や技術（投げ矢、網、舟、魚を捕るやななど）を生みだす能力を現生人類が備えていたからこそ起こったのだろう。氷河時代が終わりを迎えるにつれて、現生人類はその創造力を駆使して、世界の一部の地域で農業を始め、ほかの地域では漁業を行なうようになった。

下：人類が北上するにつれて、バイソンなどの動物のタンパク質や脂肪が食生活で重要な役割を果たすようになった。

105

第5章　人類の物語

左：ボックスグローブ遺跡に暮らした人びとは、石器のほかにも骨や角から道具を作った。左は角でできた軟らかいハンマーで、石の加工に使った。右は、おそらく解体したサイの骨盤。

右：先端を鋭くとがらせた木製の槍か探り棒。ドイツ北部にある40万年前のシェーニンゲン遺跡で見つかった、非常に保存状態のよいもの。

　ドイツ北部のシェーニンゲンにも、みごとな遺跡がある。ここは年代が40万年前とやや新しく、気候も涼しくて、草原や森林ステップ（ステップと森林の推移帯）が広がっていた。ボックスグローブと同様、ここでもウマが解体されていた。骨は石器で砕かれ、肉がそぎ落とされている。ボックスグローブと異なるのは、炉跡（火を使った跡）が見つかっているほか、槍など木製の道具がいくつか見つかっていることだ。槍を詳しく調べると、かなり手のこんだ加工がなされていることがわかる。材料は小さなマツかトウヒで、とがった先端には木の根元の部分（木のなかで最も硬い部分）が使われている。先端はていねいに整形されたあと、磨いて仕上げられている。

　はっきりしないのは、ハイデルベルゲンシスがどの程度まで寒い気候に適応していたかだ。ヨーロッパは50万年前には、氷期と間氷期をくりかえすサイクルに入って、かなり時間がたっていた。ほとんどの遺跡には暖かい間氷期のあいだに人びとが住んでいたが、シェーニンゲンのような場所には、寒い時期に人類が訪れていた跡があるし、少数ではあるが、氷期のあいだに人類がいた痕跡が残っている遺跡もある。そのひとつがボックスグローブで、主な居住域を覆った新しい氷河堆積物の中からいくつかの遺物が見つかっている。

　ただ、ハイデルベルゲンシスの化石は少なく、特に首から下の骨がほとんど見つかっていないため、極寒の地に住む人びとに見られるような解剖学的な特徴をハイデルベルゲンシスが備えていたかを特定するのはむずかしい。

　体温の低下や凍傷を防ぐために、人類（そしてほかの恒温動物）は四肢が短く、胴体が重くなるように進化する傾向にあった。ボックスグローブの主な居住域で出土した脚の骨は、ケニアで出土した150万年前の骨格化石と同様に長く、熱帯での生活に適している。一方で、脚の骨はがっしりしている。このことは、大きな胴体

をもった人類（おそらく成人男性）のものであることを示している。だが、ほかに見つかっている骨がないため、この骨がハイデルベルゲンシスを代表するものだとは言いきれない。

　肉を食べる量を増やすこと、つまり動物性のタンパク質と脂肪に富んだ食生活を送ることは、すでに述べたように、寒い環境で生き延びるもうひとつの手段だ。だが、これもはっきりした証拠は見つかっていない。ボックスグローブやシェーニンゲンなどの遺跡には、大型哺乳類の骨から肉をそぎ取った証拠は大量に見つかっているが、肉の消費量がそれ以前の人類や南に住んでいた人類に比べて大幅に増えているとは言いきれない。

　もしかしたら、新しい技術に頼っていたのかもしれない。火の使用はそうした技術のなかで最もはっきりしたもので、ハイデルベルゲンシスの登場と分布の拡大に関連があるとされている。凍えるように寒い環境で、火は体を暖めてくれるだけでなく、料理もでき、寒い気候のなかで生きるのに必要な高カロリーの食物を食べられるようになる。さらに、火は、恐ろしい動物から身を守る役割も果たしてくれる。火に加えて、シェーニンゲンで見つかった精巧な木製の槍のように、道具や武器の性能が上がったことも、動植物が少ない環境で食料を得やすくなった要因のひとつかもしれない。

　くり返しやってくる寒さに人類がどう対応していたのか。東アジアには、比較的はっきりした手がかりが残されている。ハイデルベルゲンシスと同時代に生きたアジアの人類は、氷期が到来すると、単に大陸の北部から撤退した。中国北部の竜骨山にある洞窟では、74万年前から40万年前の暖かい間氷期に当たる地層からしか、人類が住んだ跡は見つかっていない。氷期のあいだは、南の亜熱帯地域に移動していたとみられている。

　中国の人類は最も暖かい時期でも、初期のホモ属が150万年以上前に暮らしたドマニシなどの地域（北緯約40度）よりも北には住んでいなかった。だが、ハイデルベルゲンシスは北緯52度の地域にも住んでいた。西ヨーロッパでは、おそらく大西洋の暖流の影響で気候が穏やかだったためだろう。

　これは、当時の中国の人類とヨーロッパの人類の違いも表わしているのかもしれない。ハイデルベルゲンシスとは違って、中国の人類はアフリカからやってきたのではなく、それ以前にユーラシア大陸に入った人類の子孫だ。彼らはホモ・エレクトスに分類され、東アジアで確認されている最古の人類と本質的に同じだ。ほとんどの場合、アフリカで200万年以上前に作られていたチョッパーなどに似た石器を作っていた。それらはハイデルベルゲンシスの精巧な握斧と同じように、大型哺乳類の死体を解体するのに使われたが、その簡素な作りは、脳の外の世界を操作する能力が——複雑な技術を編みだす能力が——全体的に低かったことを示しているのかもしれない。一方、竜骨山の洞窟からは、火の使用を示すとみられる、焼けこげ

ボックスグローブ遺跡から出土した、ハイデルベルゲンシスの脛骨（けいこつ）。この骨の持ち主は、がっしりした体格で、脚が長かったことがわかる。北の地域に暮らした新しい人類には、背が低くてがっしりしているという特徴が見られるが、脚が長かったということは、ハイデルベルゲンシスには寒い気候への解剖学的な適応の一部が見られないということだ。

第5章　人類の物語

た動物の骨が見つかっている。

　1997年7月、ある研究チームが、ハイデルベルゲンシスの直系の子孫であるネアンデルタール人（最初に見つかったドイツのネアンデル渓谷からつけられた名前）の骨からDNAを採取して分析することに成功した。それ以来、ヨーロッパのさまざまな地域で出土したネアンデルタール人の骨からDNAが採取された。そこから、ネアンデルタール人と現生人類の遺伝的な関係を調べることができる。DNAがどの程度異なるかを調べた結果、ネアンデルタール人と現生人類が共通祖先から枝分

第5章　人類の物語

かれしたのは、およそ60万年前であることがわかった。さらに化石の記録と併せて検討したところ、現生人類もネアンデルタール人も、ハイデルベルゲンシスの子孫であることが判明した。その時代にハイデルベルゲンシスがアフリカを出たことで、北に住む人類と南に住む人類が分かれたということだ。現生人類は南、つまりアフリカに住んだ祖先の系統にあるが、ヨーロッパに住んだハイデルベルゲンシスは、氷河時代を生きた典型的な人類、ネアンデルタール人（ホモ・ネアンデルターレンシス）に進化したのだった。

中国東部、上海の北西250kmに位置する湯山の洞窟。ここでは、およそ60万年前のホモ・エレクトスの化石が見つかっている。

火と人類の適応　その考古学的証拠

火を使う技術は、人類がその歴史の初期においてほかの動物と一線を画す特徴をもたらした根本的な発明のひとつだと長いあいだ考えられてきた。また、北半球で氷河時代の環境に適応するうえで欠かせないものだったとも考えられている。しかし、火を使った痕跡を考古学的な記録から見つけるのはなかなかむずかしい。たき火の跡は時間がたつと失われ、自然に起きた野火の跡との区別もむずかしいからだ。

火をおこす技術を獲得したのは現生人類だけで、ネアンデルタール人をはじめとする初期人類は自然に発生した火を利用していただけだという可能性は十分にある。熱帯と温帯に暮らす最近の狩猟採集民のなかには、火をおこす技術をもっていない民族がいくつかあるという報告もあるが、これは、この技術が複雑であることを示すものであるとともに、火をおこせなくても生きていけるということも示している。とはいえ、ハイデルベルゲンシス（およそ75万年前）以降、人類は、少なくとも野営地などの場所で火を管理して使える知識と能力をもっていたということだ。

火を使った跡とみられる痕跡のうち最古のものは、アフリカの遺跡で見つかった焼けこげた泥で、年代は200万年以上前と推定されている。しかし、この跡は確実なものではなく、単なる野火の跡である可能性もある。もっと信憑性の高い証拠としては、南アフリカのスワートクランス洞窟で出土した、焼けこげた骨がある。これは150万年前のもので、この時代にはホモ・エルガステルという人類が暮らしていた。野火で焼けたものである可能性もあるが、出土層の下には火の跡は見つかっておらず、洞窟の上位層で突然現れるため、野火の跡とするには不自然であり、人為的なものだと考えるほうがうまく説明できる。

このほかに、最古のたき火跡があるのではないかと長年言われていたのが、中国北部の周口店にある洞窟だ。その主な根拠は、この洞窟で発見された、灰と木炭とみられる黒い地層だ。年代は約50万年前と推定されているが、数年前に実施された再調査で、この地層は水に流されてきた植物が腐敗したものだとわかり、最古のたき火という説はくつがえされた。この洞窟からは焼けこげた骨も出土しているが、スワートクランス洞窟の事例と同様、野火の跡だという可能性も残されている。

左：イスラエルのゲシャー・ベノット・ヤーコブ遺跡で出土した焼けこげた火打ち石、木、植物の種子。80万年近く前のものと推定され、ハイデルベルゲンシスによる火の使用を示す。

第5章 人類の物語

　最近、火の使用について説得力のある証拠が、イスラエルのさらに古い遺跡から見つかった。ゲシャー・ベノット・ヤーコブ遺跡から出土した、80万年近く前のものと推定される焼けこげた火打ち石と木、種子だ。まとまって出土した状況から、炉床で局所的に火を使っていたことがわかる。この場所には、ヨーロッパに入る前のハイデルベルゲンシスが訪れていたとみられている。ヨーロッパにあるハイデルベルゲンシスの遺跡からも火の使用を示す信憑性の高い証拠が見つかっていて、たとえば、ドイツのシェーニンゲンに残された証拠は約40万年前のものと推定されている。

　炉跡がよく見つかるのは、25万年前よりも新しいネアンデルタール人の遺跡（洞窟や岩陰、露天の遺跡）だ。これは、年代が比較的新しく、かつ多くが天然の洞窟や岩陰など風化されにくい場所にあるのが一因だが、氷河時代のユーラシア大陸北部で火がひんぱんに使われていたことも示しているだろう。こうした環境に5万年前以降に入った現生人類も、暖をとったり、身を守ったり、料理をしたりするために火をよく使った。また、焼き物など、さまざまな技術に火を応用することも始めていたほか、使う燃料の種類も、骨や石炭、動物の脂肪（携帯型のランプに使用）など多様化していった。

下：ネアンデルタール人の遺跡では、炉跡が見つかることが多い。ひんぱんに火を使っていたことを示す証拠だ。ただし、ネアンデルタール人が火をおこす技術をもっていたかどうかはわからず、野火の火を利用しただけかもしれない。

第5章 人類の物語

ネアンデルタール人

ネアンデルタール人は、初期人類のなかでは最もよく知られている一方で、最も謎めいた存在でもある。

なぜよく知られているかというと、過去150年のあいだにヨーロッパや西アジアで化石が大量に見つかっているほか、発掘されてきたネアンデルタール人の遺跡も数多くあるからだ。彼らの生きていた時代は比較的新しく（およそ3万年前まで生きていた）、化石が洞窟や岩陰といった見つけやすい場所で、よく保存された状態で出土することも、化石の大量発見につながっている。また、なぜ謎めいた存在かといえば、遺体を埋葬するなど現生人類と似た行動をとった一方で、私たちとはまったく違う特徴も備えていたからだ。現生人類と同じハイデルベルゲンシスから進化してきたことを考えれば、ネアンデルタール人は現生人類の祖先ではなく、私たちの別の姿であると考えることができる。

ジャックウサギが北にすむようになってホッキョクウサギになったように、ネアンデルタール人は北に住むようになった人類だ。そうした種類の人類はほかにはない。寒い地域にすむほかの恒温の哺乳類と同じように、極寒の冬を生き抜けるように解剖学的な特徴を進化で獲得してきた。がっしりした体型、厚くて大きな胸部、

ネアンデルタール人の遺跡は、ヨーロッパ全域と西アジア、中央アジアで見つかっている。彼らはおそらくシベリア南西部のアルタイ地域にも暮らしていたとみられているが、この地域からはネアンデルタール人のものと推定されている骨格の一部が単独で見つかっているにすぎない。

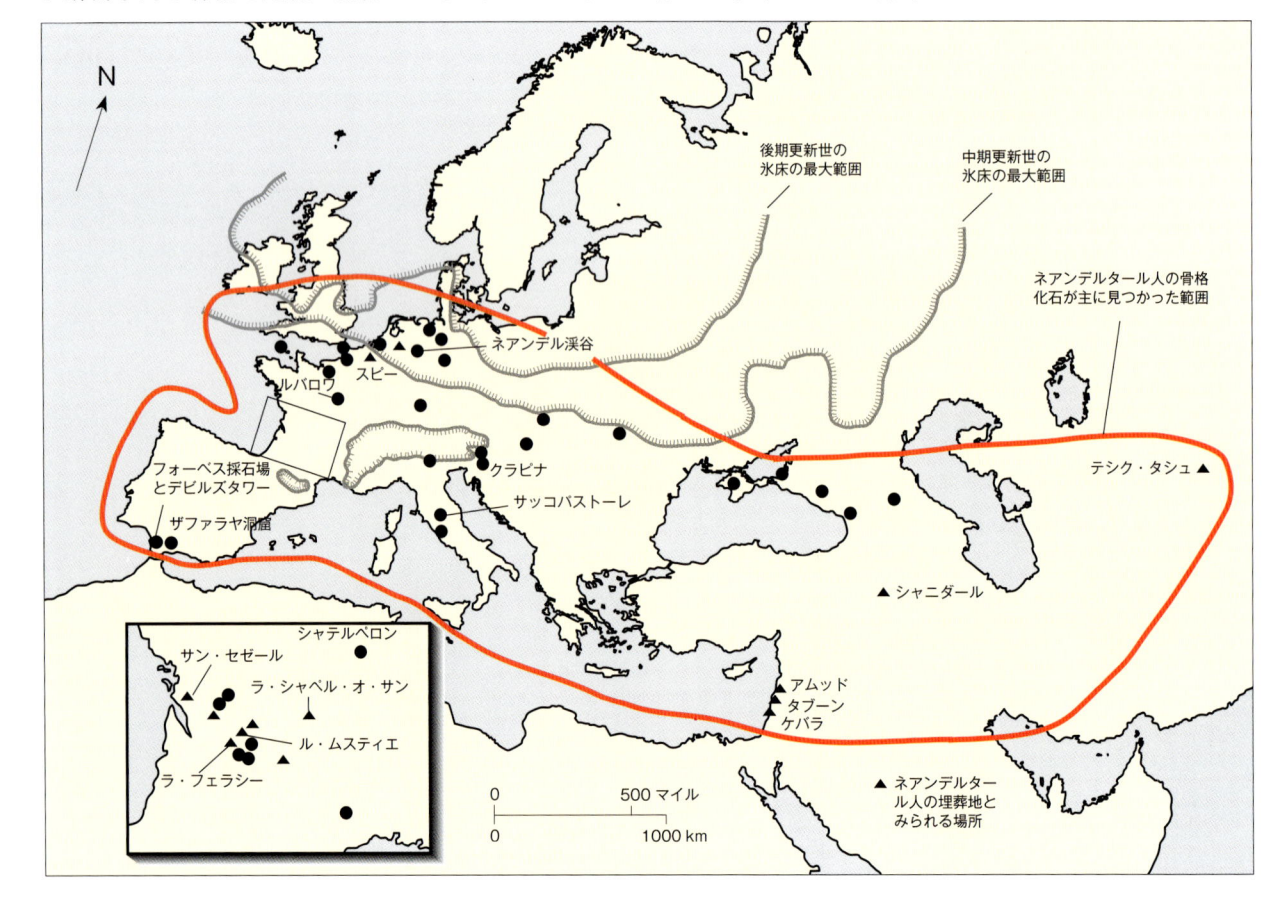

短い腕。これらは体温を保ち、凍傷を防ぐのに役立った。眼窩（がんか）の下には、ほお骨が大きく開いた部分（suborbital foramina）があり、これによって顔に十分な血液が行きわたるようになっている。頭蓋（とうがい）も大きい。これも寒さへの適応である可能性もあるが、頭部が大きくなった主な要因は、気候よりもむしろ大きな脳をもつことのメリットにあったとも考えられる。

　ネアンデルタール人は、当時西ヨーロッパに住んでいたハイデルベルゲンシスから徐々に進化した。ヨーロッパで出土する化石の記録を見ると、30万年前までには彼らの特徴の多くが現れていたことがわかる。寒さへの適応に加えて、現生人類（当時はアフリカに住むハイデルベルゲンシスから進化する途上にあった）とは異なるほかの特徴も獲得していた。頭の上部は低いドーム状で、目の上が初期のホモ属のように大きく盛りあがっている。鼻と鼻腔（びくう）は大きく、口が前に突き出ているため、第三大臼歯（親知らず）とあごの骨とのあいだに隙間がある。

　ヨーロッパに住んでいたそれ以前の人類が氷期の気候に適応できていたかどうかははっきりしないが、ネアンデルタール人は明らかに寒い環境に暮らしていた。竜骨山の洞窟に暮らした人類とは異なり、ネアンデルタール人は、最も厳しい氷期のあいだにも西ヨーロッパに住みつづけていた。フランスとスペインの洞窟や岩陰では、彼らの遺物や野営の跡が、角張った石を含む地層から見つかっているが、こう

クロアチアのビンディヤ洞窟。ここでは、4万年前よりも新しいネアンデルタール人の骨格化石と遺物が見つかっている。スウェーデン人の遺伝学者スバンテ・ペーボは、この化石からDNAを抽出し、ネアンデルタール人のゲノム（全遺伝子情報）の解明に着手した。2009年2月には、ゲノムの大半の再構築を終え、「最初のドラフト」として発表している。

第5章　人類の物語

した石の破片は、厳しい寒さの影響で洞窟の壁や天井からはがれ落ちたものだ。ネアンデルタール人の居住跡からは、トナカイなど、現代の北極圏に住む動物の骨も見つかっている。

　ネアンデルタール人は東に分布を広げ、それ以前の人類が住んだことのない北部の寒冷地帯に入った。現在のパリでは1月の平均気温がおよそ3℃だが、ロシアに向かって東に進むと、北大西洋の影響が小さくなるため、気候は乾燥し、冬の寒さは厳しくなる。パリと同じ緯度にあるロシアのボルゴグラードでは、1月の平均気温が氷点下7℃まで下がる。氷期には、ユーラシア大陸北部全体で気温が下がったが、当時のボルゴグラードで1月の気温はかなり低く、おそらく氷点下20℃ほどだったのではないかとみられる。

　ネアンデルタール人は、西はカルパチア山脈から東はウラル山脈まで1600キロメートルにわたって広がる東ヨーロッパの平野に定住した、最初の人類だった。それ以前の人類の居住域は、この平野の南部沿岸に限られていた。平野の中部と南部で見つかったネアンデルタール人の遺跡のなかには、最終氷期の前の間氷期にあたる12万5000年前のものもある。だが、ほとんどの遺跡は、現在よりも気候が寒冷だった時期のものだ。最終氷期が始まったころ、ネアンデルタール人が暮らしていたのが、この平野の南部、現在のウクライナ南西部のあたりを流れる大きな川沿いだった。

　そうした居住域のひとつ、ドニエストル川沿いにあるモロドバ遺跡では、カルパチア山脈の東斜面から冷たい風が吹き下ろしてきて、冬はかなり厳しい寒さだったに違いない。また、石器の材料になった石がどの程度遠くから運ばれたものかを調べ、そこからネアンデルタール人の移動範囲を推測してみると、彼らの移動範囲はそれほど広くなかったことがわかる。遺跡で見つかった石器の材料となった石の大半は、遺跡から80キロメートル以内にある場所から運ばれてきたものだ（まれではあるが、220キロメートル離れた地点から運ばれてきた石もある）。このことから、おそらくネアンデルタール人は、南の暖かい地域から夏のあいだだけこの地域に来ていたのではなく、年間を通してこの地域に住んでいたと考えられる。

　東への進出もやめることはなく、最終的には、東ヨーロッパよりも気候が乾燥していて寒冷なシベリア南西部まで進出した。標高数千メートルのアルタイ山脈にある洞窟で、ネアンデルタール人の遺物や骨が見つかっている。その暮らしぶりはヨーロッパに住んだネアンデルタール人と似ているが、アルタイの住人は、ネアンデルタール人のなかでも最も厳しい環境で生活していたと考えられる。

　最近の研究によれば、ネアンデルタール人が寒い環境で暮らすにあたって解剖学的な適応に依存していた度合いは、これまで考えられていたよりも低かったという。

上：動物の歯に穴を開けた個人の装飾品。西ヨーロッパのネアンデルタール人が、絶滅する前の最後の1000年間に作ったものと、広く考えられている。

氷河時代の寒い環境を生き抜くには、優れた道具を作り、動物性のタンパク質と脂肪に富んだ食料を獲得できる能力も、適応と同じくらい大事な要素だった。

　ネアンデルタール人の武器と道具の作りは、それ以前の人類と比べて格段に進歩しているとする研究もある。ネアンデルタール人は複数の種類の部品を組み合わせて武器や道具を作っていた。木製の柄に石の尖頭器をつけた槍もあれば、石の剥片を整形して作った石器に木製の握りをつけた、ナイフのような道具もある。柄や握りをつけたことで、石器を直接手に持って使う場合に比べて、作業の効率がかなり上がっただろう。

ネアンデルタール人は、東ヨーロッパ中央部の平野などユーラシア大陸北部の寒い地域に初めて暮らした人類だったと考えられている。冬の気温は、西ヨーロッパよりもかなり低い。

第5章　人類の物語

　ただ、氷河時代の遺跡では木はほとんど残っていないため、複数の部品を使った道具そのものが残っているわけではない。その存在は、石器に残された痕跡からわかる。ネアンデルタール人の遺跡で見つかった石器を顕微鏡で観察すると、木製の握りや柄がこすれてできた磨耗の跡がわずかに見られる。また、石の尖頭器や剥片のなかには、握りや柄の接着に使われた物質の跡をわずかに残すものもある。接着剤には、松脂やタール状の物質が使われている。

　ネアンデルタール人の衣服については、あまり情報がない。一部の石器に磨かれた跡が残っていることから、彼らは動物の皮をはいでいたことがわかる。だが、ドニエストル川やアルタイ山脈のような場所で、寒さから身を守る衣服を着ずに生活するというのは考えにくい。にもかかわらず、北極圏に暮らした後年の人類が着たような衣服の製作に欠かせない縫い針など、小型の簡易な道具は、遺跡からまったく見つかっていない。ネアンデルタール人が着た衣服はおそらく、北極圏にすむ人びとがしっかり裁縫して作った毛皮の服よりも簡素で、したがって保温性もあまり高くなかっただろう。

　ひょっとしたら、彼らの居住域が限られた原因はここにあるのかもしれない。裁縫された冬の衣服がなかったために、ネアンデルタール人はユーラシア大陸北部、北東アジア内陸部の極寒の環境を避けたという見方もできる。

　どの居住域にあっても、ネアンデルタール人は大型の哺乳類を狩る有能なハンターだった。骨を化学分析した結果によれば、彼らが摂取したタンパク質はほぼすべて動物性のものだという。寒い環境で生きるのに大量のカロリーが必要であることを考えると、動物性のタンパク質と脂肪に富んだ食料は生存に欠かせなかったとみて間違いない。フランス南西部の洞窟には、シカの肉だけでなく、骨を砕いて骨髄を取りだして食べた跡が残っている。さらに東では、雨が少なくてステップに似た植物相が分布する地域でバイソンやサイガ（ヤギに似たアンテロープ）を大量に捕っていたし、カフカス山脈では、ヤギやヒツジを狩っていた。

　最近フランスで行なわれた、ネアンデルタール人の骨の化学的な研究で、意外なことが判明した。どんな動物を食べていたのかを特定できる新たな分析手法を使って調べたところ、ネアンデルタール人の主なタンパク源がマンモスとケサイであったことがわかったのだ。だが、フランス南西部の洞窟では、こうした大型草食動物の骨はほとんど見つかっていないうえ、大型動物を狩る能力がネアンデルタール人

ネアンデルタール人はまず原石から石器を作り、それを木製の柄や握りに付けて武器や道具を作った。

第5章　人類の物語

にあったのか疑問だとする考古学者もいる。ただ、骨が洞窟にないのは、重い骨を洞窟まで引きずって帰るような面倒なことをしなかっただけかもしれない。おそらく洞窟から離れた場所で大型動物を殺し、肉だけを切りとって持ち帰ったのだろう。

ネアンデルタール人が狩ったとみられるマンモスとサイの骨が大量に見つかった場所がある。それは、ラ・コット・ド・セント・ブリレードという、ヨーロッパのこの地域では数少ない露天の遺跡だ。現在はイギリス海峡のチャネル諸島にあるが、ネアンデルタール人の時代には、大陸と陸続きになっていた。マンモスとサイの骨は崖の下で見つかったことから、動物たちは狩人に追いつめられて崖から落ちたのではないかとみられている。

露天の遺跡が多い東ヨーロッパでは、マンモスの骨が大量に見つかることがある（ドニエストル川沿いのモロドバ遺跡もそのひとつ）。こうした遺跡は骨の化学分析結果を裏づけ、ネアンデルタール人が氷河時代のヨーロッパで、日常的に大型哺乳類を捕まえていたという説を支持しているように見える。

ネアンデルタール人がマンモスを捕まえて解体する場合、集団で行なったと考えるのが順当だが、そうした光景を考えると、ネアンデルタール人の社会に関する疑問がわいてくる。集団はどれくらいの規模で、どのような組織が形成されていたのか。これまでに見つかったネアンデルタール人の居住地のうち、その境界を確認できる遺跡が数カ所あるが、居住地の規模は小さい。このことから、集団も小さく、おそらくせいぜい十数人だっただろうと推測される。集団の規模が小さいということは、ネアンデルタール人の行動範囲がそれほど広くなかったとする見方と一致する。彼らの社会構造を再現するのはほぼ不可能だが、きょうだいとその配偶者と子どもなど、おそらく現生人類の社会よりも血縁関係に広くもとづいて構成された社会だっただろう。

彫刻や岩絵などの記号や絵が遺跡で見つかっていないことから、ネアンデルタール人の言語についても疑問がわいてくる。現生人類の言語のような、決まった文法に則って単

イギリス海峡のジャージー島にあるラ・コット・ド・セント・ブリレード。ネアンデルタール人の狩人が、マンモスやケサイを追いつめて崖から落としたとみられる場所だ。

第5章　人類の物語

語を組み合わせ、文章や物語を構築できる言語は、彼らにはなかったというのが多くの考古学者の見解だ。声道など、発話に関係するネアンデルタール人の解剖学的な特徴を再現しようという試みはいくつかあったが、その結果には疑問の余地があり、謎はまだ解き明かされていない。全般的に、ネアンデルタール人の物質的文化には、私たちの言語にあるような自由な創造力が欠けているように見える。それとは対照的に、工芸品など現生人類の文化はあらゆる面に創造力が認められ、常に変わりつづけて多様化していく。

とはいえ、ネアンデルタール人には現生人類と共通する習慣がひとつある。それは死者を埋葬することだ。埋葬は日常的なものであったか否かは定かでないが、少なくともときどきは行なわれていて、ネアンデルタール人の墓が、スペインからウズベキスタンまでの複数の洞窟や岩陰で見つかっている。こうした発見を疑問視する考古学者もいるが、大多数の見解は意図的な埋葬だとする方向に向かっている。

埋葬に関連して葬式などの儀式があったかどうかは、はっきりしていない。墓穴で見つかった遺物や骨の破片を副葬品だとする見方もあるが、それらが意図的に墓穴に入れられたものだと断定することはできない。墓穴は居住域にあり、まわりには生活に使われていた物が散乱しているからだ。

ネアンデルタール人は、なぜ死者を埋葬したのか？　埋葬ではなく、廃棄物を捨てるのに似た行動だったとする考古学者もいるが、多くの学者は、この行動の裏に深い動機が存在していたのだとみる。ほかの動物とは違って、人間には死は避けられないものだという意識があるが、ネアンデルタール人の埋葬の跡は、少なくとも、そのような意識があったことの現れかもしれない。

現生人類の登場

これまでに確認された最も新しいネアンデルタール人はスペイン南部の洞窟で見つかったもので、その年代は約3万年前とされている。それ以降は、現生人類

左：ヨーロッパのネアンデルタール人。厚い胸、大きな頭、短い手足という特徴は、おそらく寒い気候への解剖学的な適応を反映しているのだろう。

下：イスラエルのケバラ洞窟から出土したネアンデルタール人の骨格化石。西アジアという比較的穏やかな気候の地域で暮らしたネアンデルタール人には、寒さへの解剖学的な適応があまり見られない。

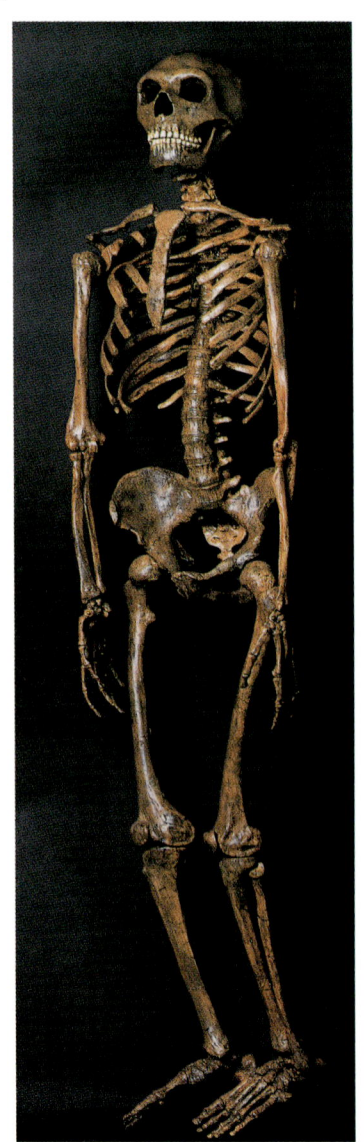

第5章　人類の物語

がヨーロッパをはじめ全世界を支配することになる。

　氷河時代のヨーロッパで20万年以上にわたって繁栄し、さらに寒いユーラシア大陸にまで進出したネアンデルタール人は、熱帯から来た人類の進出に伴って姿を消した。現生人類は氷河時代のヨーロッパやシベリアでの生活にはまったく適していなかったため、その交代劇がどうやって起こったかは慎重に考察しなければならない。ネアンデルタール人の遺伝子や文化がその絶滅にどの程度かかわっていたかについては、古人類学者たちのあいだで大きな論点になっている。

　現生人類（ホモ・サピエンス）は、南に暮らしていたハイデルベルゲンシスを祖先とする。ネアンデルタール人がヨーロッパで進化して独特の特徴を獲得したのと同時期に、現生人類はアフリカで徐々に進化をとげ、それ以前のホモ属と同じように、やがてユーラシア大陸に進出した。

　だが、その進出のしかたは、それまでとは違っていた。現生人類は新しい種に分化することなく、驚くほど広い地域と気候帯に急速に広がったのだ。霊長類のなかで初めて（少なくとも1年の特定の時期に）北極圏に入り、砂漠の縁辺部や北方林、雨林、寒冷な森林ステップにも分布を広げた。やがて氷河時代に最も寒さの厳しかったユーラシア大陸北部にまで――寒い環境に適応したネアンデルタール人でさえも支配できなかった地域にまで――暮らすようになった。

　現生人類がこうした偉業を成しとげたのは、創造と発明の能力があったからだ。新しい環境に暮らすなかで直面する数々の困難に、行動様式の変化や発明を通して適応していった。こうした能力は、知能の芽生えを表わすものである。

　現生人類の解剖学的特徴と、古人類学者が「現代人の行動」（知能をもっていた痕跡など）と認識しているものを示す考古学的な証拠のあいだには、多少の隔たりがある。解剖学的に見ると、現生人類は20万年前にはアフリカに存在していた。これは数年前にエチオピアで見つかった頭骨の破片から得られた年代だ。また、東アフリカと南アフリカで見つかった化石からは、40万～30万年前より少しあとの時期に、現生人類が――あるいは、現生人類と身体的な特徴がよく似た人類が――存在していたことが示唆されている。

　言語、特に文法をもった言語やシンボルの使用を、現生人類の行動で最も重要な要素だとみる人類学者は多い。知能がどのように形成されたかを知るうえで言語は鍵となるが、話し言葉は考古学的な記録としては残らないため、書くという行動が生まれる前の言語の存在は、ほかの手がかりから推測するしかない。南アフリカのブロンボス洞窟からは、簡単な幾何学模様が刻まれた小さな石が見つかっていて、約7万5000年前のものと推定されているが、現在のところ、これが絵あるいは抽象的なシンボルの最も古い事例だと考えられている。ブロンボス洞窟からは、骨を整形して作った錐のような道具も出土している。作りは比較的簡素だが、技術の進歩が認められるものだ。

糸を通す穴がある縫い針。ユーラシア大陸北部に住んだ現生人類が3万5000年前までに発明したもので、裁縫して衣服を作っていたことを暗示している。複雑な新技術を編みだして、さまざまな環境に適応できる能力があったのだろう。

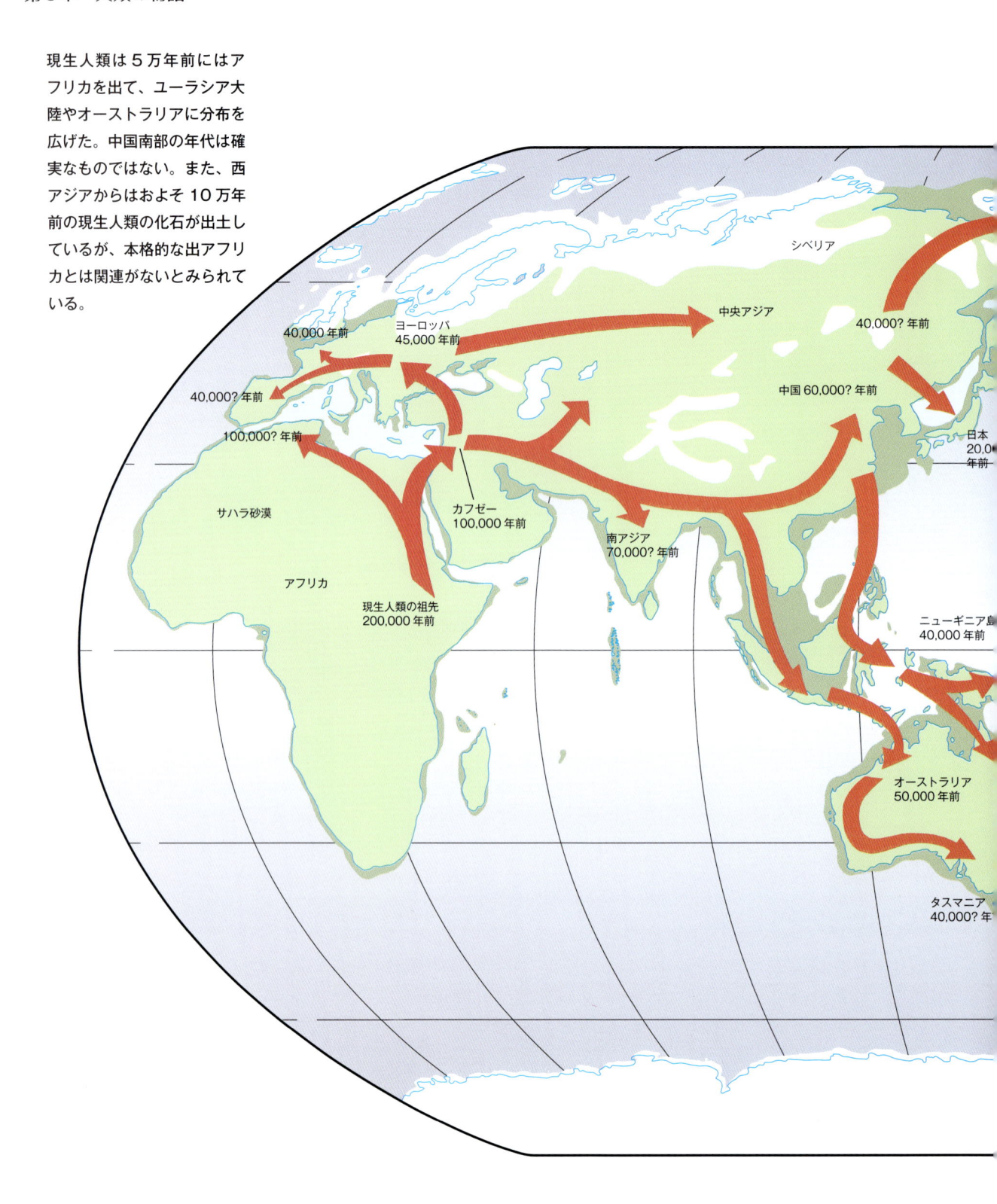

第5章 人類の物語

現生人類は5万年前にはアフリカを出て、ユーラシア大陸やオーストラリアに分布を広げた。中国南部の年代は確実なものではない。また、西アジアからはおよそ10万年前の現生人類の化石が出土しているが、本格的な出アフリカとは関連がないとみられている。

ヨーロッパ 45,000年前
40,000年前
中央アジア 40,000? 年前
シベリア
中国 60,000? 年前
日本 20,0?? 年前
40,000? 年前
100,000? 年前
サハラ砂漠
カフゼー 100,000年前
南アジア 70,000? 年前
アフリカ
現生人類の祖先 200,000年前
ニューギニア島 40,000年前
オーストラリア 50,000年前
タスマニア 40,000? 年前

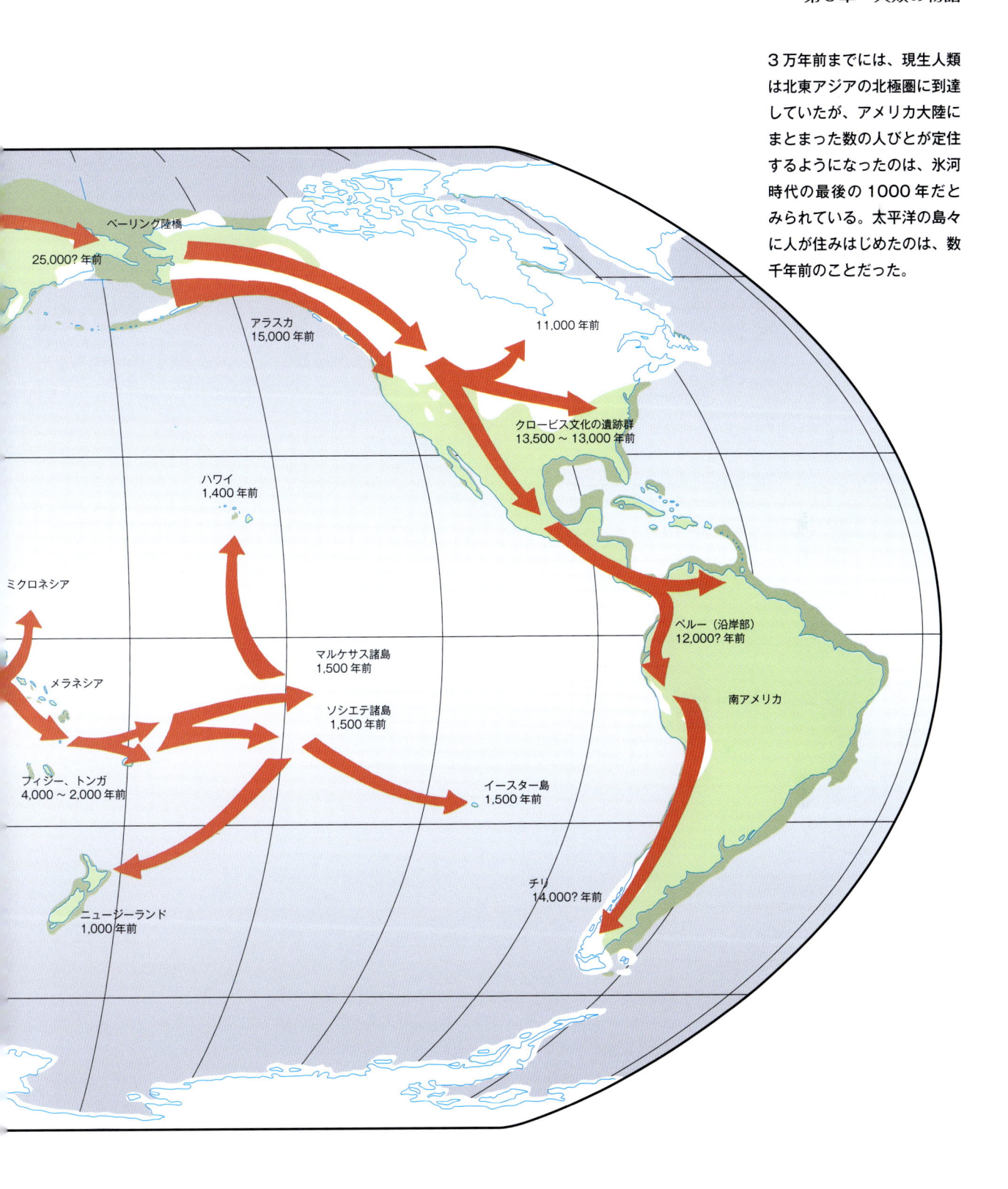

第5章　人類の物語

3万年前までには、現生人類は北東アジアの北極圏に到達していたが、アメリカ大陸にまとまった数の人びとが定住するようになったのは、氷河時代の最後の1000年だとみられている。太平洋の島々に人が住みはじめたのは、数千年前のことだった。

ベーリング陸橋
25,000? 年前

アラスカ
15,000 年前

11,000 年前

クロービス文化の遺跡群
13,500 〜 13,000 年前

ハワイ
1,400 年前

ミクロネシア

マルケサス諸島
1,500 年前

メラネシア

ソシエテ諸島
1,500 年前

ペルー（沿岸部）
12,000? 年前

南アメリカ

フィジー、トンガ
4,000 〜 2,000 年前

イースター島
1,500 年前

チリ
14,000? 年前

ニュージーランド
1,000 年前

第5章 人類の物語

　アフリカでは、さらに古い20万年以上前の遺跡から、鉱物起源の顔料を使って描画か着色をしていた証拠が見つかっている。ほかには、魚を捕っていた証拠も見つかっていて、技術や食料獲得の手法の発達を示唆している。こうした傾向は「現代人の行動」が徐々に生まれてきたことを示すものだが、多くの言語学者は、文法をもった言語が時とともに徐々に発達したとは考えていない。一部の人類学者は、現生人類がアフリカを出はじめる少し前に、発話に関連する遺伝子に突然変異が起きるなど、劇的な変化があったと考えている。

　現生人類が言語能力など現代人の行動を、いつ、どのように発達させてきたにしろ、彼らは遅くとも5万年前にはアフリカからほかの地域に広がっていた。地中海東岸のレバント地方には、およそ10万年前に一部の現生人類がいた形跡があるが、これは本格的な「出アフリカ」が起きる前の出来事だとみられている。実際、最終氷期の初期の寒冷期（約6万年前）には、西アジアの現生人類が、少なくとも一時的にネアンデルタール人に追いだされたことがあったようだ。その後、現生人類は5万年前にはオーストラリアに到達する。彼らは東南アジアから海を渡ってオーストラリア大陸に足を踏み入れた最初の人類で、おそらく舟のようなものを使って到達したとみられている。

これまで確認されたなかで最も古い抽象的なデザインの例。赤みがかった粘土の小さな塊に、簡単な幾何学模様が刻まれている。南アフリカのブロンボス洞窟から出土したもので、約7万5000年前のものと推定される。

第5章　人類の物語

　現代人の遺伝子を分析した研究で、すべての現代人の起源はアフリカ人か、ユーラシア大陸に移住したアフリカ人だということがわかっている。5万～4万5000年前、現生人類は再び西アジアに進出し、シベリア南部や東ヨーロッパに急速に分布を広げた。

　その最初期の遺跡では、骨格化石の出土例はかなり少ないものの、現生人類に固有の特徴をもった遺物や居住跡から、その存在が明らかになっている。ロシア南西部のドン川の流域に位置するコステエンキ遺跡では、野営の跡が見つかっている。居住跡のうち最も古い層は約4万年前の火山灰層の下にあるが、この層からは、骨でできた錐のような道具、シカの角でできた掘る道具、そしてマンモスの象牙を彫って作った小さな物（未完成の彫刻だという見方もある）が見つかっている。さらに、何百キロも離れた黒海周辺から運ばれた貝殻も出土しているが、これはネアンデルタール人よりも行動範囲が広かったことを示している。

　コステエンキ遺跡では、独創的な発明によってまわりの環境に適応した跡が認められる。現生人類がこの地域に入ったのは、最終氷期初期の寒冷期が終わったあとで、気候は、短い温暖期と寒い時期がくり返されていたころだ。4万年前の火山灰層の下からは、ノウサギなど小動物の骨が大量に見つかっているほか、鳥の骨も出土している。

　この地に暮らした現生人類は、わなや網、投げ矢といった新しい道具を考案して、ネアンデルタール人が捕まえられなかった獲物を捕まえていたようだ。また、火山灰層の上から出土した人類の骨を化学分析したところ、淡水にすむ生物を予想以上に多く食べていたことがわかり、新しい道具を考案していたことが示唆される。

　火山灰層の上の層からは、これまでに確認されたなかで最も古い縫い針も見つかっている。骨や象牙でできていて、糸を通す穴があることから、南から着いたばかりの現生人類が冬の厳しい寒さをしのぐために、衣服を考案して作っていたことを示すものだ。また、内部に炉跡がある人工のシェルターの痕跡も見つかっている。この層からは比較的多く人類の骨格化石が見つかっているが、その骨を調べると、熱帯に適した特徴が認められ、氷河時代のヨーロッパで寒さから身を守る必要があったことがわかる。こうしたことから、衣服やシェルターが必要だったことがうかがえる。

現生人類が骨から作った錐。穴を開けたり彫刻をしたりするときに使われたのだろう。南アフリカのブロンボス洞窟で見つかったもので、約7万5000年前のものと推定される。

第5章　人類の物語

　ほかの興味深い事例としては、北極圏で見つかった人類の最古の痕跡がある。ユーラシア大陸最北部に点在するいくつかの遺跡で、4万〜3万年前に、人類が少なくとも一時的に北極圏を訪れていたことを示す跡が見つかった。シベリア北東部のヤナ川の河口付近で最近見つかった遺跡は、北緯71度に位置している。おそらく、渡りをする水鳥など、大量の獲物を求めて、夏のあいだだけこの辺境の地を訪れたのだろう。現生人類が、それ以前の人類よりも遠くまで移動したことを示す証拠のひとつである。

　最近、放射性炭素年代測定のキャリブレーションが見直され（大気中の放射性炭素の過去の変動に年代を合わせるために必要な作業）、現生人類が急速に西ヨーロッパ全体に広がったのはおよそ4万2000年前か4万1000年前だとわかった。当時はまだネアンデルタール人が生きていたため、現生人類が彼らと出会っていたかどうかに関して、さまざまな推測や議論がある。

　ネアンデルタール人は当時、骨器や簡素な装飾品を作っていた。これは新たに入ってきた現生人類の影響だと多くの考古学者は考えているが、現生人類が到着する前からこれらの道具などを作っていたとする学者もいる。ルーマニアのオースなどの遺跡から出土した現生人類の骨格化石には、ネアンデルタール人の特徴が認められている。このことから、現生人類とネアンデルタール人の混血があった可能性も出てきている。いずれにしろ、ネアンデルタール人はおよそ3万年前には絶滅し、その後ヨーロッパをはじめとする全世界を支配した現生人類には、ほとんどその痕跡を残していない。

　ネアンデルタール人が暮らしていた洞窟に現生人類が住みついた事例は数多くある。20世紀初期の考古学者たちは、フランスやスペイン、ドイツ南部の洞窟での発見から、西ヨーロッパの初期の現生人類の文化を「オーリニャック文化」と呼んだ。当時の人びとが到着したころは厳しい寒冷期にあたり、樹木が少なかったため、たき火の燃料に骨が使われていたという。トナカイのようなツンドラにすむ動物が豊富に生息し、人類の主な獲物となっていた。

　北極圏のような環境だったにもかかわらず、東の遺跡で見つかっているような縫い針は、オーリニャック期の遺跡では見つかっていない。西ヨーロッパに縫い針が現れるのは、最終氷期が最盛期を迎えて寒さがさらに厳しさを増したころだった。このため、オーリニャック期の人びとは裁縫した衣服を着ていなかったと考えられている。彼らは、槍にしっかり取りつけられるようにくさびがついた骨の尖頭器などを考案してはいるが、その技術は、後に登場する人類のものと比べてかなり原始的だった。

　以上のようなことを考えると、オーリニャック期の絵画が、21世紀の展覧会に出品されても場違いではないほど洗練された技術で描かれているのは驚くべきことだ。ただし、1万年以上前の人類でも見たことがないような動物が描かれているの

第5章　人類の物語

は、現代人の目には奇妙に写るかもしれない。

1990年代初めごろには、オーリニャック期の絵画は、その道具の技術と同じくらい原始的なものだと信じる考古学者もいた。だが1994年、フランス南部のショーベ洞窟で発見された壁画がその時代のものだと特定され、議論に終止符が打たれた。このとき年代測定に使われたのが、加速器質量分析法による放射性炭素の年代測定（わずかな量の炭素から年代が推定できる手法）だ。ショーベ洞窟の壁面に描かれた、ウマやケサイなどのみごとな壁画の年代を直接測定した結果、オーリニャック期のものと特定された。

壁画と同じくらいみごとなのが、ドイツ南部にあるオーリニャック文化の遺跡で出土した彫刻だ。優美なミニチュアのウマと、ライオンの顔をもつ人間に似た像が、マンモスの象牙に彫られている。これらの彫刻にみられる技術と想像力は、壁画に匹敵するものだ。

話し言葉の存在を示す直接的な証拠がないなかで、こうしたオーリニャック文化の視覚芸術は、言語の存在を示す重要な証拠となる。絵画と彫刻は、どちらも無限の創造力（作品はそれぞれ独特なもの）と複雑な階層構造をもっていた可能性を示しているが、こうした性質は、言語の基礎的性質と共通するものだ。

当時の人びとの創造力は視覚芸術にとどまらない。オーリニャック文化の遺跡からは、これまで確認されたなかで最古の楽器も見つかっている。フランスとドイツ

上：フランス南部やスペイン北部に見られるみごとな壁画は、上のような道具や顔料を使って描かれた。顔料は粘土や木炭から作られ、初期の化学的な技術を表わすものだ。

下：フランス南部のショーベ洞窟で発見された壁画。年代については議論が分かれるが、3万年以上前のオーリニャック文化初期のものではないかと広く考えられている。

第5章 人類の物語

の洞窟で出土したその管楽器を詳しく調べると、非常に精巧な作りをしていることがわかる。だが、その楽器でどんな音楽が奏でられていたのかについては、わかっていない。

後期旧石器時代　進歩は続く

現生人類がユーラシア大陸全域に広がり、さらにその先に進出したあとの時代の考古学的な記録を調べると、人びとが道具などの人工物のかたちで概念や知識を記録して蓄積してきたことがわかる。こうした記録は、19世紀後半の考古学者たちが「後期旧石器時代」と呼んだ時代のものだ。

ネアンデルタール人が絶滅した3万年前から、最終氷期の最盛期にあたる2万

ドイツのホーレンシュタイン・シュターデルで見つかった象牙の彫像「ライオンマン」。オーリニャック文化初期の芸術の複雑さと精巧さがわかる。この彫像は、人間と動物が入り混じった架空の生き物を表現しているとみられている。

第5章　人類の物語

　3000〜2万1000年前までのあいだには、人類に革新と変化が起きていた。ユーラシア大陸北部の寒い地域にできた人類の居住地は、それまでにないほど大きく複雑なものになっていた。バイカル湖近くのマルタ遺跡など、シベリア南部の遺跡では、複数の炉跡を含む大きな住居の跡が見つかっている。ロシアで見つかった半地下式の住居は、現代のイヌイットのような北に暮らす人びとが造る冬の住居と似ている。

　コステエンキ遺跡の新しい層など、ロシアのほかの遺跡では、さらに大きな居住地が見つかっている。その規模からすると、多くの家族が少なくとも数日から数週間滞在していたに違いない。居住地には一列に並んだ炉跡があり、そのまわりに大小さまざまな穴がある。その数多くの穴は、おそらく腐りやすい食料の保存に使われていたと考えられる。

　この地域には永久凍土が分布していたため、特に夏に訪れた場合、地面の表層は解けているが、その下は凍っている。凍っている深さまで掘れば、イヌイットの「氷の貯蔵庫」と似た天然の冷蔵庫を作れるのだ。肉や魚、卵など、さまざまな食料を保存できるうえ、燃料として使う哺乳類の骨の保管にも役立っただろう。この地域には燃料になる木が少なく、初期の炉跡には燃やした骨と骨灰が残っている。

　この時期、人びとは数多くの新しい技術を開発するだけでなく、ユーラシア大陸北部に進出した祖先が新しい環境に適応するときに生んだ技術を改良していった。3万年前よりあとになると、それ以前の氷期と同様にスカンジナビア氷床が拡大しはじめ、気候は寒くなった。最終氷期の最盛期が近づき、ユーラシア大陸北部が現在の北極圏のような姿に変わりつつあるなか、現生人類の前には新たな困難が立ちはだかった。

　気温が下がり、雨が少なくなったにもかかわらず、人びとが食料不足におちいることはなかった。手に入る食料を利用する新たな方法を編みだす能力が、すでに人類に備わっていたからだ。

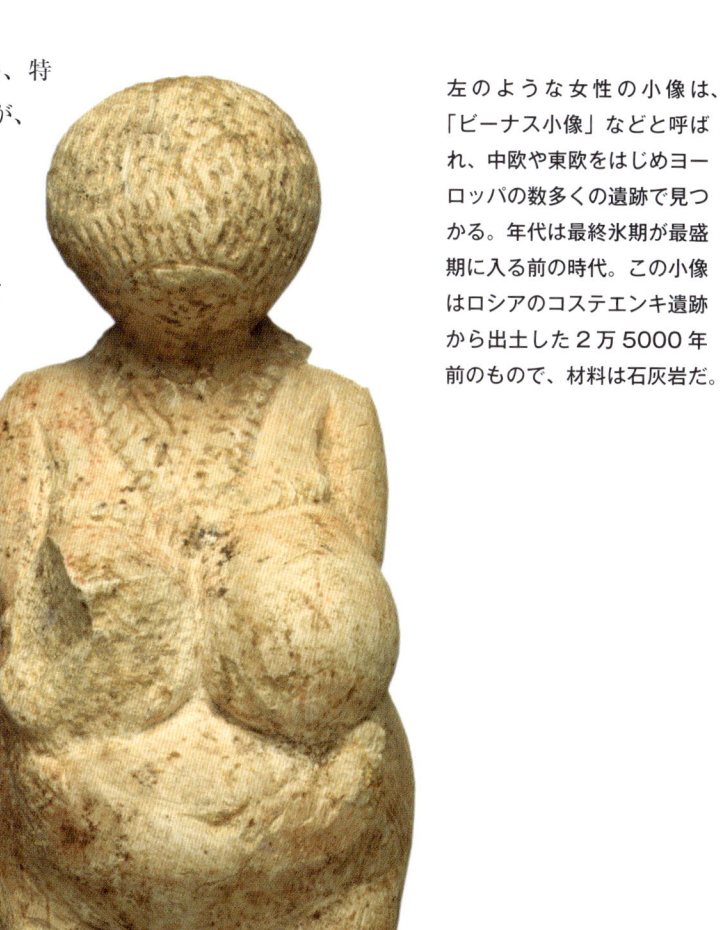

左のような女性の小像は、「ビーナス小像」などと呼ばれ、中欧や東欧をはじめヨーロッパの数多くの遺跡で見つかる。年代は最終氷期が最盛期に入る前の時代。この小像はロシアのコステエンキ遺跡から出土した2万5000年前のもので、材料は石灰岩だ。

127

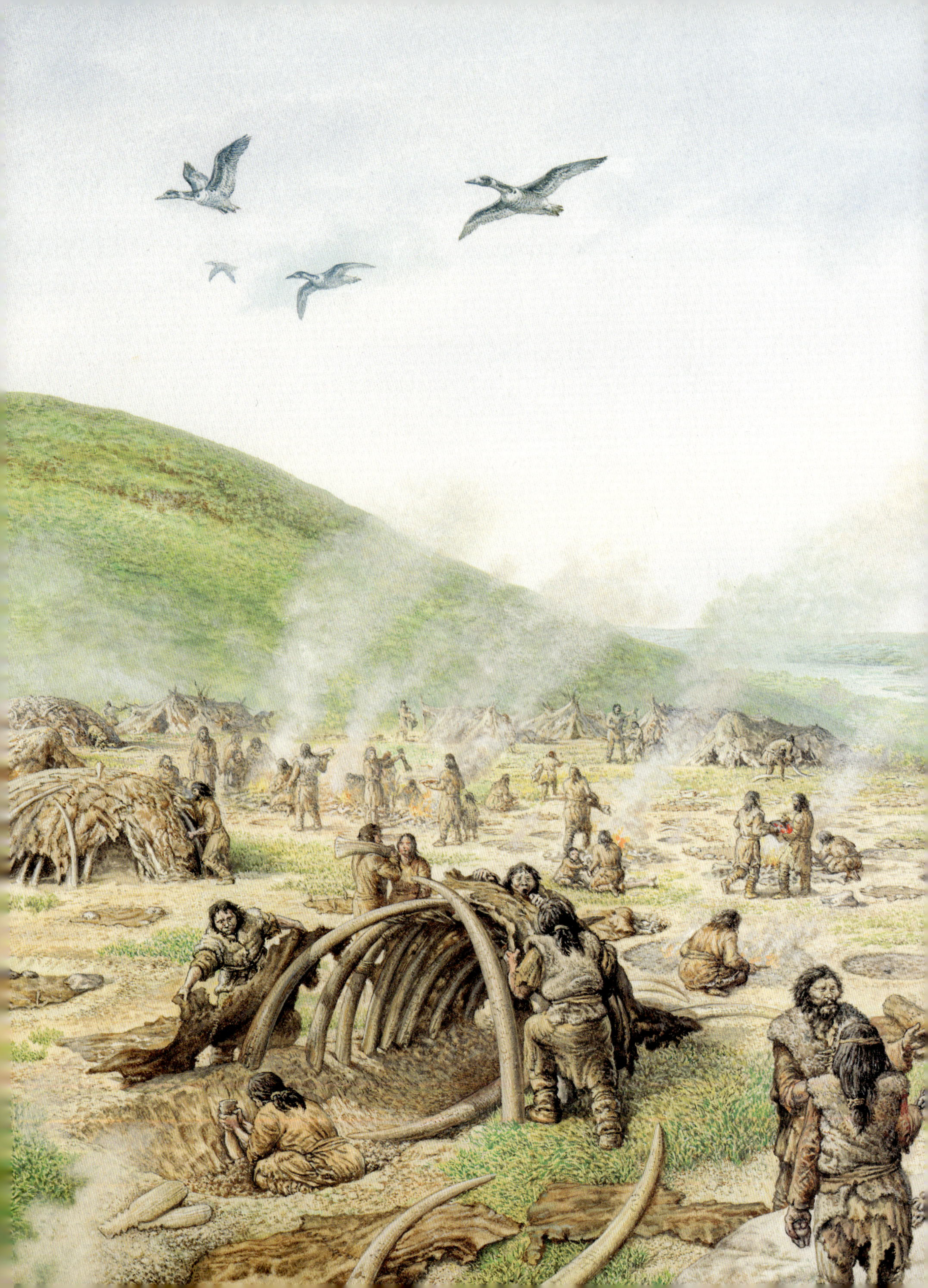

ロシアのドン川沿いに位置するコステエンキ遺跡の、約2万5000年前の想像図。人びとが大きな集団を作って暮らしているのは、おそらく経済的・社会的な理由からだろう。炉跡のある場所が深く掘られていることから、凍った土が解ける暖かい時期に居住地が作られたと考えられる。

第5章　人類の物語

　気候変動によって中緯度地域までが現在の北極圏のような環境に変わったが、その地域が受ける太陽エネルギーは北よりも大きかった。このため、ツンドラと草原が混じったような独特の植生が分布し、現在の北極圏のツンドラよりも動植物に富んだ環境が生まれた。トナカイやジャコウウシが、バイソンやウマ、そしてときにはヘラジカやアカシカと共存していた。地域によっては、渡りをする水鳥を含めて鳥の姿もふつうに見られ、淡水魚もいたようだ。

　当時、人口密度（1平方キロメートルあたりの人口）が増えていたかどうかはわかっていないが、居住地の規模や複雑さが増していたのは確かだ。これは、一時的にでも集団で暮らす人の数がかつてないほど多くなっていたこと、ことによると、魚やトナカイといった特定の食料が大量に捕れる短い時期に、家族が一時的に集まって暮らしていたことを示しているとも考えられる。こうした集団生活は、食事、祭り、そして結婚を通して家族の絆を深める機会となり、社会的・経済的な重要性をもっていたに違いない。それ以降の狩猟採集民の多くにも見られる生活様式である。

　3万年前までには、ユーラシア大陸北部に暮らす人びとは、焼き物の技術も確立していて、粘土で作った物を窯で焼くことも始めていた。女性の小像なども見つかっているが、これまでわかっている限りでは、そうした小像などは「実用的な」価値をもたず、世の中に関する考えを表現するためのもので、ひょっとすると儀式に使われていたのではないかとも考えられている。火を使った技術では、ほかにも、携帯型のランプ（燃料に動物の脂肪、芯に地衣類を使ったもの）や、イスラエルのオハロⅡ遺跡から出土した約2万2000年前のパン焼き用のかまどとみられるものもある。

　また、西ヨーロッパの壁画には、化学的な技術の進歩も見られる。壁画に使われた絵の具は、有機物と無機物を合成して作られたものだ。情報技術の痕跡もあり、何らかの状況を記録したものだとみられる印の列が骨の破片に刻まれている例もある。そうした印のなかには、後年の狩猟採集民が作ったものと似た太陰暦を示すと解釈されているものもある（これは時間を構造化した最古の痕跡だ）。

　さらには、可動部品を組み立てて作った道具など、世界初の機械技術を表わすものが、最終氷期最盛期の後半に登場している。これまでに

下：粘土を焼いて作られた土偶。シベリア南部のエニセイ川沿いに位置するマイニンスカヤ遺跡で見つかったもので、年代は約1万8000年前と推定されている。

確認されたなかで最古のものは、フランスの遺跡から出土した槍投げ器で、2万年近く前のものと推定されている。

　こうしたみごとな技術が生まれてはいたが、最終氷期の最盛期（およそ2万3000年〜2万1000年前）の環境は、ユーラシア大陸北部の最も寒く雨が少ない地域に暮らす人びとが耐えられる限度を超えていたのかもしれない。この地域では、2万年前に気候が暖かくなりはじめるまで、おそらく1000年以上にわたって居住地の跡が見つからない時期がある。たとえばウクライナ南西部のモロドバ遺跡では、後期旧石器時代のほぼ全体にわたって住居跡が連続的に見つかっているが、そのなかに数千年間、住居跡が見つからない時期がある。さらに東にあるコステエンキ遺跡の住居跡も、同時期に姿を消している。シベリアで見つかったこの時期の遺跡の数は、ほかの時期に比べてずっと少ない。

　氷河時代のユーラシア大陸北部で独創的な技術を次々に編みだして繁栄していたとみられる現生人類が、なぜ最終氷期の最盛期の環境で暮らすことができなかったのか。その答えは、はっきりしていない。ひとつ考えられるのは、2万3000年前以降、一部の地域で食料や燃料など手に入る資源が減ったということだ。体の作りに現在の熱帯地方の人びとと共通する部分も残っていたことから、体の構造が気温の急激な低下に耐えられるものではなかったということも考えられる。興味深いのは、その後の時代に同じ地域に暮らした人びとの骨格を見ると、腕や脚が短くなっていることだ。

氷河時代末期の人類

　氷河時代の最後の5000年は、現在起きているどんな気候変動よりもずっと劇的な気候変動が起き、人類が大きく分布域を変えた時代だ。この時期には、氷河時代のあとに生まれることになる定住生活、農業、文明に向かう傾向を予感させる発明や文化の変化もあった。氷河時代の最後の1000年には、土器の痕跡、動物の飼育、そして定住地に近い野営地と思われるものの最古の痕跡が認められる。人類が暮らす地域にも大きな変化があった。シベリアの人びとは海水面が上昇する直前、ついにベーリング陸橋を渡ってアメリカ大陸に上陸した。

　北半球で大規模な氷床が成長したことによる影響で特に大きかったのは、海面の低下だった。第4章で説明したように、氷床が成長するにつれて膨大な量の水が氷として閉じこめられ、海水が減って海面が低下すると、世界各地で大陸棚が地表に姿を現した。北東アジアとアラスカを隔てていた現在のベーリング海峡は干上がり、アジア大陸と北アメリカ大陸が

フランス南西部のブルニケルで見つかった槍投げ器。後期旧石器時代のもので、これまで確認されたなかでは最も古い機械技術（可動部品を組み合わせて作った道具など）の事例だ。

第5章　人類の物語

陸続きになった。高緯度地域の環境で暮らす術を学んだ人びとは、ベーリング陸橋という二つの大陸を結ぶ"橋"を渡って、アメリカ大陸に足を踏み入れた。

ヨーロッパ全域では、氷河時代末期の文化は「マドレーヌ文化」と呼ばれる。ラスコー洞窟など、フランスやスペインの遺跡に描かれたみごとな壁画がよく知られているが、後期旧石器時代の初期の文化との違いを語るうえで特に重要なのは、道具などの技術だ。革新や変化、そして技術の進歩のペースは、衰えるどころか、おそらく加速していた。遅くとも1万4000年前には、機械技術を巧みに使った最古の弓と矢が現れていた。そのことを示す手がかりには、ドイツで発見された木製の矢の軸や、それ以前の日本の遺跡で見つかった矢じりがある。引いた弓と弦にエネルギーをためて狙いを定めることで、狩人たちは単に投げるよりも強く正確に矢を放つことができた。もっと簡素な槍投げ器も引き続き使われていたが、その作りには向上が見られる。かえしが付いた銛など、魚を捕まえる道具も広く使われていた。

おそらく食料を獲得する技術が発達したことで、移動する必要性も小さくなり、大きな集団で暮らせるようになったのだろう。氷河時代の最後の1000年には、定住用に作られたとみられる居住地が現れ、その後の村の形成や、都市化と文明化に最終的につながる定住生活を予感させる。フランスのドルドーニュ県にあるプラトー・パレンでは、床に石が敷きつめられている複数の住居跡が村のように配置されているのが見つかっている。

だが日々の生活は、トナカイやマンモスを狩るなど氷河時代を踏襲するものとなっていた。東ヨーロッパ中部の平野では、村のような特徴をもつ居住地が発見されている。たとえば、ウクライナのメジリチ遺跡では、マンモスの骨や象牙を組み立てて建てられた住居が4つ集まっているのが見つかっている。年代はおよそ1万8000年前で、これまでに確認された世界最古の「廃墟」だ。住居の建設にマンモスの骨を使っていることは、おそらくこの地域がまだ寒冷で雨が少ないステップであり、樹木が少なかったことをうかがわせる。住居の中の炉跡は、骨の灰で満たされていた。

土器の出現も、定住生活に向かっていた兆候のひとつとなるだろう。重い壺が使われていたということは、次々と新しい場所に移り住むという生活がなくなりつつあったことを示唆している。これまでに確認されている最も古い焼き物の壺は、氷

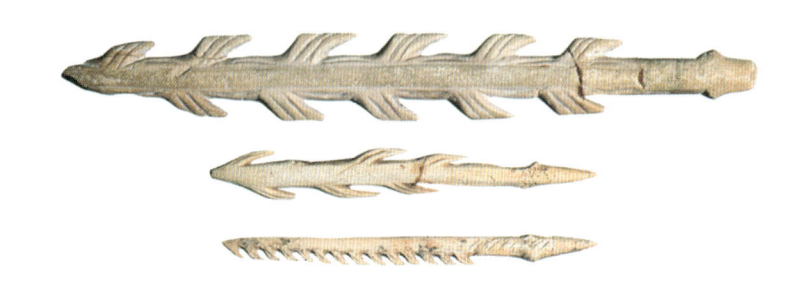

下左：かえしが付いた銛。ユーラシア大陸北部で見つかった後期旧石器時代のもので、川や海の生物を食べる機会が増えたことを示している。

河時代の末期のものだ。焼き物の技術自体はもっと以前に確立されていたが、水を漏らさない容器の製作に焼き物の技術を使ったという点が新しい。日本と極東アジアでは、1万6000年前の土器が見つかっている。

定住生活に向かっていた手がかりとしては、犬の飼育の始まりもある。ロシアとドイツの遺跡では、1万8000年前と1万6000年前の犬の骨が見つかっている。現代の犬のミトコンドリアDNAの研究によれば、東アジアでの起源は2万年前だという。犬と弓矢の組み合わせによって、人類の狩猟技術はさらに効率化されたに違いない。西アジアでは、石づくりの半地下式の住居を含む居住地が見つかっている。1万5000年〜1万4000年前のものとみられ、村で農業を営む生活への移行の始まりを示すものだ。この地域の人びとにとって、氷河時代はすでに終わっていたので

下：マンモスの骨や牙を組んで建てた住居の復元。このような住居の跡は、東ヨーロッパの数多くの遺跡で見つかっている。最終氷期の最盛期が終わったあとの時代の人びとが、おそらく樹木の少なかったこの地で暮らすために建てたのだろう。

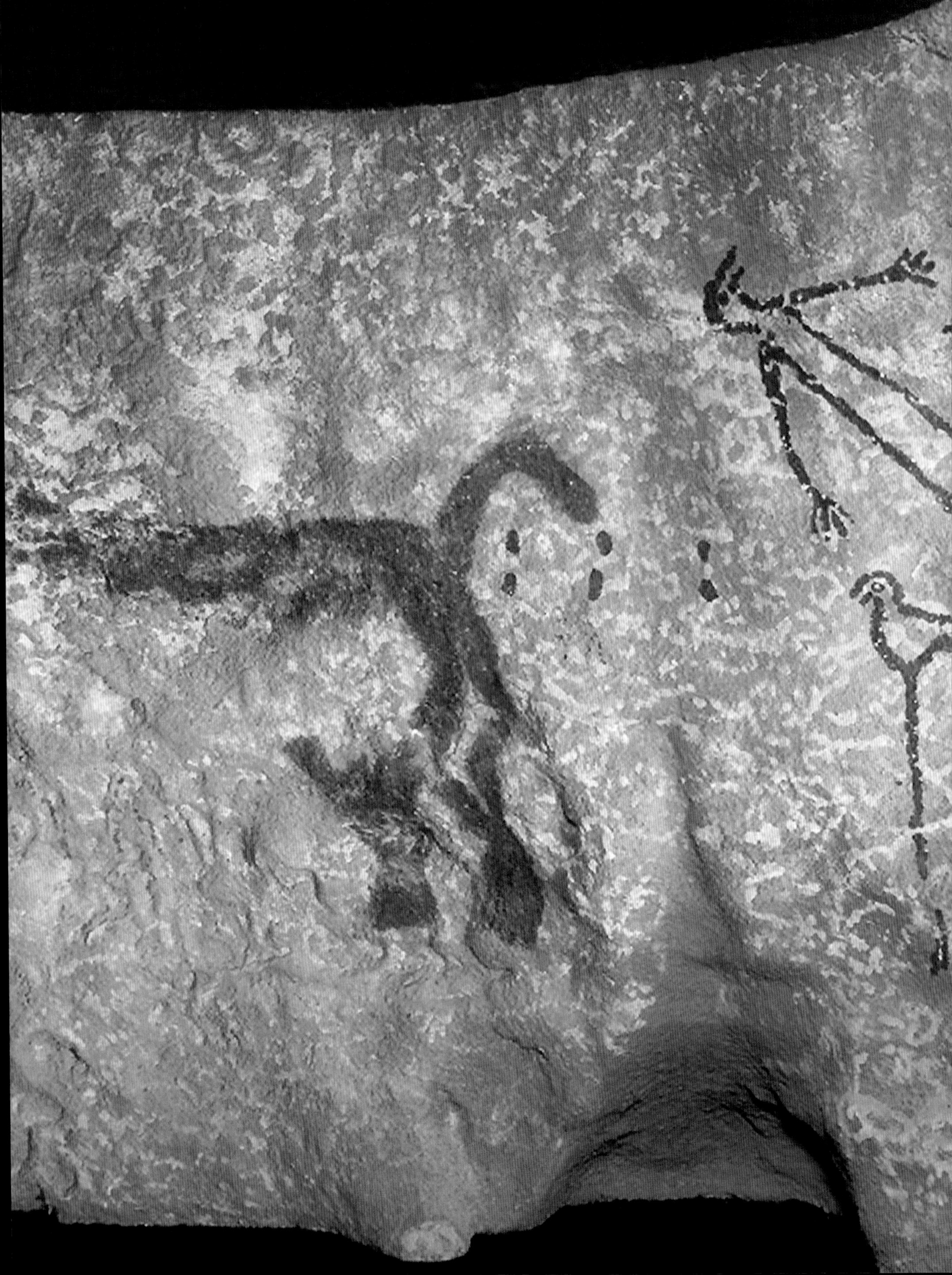

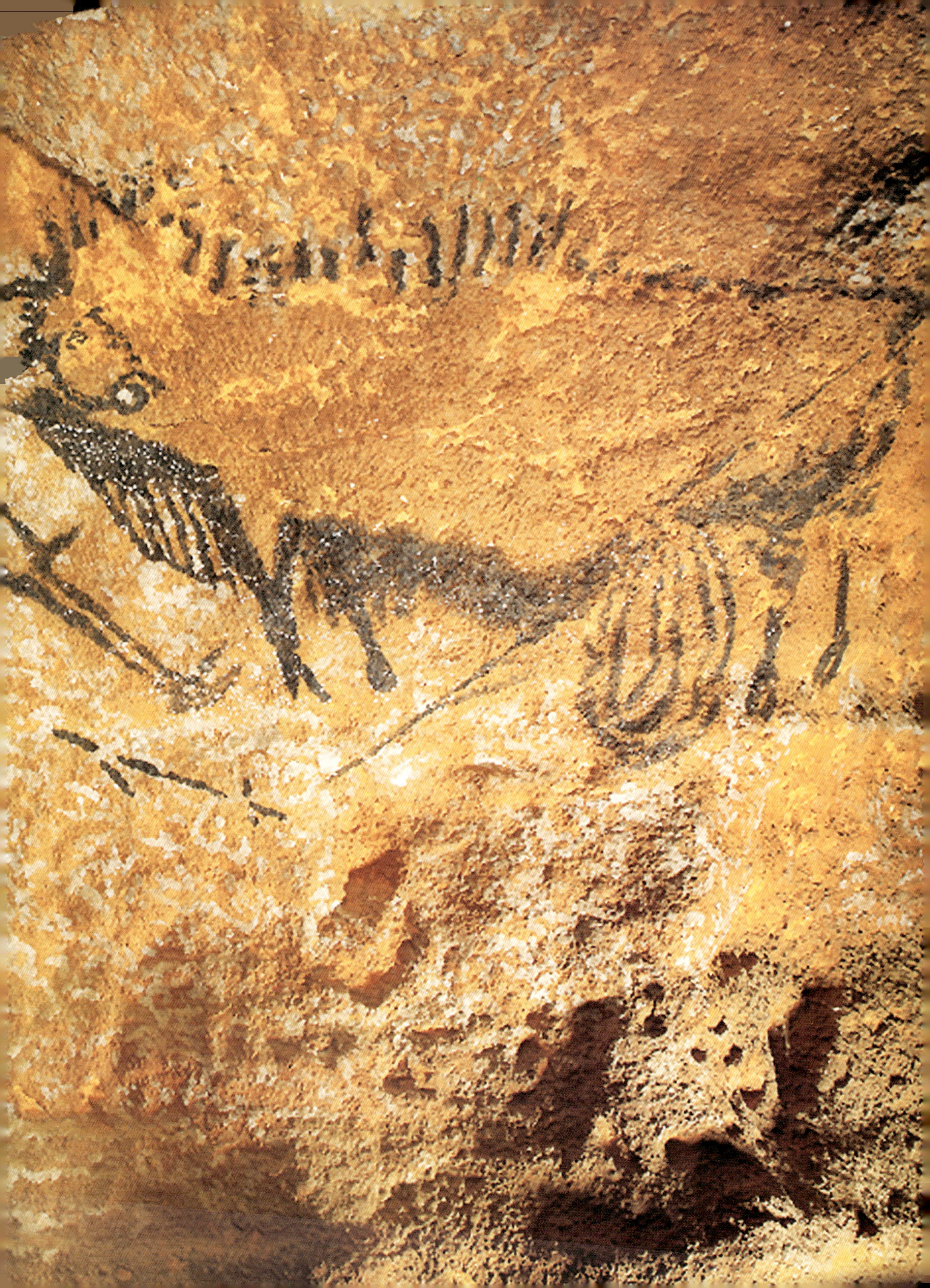

第5章 人類の物語

134〜135頁：フランスのラスコー洞窟に描かれた有名な壁画。後期旧石器時代のもので、バイソン、サイ、そして折れた槍のそばに横たわる狩人が描かれている。ラスコー洞窟で、人間の姿が描かれているのはここだけだ。

左：ウクライナの約1万8000年前のメジリチ遺跡では、マンモスの骨を組んだ住居跡が4ヵ所見つかっているほか、数多くの彫刻が出土している。

ある。

　ヨーロッパ北西部と北アメリカ北部を覆っていた広大な氷床が後退すると、最終氷期の最盛期に住むのをやめた地域に人類が分布を広げはじめた。1万5000年前以降の北ヨーロッパでは、氷床がなくなって間もない地域や氷床のごく近くにも人びとが集団で住むようになった。ユーラシア大陸北部のほかの地域では、最終氷期の最盛期に氷に覆われなかったものの居住できなかった地域に、人びとが進出した。そのなかでも重要なのは、シベリア北部だろう。

　シベリアでは、プラトー・パレンやメジリチのように複数の住居を含む大規模な遺跡は見つかっていない。アジア北部の内陸部は氷河時代が終わったあとも降水量が少なくて寒冷な環境にあり、人類が手に入れる食料はどの場所でも少なかった。人びとは動きやすい小集団を形成してこの地域全域に散らばり、主に大型動物を捕まえて食料にしていた。彼らは、おそらく1万6000年前以降、再び高緯度に分布を広げはじめた樹木を追って、徐々に北へ向かったのだろう。シベリア東部を流れるアルダン川沿いのジュクタイ洞窟では、およそ1万5000年前の小さな住居跡が見つかっている。

　シベリアに住んだ人びとは、ジュクタイ洞窟のような場所から北と東に移動し、現在のベーリング海峡からユーコン川河口まで広がっていた広大な陸地の西半分に入った。そしておよそ1万5000年前、誰かが現在のアラスカ西海岸に入り、知らず知らずのあいだにアメリカ大陸に足を踏み入れることになった。

　これは、アフリカで類人猿から進化してからずっとユーラシア大陸より西側にしか住めなかった人類にとって、大きな一歩だった。自分自身そしてまわりの環境を

第5章 人類の物語

ユーラシア大陸北部に暮らした人びとは、後期旧石器時代には犬を飼っていた。このころにはすでに、動物を飼い慣らす技術も獲得していたということだ。

つくり変える能力がある現生人類だけが、アメリカ大陸という新世界への「環境の壁」を乗り越えることができたのだ。また、ユーラシア大陸とアメリカ大陸を結ぶベーリング陸橋ができたのは、氷河時代の気候によって海水面が低下したからだった。

　1万4000年前までには、人類はアラスカ中部のタナナバレーに暮らしていた。マンモスやウマの群れをはぐくんでいた寒冷なステップは、急速に低木ツンドラの環境に変わっていた。草原が低木林に変わると、草食の大型哺乳類は食料を得られなくなり、その多くは数を減らしはじめた。

　タナナバレーの遺跡で見つかった動物の骨からは、氷河時代以後の世界を垣間見ることができる。多かったのは、小型の哺乳類と、コハクチョウやマガモなどの水鳥をはじめとする鳥類だった。氷床が急速に解けるにつれて、水生の動植物が育つ環境も拡大した。大型の哺乳類は氷河時代のあとに生まれたエルクなどが主だが、マンモスやウマの骨も散見される。道具などの遺物はジュクタイ洞窟で出土したものと実質的に同じであり、アラスカに住んだ初期の人びとと北東アジアの内陸部の関連を示している。樹木は少なく、依然として燃料には骨を使っていた。

　タナナバレーの人びとと北東アジアの人びとのあいだに強い関連があるにもかかわらず、アメリカ大陸への入植は、氷河時代のなかでもまだ解明されていない大きな謎のひとつとなっている。現在の人びとの遺伝子の研究で、アメリカ大陸の先住民の起源が北東アジアにあることが確認されていて、彼らが氷河時代の最後の1000年に、現在のベーリング海峡を渡って移動してきたことは、ほぼ確実だ。だが、北アメリカ大陸の中緯度地域にどのようなルートでたどり着いたのかははっき

1万4000年前までには、人びとはアラスカ中部のタナナ川沿いで野営し、大型哺乳類に加えて水鳥も数多く捕まえていた。たき火の燃料は主に骨だった。

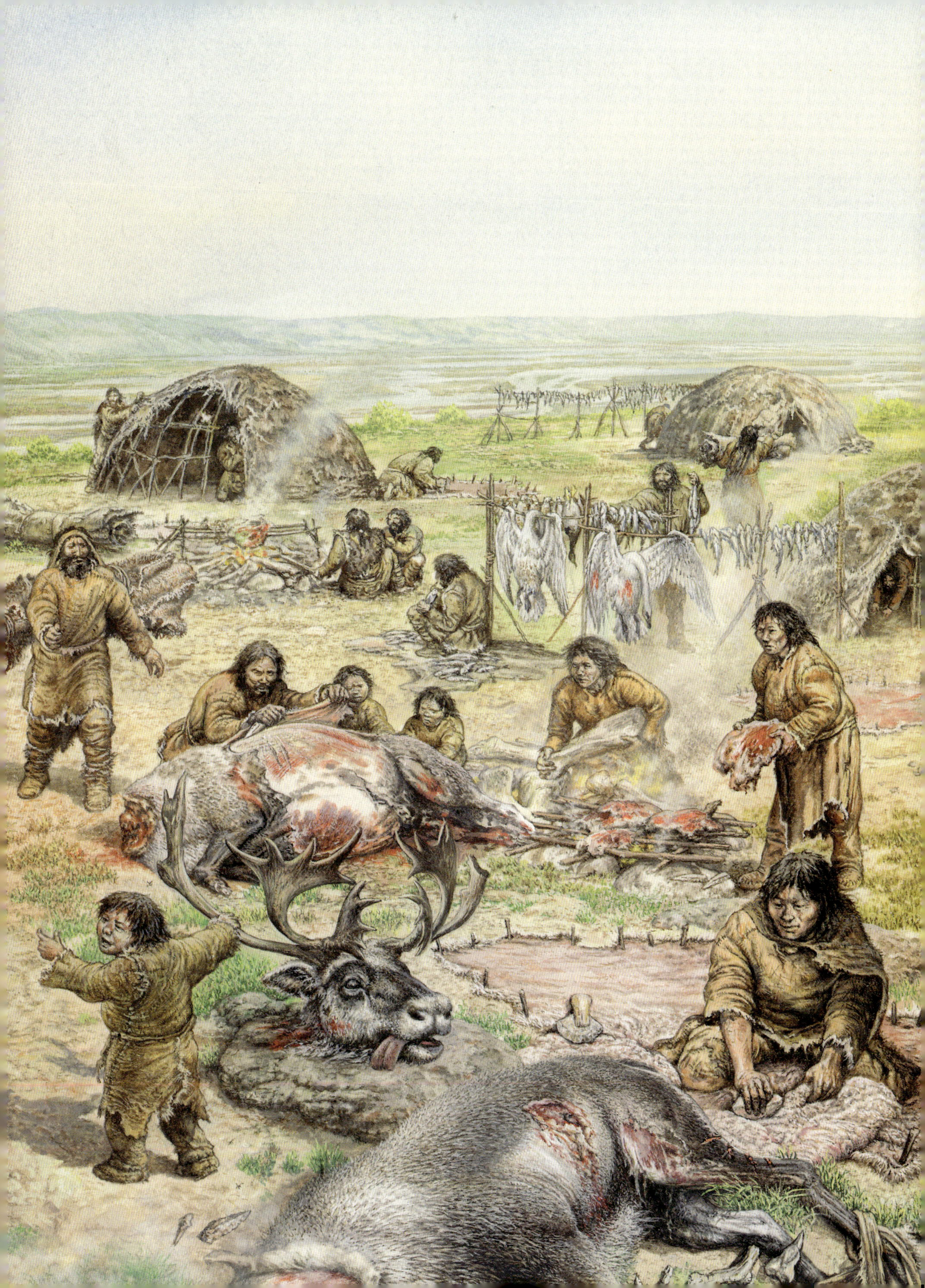

りしておらず、遺物の情報も乏しい。

　1万6000年前から1万3000年前にかけて北アメリカ大陸北部で氷床が後退したことが、おそらく大きな影響を及ぼしているのだろう。アメリカの北西部沿岸に関する新しい研究によれば、この地域での氷床の後退はこれまで考えられていたよりも早かったという。北アメリカの中緯度地域には、シベリアとアラスカを結ぶベーリング陸橋の南部沿岸に住んでいたとみられる人びとが、沿岸のルートを通って最初に入植したと、多くの考古学者は考えている。1万3000年前以降に陸橋と沿岸部が海面の上昇で水没するにつれて、彼らの遺跡も海の底に沈んだのだろう。

　カナダ内陸部を1万年以上にわたって覆ってきた広大な氷床が後退しはじめると、ロッキー山脈北部の東側とカナダ中央部のあいだに別の移動ルートができた。1万3000年前より前のある時点で、この「凍らない回廊」が狩猟採集民にとって、十分な動植物を手に入れられ、生活できる地域となった。だが、人びとがこの地域に住んでいた証拠は1万2000年前のものは確認されているが、それ以前のものは確認されていない。

　皮肉にも、アメリカ大陸に人びとが住んでいた最古の証拠として広く受け入れられているものは、南アメリカ大陸南部のチリにあるモンテベルデ遺跡で見つかっている。遺物はほとんどなく、北東アジアとアラスカで見つかっている遺物と関連づけるのはむずかしい。

　それより新しい時代の遺跡は、1万3000年前かそれよりやや古いと推定されている北アメリカのクロービス文化の遺跡群をはじめ、南北アメリカで広く見つかっている。こうした遺跡からは、槍の柄にはめこみやすくなるように縁が削られた石の尖頭器が見つかっているほか、人類に殺されたり腐肉を食べられたりしたマンモスの骨も出土することがある。マンモスは、そのころには世界のほとんどの地域で絶

アメリカ大陸への入植は1万5000年前には始まっていたとみられるが、おそらく北米の太平洋岸沿いに移動せざるをえなかったのだろう。

クロービス文化に特徴的な、縁が削られた石の尖頭器。北米で広く見つかり、ヤンガードリアスの寒冷期以前のものと推定されている。マンモスなど大型哺乳類の狩りに使われた。

滅が近づいていた（第6章参照）。氷河時代が終わりに近づくにつれて、米国のハイプレーンズ（グレートプレーンズの一部）に暮らした人類が主に狙う大型動物は、ステップバイソンとなった。

氷河時代の末期、およそ1万2000年前には、厳しい寒さが突然やってきた。ヤンガードリアス期とよばれるこの寒冷期には、気温が数℃下がり、北半球の多くの地域で寒くて乾燥した気候が戻った。この寒冷期による影響で最も奇妙なのは、ハイプレーンズでバイソンを狩っていた人びとが、ユーコン川とアラスカに現れたことだろう。彼らは氷のない回廊を通って、北に分布を広げたバイソンの群れを追ったとみられる。この現象は長くは続かなかった。数百年のうちに、気候は再び暖かくなり、バイソンを狩る人びとの野営地は、ハイプレーンズの特徴的な遺物とともに、北極圏から姿を消したのだった。

ヤンガードリアス期は、西アジアでの定住生活と農業への移行との関連もある。この短い寒冷期の発生によって、生活手段を何らかのかたちで変えざるをえなくなり、村を作って農業をするという形態が急速に現れたのではないかと、考古学者たちは推測している。それから数千年以内に、西アジアでは農業が拡大し、都市部が発達して、文明が生まれた。

この変化は世界のほかの地域でも起こった。ネアンデルタール人も含め、それ以前の人類は氷河時代末期の寒冷期と同じような気候変動を経験しているが、現生人類に匹敵するような生活様式の変化は起こしていない。この違いは、現生人類に備わった創造力、そして自分自身やまわりの環境をつくり変える能力が生んだものだ。

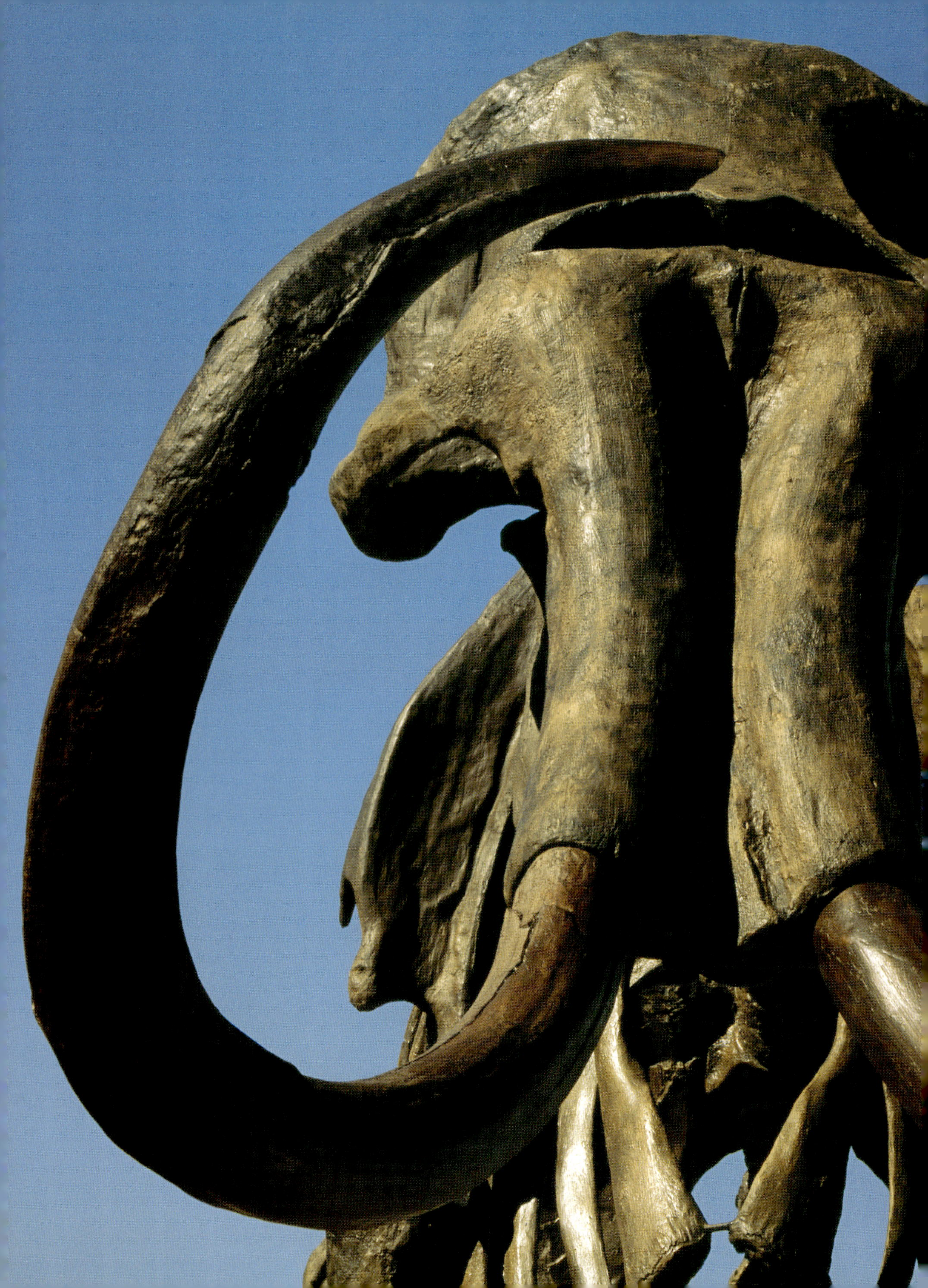

第6章
氷河時代の動物たち

第6章　氷河時代の動物たち

　時は13万年前。氷河時代の朝の光を浴びて、ネアンデルタール人の一団が崖の下でマンモスを解体している。彼らは自分たちや家族の食料にするために、マンモスのメスと子どもたちの小さな群れを、大声を出して驚かせ、崖から転落させて仕留めたのだ。イギリス海峡のジャージー島にあるこの場所は、やがてラ・コット・ド・セント・ブリレードという洞窟遺跡になったが、当時はフランスからイギリスまで広がる広大な平野にある崖で、サイやウマの小さな群れ、そして人間の小さな集団が暮らしていた。

　これは今とはかなり違う世界だ。現在生きている動物の種類は昔に比べればかなり少なく、およそ1万1000年前までは、剣歯ネコ、ケサイ、ティラコレオといった多種多様な動物が存在していた。こうした動物は、何百万年もの進化によって生まれたが、最終氷期の終わりに起きた大量絶滅で消えてしまった。生物の大量絶滅の例は6500万年前に起きた恐竜の絶滅がよく知られているが、1万1000年前の最終氷期末期の大量絶滅は最も新しいもので、現生人類が地球に影響を及ぼしはじめた最初の事例だと言えるかもしれない。

動物の分布

　地球は常に変わりつづけていて、海や大陸といった広大な地形でも、現在の位置にずっと留まってきたわけではなかった（第3章参照）。こうした地形の変化は動物の分布に影響を与えてきたが、これ以外にも動物の生息域に影響を与える要素はあった。トナカイ（カリブー）やジャコウウシといった動物は、北のステップの気候と植生が分布する地域に生息するため、氷期のあいだはステップが広がっていたスペイン北部からロシア、アラスカ、そして北アメリカの西海岸に暮らしていた。カンガルーやコアラといった動物は、3500万年前にオーストラリアがプレートテクトニクスによる地殻の移動に伴って孤立した大陸となって以降、独自の進化をとげてきた。

　550万年前には、地殻の移動によって地中海が干上がった。北アフリカの動物は、広大な塩の大地をヨーロッパまで歩いて渡ることができただろう。その20万年後に地中海が再び海水をたたえはじめると、歩いていた動物たちは途中の島に閉じこめられ、ほかの地域には見られない独自の種に進化した。スペイン領のマヨルカ島に生息していたミオトラグスというヤギに似た奇妙な動物がその例だ。ほかの島には小型のゾウや飛べないハクチョウといった動物もいたが、こうした動物は、飛ぶか、泳ぐか、漂うかして島にたどり着いたあと進化した。

　ほかの大陸移動の事例では、およそ300万年前に北アメリカ大陸と南アメリカ大陸が陸続きになってパナマ地峡ができ、南北それぞれの大陸で進化した動物がもう一方の大陸へ移動できるようになった。これは「南北アメリカ大陸動物大移動」と呼ばれ、メガテリウム（ナマケモノに似た動物）やアリクイ、アルマジロなどが北に移動し、剣歯ネコやバク、ウマが南に移動した。この出来事を人類の歴史に当て

142～143頁：マンモスのなかで最大の、コロンビアマンモス（学名 *Mammuthus columbi*）。氷河時代後期に北米とメキシコに生息していた。

第6章　氷河時代の動物たち

左：ジャコウウシ（学名 *Ovibos moschatus*）は氷期に多く分布していた。現在は主に北米に生息するが、過去の氷期にはユーラシア大陸北部に生息していた。寒さから身を守るために厚い毛皮に覆われ、捕食者に狙われると、成獣たちは列をなして防御する体勢をつくる。群れが大きい場合は、子どもたちを囲むように円をつくって守る。

下：絶滅したヤギの仲間、ミオトラグスの骨。1909年に古生物学者のドロシア・ベイトによって発見され、論文が発表された。スペインのマヨルカ島とミノルカ島に生息し、ヤギの仲間では珍しく、ネズミのように大きな切歯が2本ある。

はめてみると、アメリカ大陸で動物の大移動が起きた当時は、現生人類の祖先がアフリカで直立二足歩行を始めてから300万年以上がたっていたが、ほかの大陸に進出しはじめるのは、まだ数百万年先のことだった。

アフリカの内と外

人類が初めてアフリカの地を離れたのは180万年前のことで、それ以来、こうした分散は何度か起きている。動物も新しい種が生まれ、地殻変動や氷期の海

巨大なネズミと小さなゾウ

世界各地の島々では、驚くほど大きなネズミや小さなゾウなど、さまざまな動物が大型化した種や小型化した種が生まれた。動物たちは気候変動で海面が上昇したときに島に取り残されることもあれば、海を泳いだり漂ったりして島にたどり着くこともある。島では捕食者が少ないために小さな動物が大型化することが多く、また食料が限られているために大きな動物が小型化する傾向にある。ゾウなどは、これまでに何度も小型化している。ロシア北部のランゲル島や北太平洋のセントポール島、米国カリフォルニア州のチャンネル諸島では、小型のマンモスが見つかっているし、東南アジアの島々ではゾウの仲間ステゴドンの小型種が見つかっている。地中海ではパレオロクソドンの小型種が見つかっているが、特にクレタ島のパレオロクソドンは何度も上陸した痕跡がある。氷河時代初期のクレタ島には、小型のゾウとカバのほか、ドブネズミほどの大きさがある大きなネズミがいた。その後、大陸に生息するような大きさのゾウと、シカが島に入った。シカは、イヌほどの大きさの種とヘラジカほどの大きさの種に進化したほか、その中間の種が少なくとも4種生まれた。地中海に生息した小型のゾウは家庭のダイニングテーブルよりも小さく、子ゾウはネコほどの大きさしかなかった。ゾウやシカなど、地中海の島々に暮らした動物の大半は泳ぐことができ、群れで移動した。一方、カリブ海の多くの島々にはナマケモノが上陸していた。数種類の動物が一度に上陸した場合には、定着もしやすかっただろう。小さな島はもともと生息域が限られているため、生息数が多くなることはなく、ドブネズミや人類といった新たな侵入者が現れると、世界中で島固有の動物たちは大量に絶滅した。

第6章　氷河時代の動物たち

右：小型化したパレオロクソドン（学名 *Palaeoloxodon antiquus*）。地中海に浮かぶいくつかの島で見つかっている。なぜ小型化したかはわかっていないが、島で食料と捕食者が少ないのがその原因だとの見方もある。

前頁：アフリカのマダガスカルで見つかった、小型化したカバの絶滅種の骨格。小型のカバはある程度の距離なら海を泳げるため、いくつかの島で発見されている。

下：地中海に浮かぶ島々で見つかった小型種と大型種の分布を地図に示した。

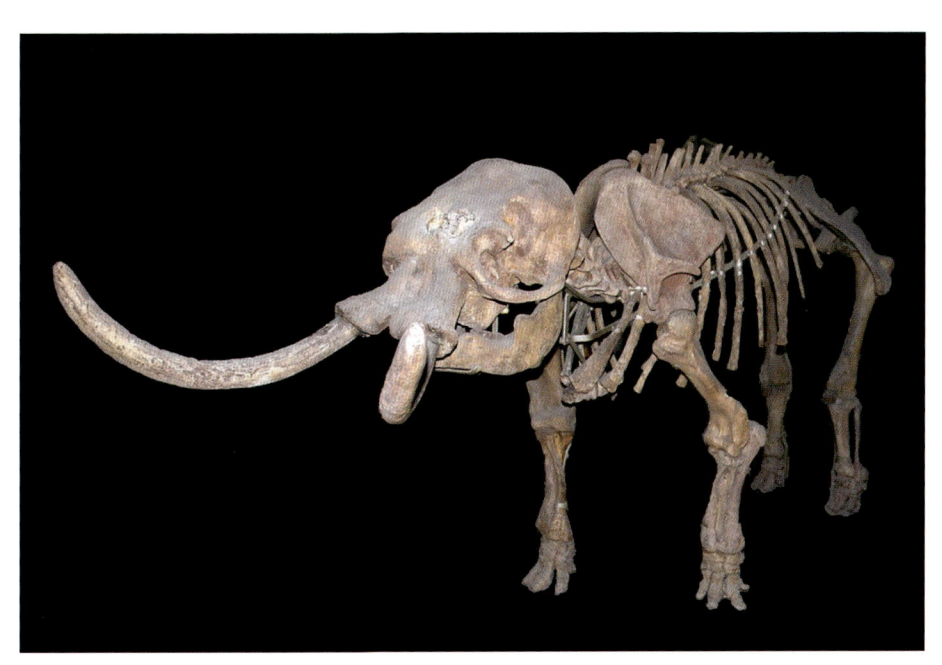

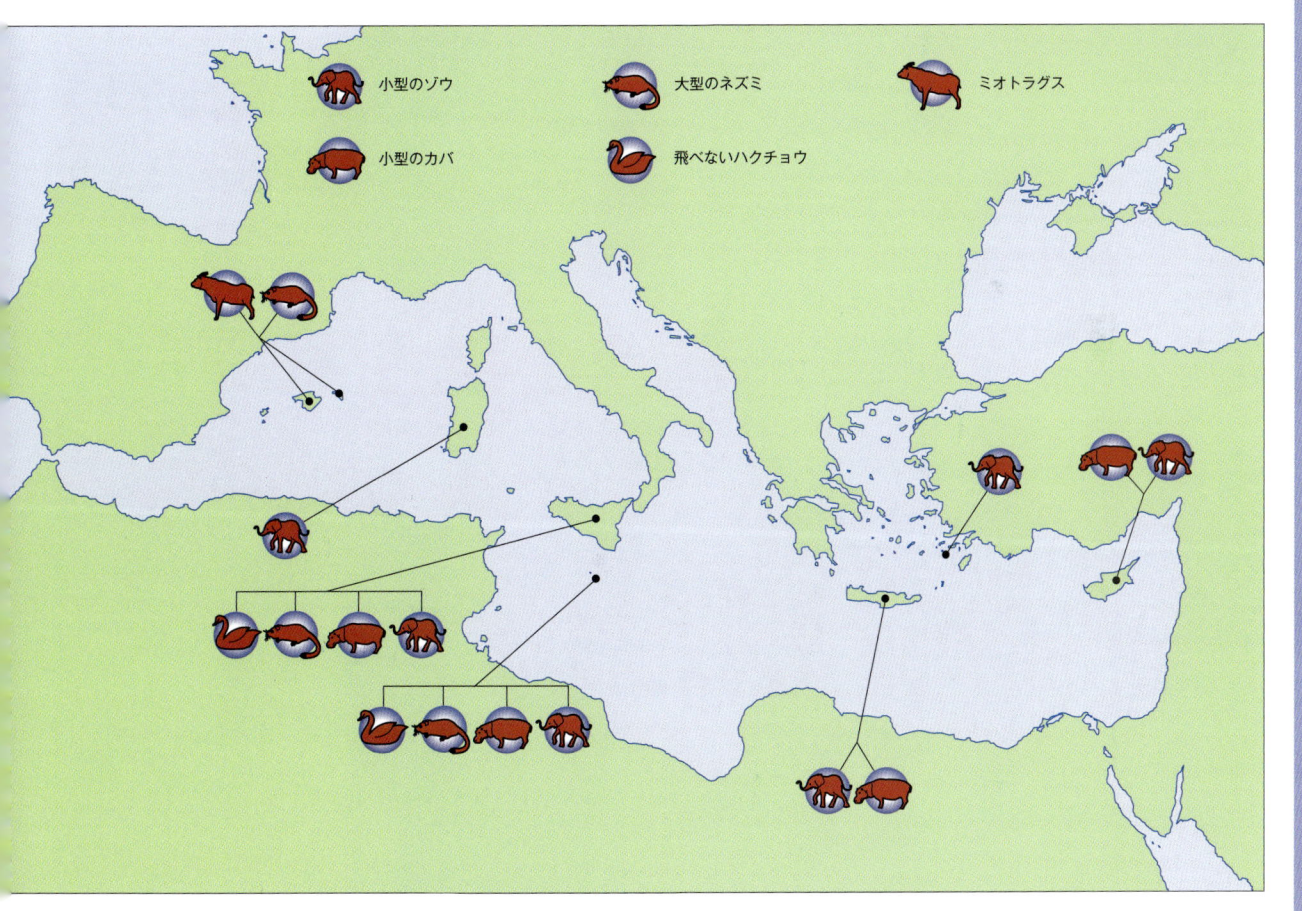

小型のゾウ　　大型のネズミ　　ミオトラグス

小型のカバ　　飛べないハクチョウ

147

第6章　氷河時代の動物たち

面低下で陸橋が現れると、新しい地域へ移動できるようになった。生まれ故郷の大陸から別の大陸へ移動した動物も多くいる。たとえば、氷河時代を代表する動物であるケナガマンモスの祖先はアフリカで生まれた（アフリカの南部と東部の500万年前の堆積層から、同じ科の化石が見つかっている）。それ以降のマンモスの仲間は300万年前にアフリカを出たとみられ、ステップで暮らせるように進化して、中国北部やシベリアで見つかるよく知られた姿になった。一方で、現在アフリカの動物だと考えられている動物のなかには、アメリカ大陸で生まれたものもある。たとえば、シマウマの祖先は300万年前にベーリング陸橋を渡ってユーラシア大陸に入ったとされ、おそらくチーターも同じ道をたどったとみられる。

　氷河時代が始まって気候が寒冷化しはじめると、アフリカの動物相に大きな変化が起きた。湿度と気温の低下が植物に大きな影響を与え、全体に森林が減って、草原が広がりはじめた。

　この環境の変化によって、森の木の葉や果実を食べるように適応したアンテロープやブタ、霊長類が不利な立場に追いこまれた。それまで食べていたのは比較的軟らかい食料だったが、草原に生える草は二酸化ケイ素を多く含んでいて硬いため、森の動物たちは歯の減りが早くなって、食物を効率的に食べられなくなり、飢えて死ぬことが多くなった。草は消化も悪い。ブタのなかには時間とともに歯が大きく、エナメル質が厚くなり、磨耗しにくい歯を発達させたものもある。ウィルドビーストのようなアンテロープは、歯が歯肉まで磨耗するまでの時間が長くなるように、長い歯冠を発達させた。

　一方、気候変動後にアフリカに到達した1本指のウマはもともと草を食べていたため、草原の環境にそのまま適応し、アフリカ北部から南部まで大陸全体にすぐに広がった。木の葉などを食べる動物のなかには、アフリカを出たものもある。たとえば、まっすぐな牙をもつゾウの仲間パレオロクソドン（アンティクウスゾウ）の祖先は、およそ100万年前に西アジアとヨーロッパに進出した。

　一部のサルや、木の葉を食べるアンテロープは、食料源であり隠れ家であった森林が減り、ほかの動物が草原に適応するにつれて、環境の変化に耐えきれず死に絶えた。草原の拡大で影響を受けたのは草食動物だけではない。木の陰に隠れて獲物を待ち伏せる剣歯ネコなど、単独で狩りをする捕食者も絶滅した。捕食したり、腐肉をあさったりするのは、林や藪よりも、草原のような開けた平原でやるほうが難しい。林や藪の中だと、仕留めた獲物がハゲワシやハイエナ、ジャッカルといったほかの動物に見つかりにくいからだ。このため、草原にすむ肉食動物の多くは群れをつくって狩りをしたり、仕留めた獲物を守ったりする。人類が進化するにつれて、こうした大型の肉食動物と食料をめぐって争うようになっただろう。だが、南アフリカで発見されたある化石を見ると、人類がその歴史の大半において肉食動物の餌食になっていたことがわかる。

　その化石の記録からわかった当時の状況はこうだ。あるとき、がっしりした体格

第6章　氷河時代の動物たち

のアウストラロピテクスの若い男ひとりと数人の女という小さなグループが、サバンナで食料を探していた。男が低木の小さな薮で果実を集めていると、突然がさっという音がした。薮の中で攻撃の機会をじっとうかがっていた1頭のヒョウが、鋭い叫び声をあげ、斑点のある毛皮を一瞬だけ見せて、男に飛びかかったのだ。そして、その鋭い歯を男の眼窩(がんか)と頭皮にしっかりと食いこませて、獲物を引きずっていった。このヒョウは腐肉をあさられないように、洞窟の入り口の上に立つ木に食料を隠していた。餌食となった男の頭骨はやがて洞窟の中に落ち、およそ150万年後に古生物学者によって発掘されたのだった。その頭骨に残された歯の跡は、同じ洞窟で見つかったヒョウの犬歯の化石と一致した。こうして、サバンナの生と死の

南アフリカのスワートクランス洞窟から出土した不運なアウストラロピテクスの頭骨と、古生物学者のC. K. ブライアン。頭骨の破片には肉食動物の歯形が残っている。同じ遺跡で見つかったヒョウのあごの骨と、その歯の跡が完全に一致したことから、人類は捕食者というよりも食べられる側だったことがわかった。

第6章　氷河時代の動物たち

物語が克明に明らかになったのである。

　頑丈型のアウストラロピテクス、そして草食動物と肉食動物の多くは100万年前までに絶滅した。それ以来、アフリカでは大きな絶滅は起きていない。実際、アフリカには現生の哺乳類全体のおよそ4分の1が生息している。スイギュウに似たペロロビスやシマウマの一種のジャイアント・ケープ・ゼブラのように、最終氷期の終わりに絶滅した動物もなかにはいるが、大型動物の大半は、ほかの大陸と違って生き延びた。こうしたことから、現代のアフリカの生態系には氷河時代の大型動物相が地球上で唯一残っていると考える学者もいる。また、アフリカの動物たちは人類とともに進化してきて、狩人の集団を警戒するようになっていたから、アフリカではほとんど絶滅が起きなかったとの見方もある。しかし、何十万年にもわたって動物と人間が共存してきた地域は、アフリカだけではない。ヨーロッパにも、100

サイは過去には数多くの種があったが、現在では5種しか残っていない。そのうち2種はアフリカ、3種はアジアに生息する。どの種も草食だが、草を食べる種と木の葉を食べる種に分かれる。これは氷河時代にいたサイの絶滅種にも当てはまり、ケサイは草を食べたが、メルクサイは木の葉を食べた。

万年以上前からさまざまな人類が暮らしていたからだ。

ヨーロッパ　毛むくじゃらの動物たち

　50万年前から現在までのヨーロッパの歴史を描いた映画を観たとしたら、どんな場面を目にすることになるだろうか。時期によっては、雪が降ったり解けたりするのに従って、山頂の氷河が発達したり後退したりする以外にほとんど変化がないこともあるだろう。だが、早送りで見てみると、劇的な変化が起きていることがわかる。

　広大な氷床が北極から海を渡って北ヨーロッパに到達する。北海とイギリス海峡が干上がる。氷床の前にはステップの植生が分布を広げ、緑豊かな温帯の森林は南に下っていく……。だが、そのすぐ後には、まるっきり反対のことが起きる。氷床が後退し、森が広がり、イギリス海峡は再びイギリスとヨーロッパ大陸を隔てる……。

　こうした劇的な変化は50万年前以降、5回起きていて、その当時ヨーロッパに分布していた動植物すべてに影響を及ぼしたことだろう。いったいどんな動物がすんでいたのか？　そして、気候変動によってどんな影響を受けたのだろうか？

　50万年前以降ヨーロッパに生息していた動物は、大きく二つのグループに分けられる。ひとつは、暖かい気候に適応した温帯の動物（間氷期にはヨーロッパ全域に暮らし、氷期にはアルプス山脈とピレネー山脈の南で生きていた動物）で、もうひとつは、寒い気候に適応した動物（ステップやツンドラに生息していて、氷期にヨーロッパに移動してきた動物）だ。

　気候が寒冷化して氷期に向かうにつれて、植生は森林から開けた草原に変わり、動物相も森や低木林の恵みを食べていた動物から、草を食べる動物に変わっていった。まず野生のウシやバイソン、ウマが増え、次に気候が寒くなるにつれて、マンモス・ステップと呼ばれる低い草原やスゲ、小型の樹木がシベリアからユーラシア大陸の西に広がり、ピレネー山脈まで分布した。植生の変化とともに、こうした植物の分布域で進化してきたトナカイやサイガ（ヤギに似たアンテロープ）、ケナガマンモス、ケサイといった大型動物、そしてレミング（タビネズミ）やホッキョクギツネ、クズリ（イタチの仲間）などの小型動物も移動してきた。

　氷期に向かう寒冷化の期間は何万年もかかったが、間氷期に向かう温暖化は寒冷化と比べればかなり急激だった。このため、寒い気候に適応した哺乳類は温暖化で死に絶えたか、次の寒冷化の時期にステップが再び広がるまで東に戻っていた。間氷期にはまず森が広がり、次にサイの仲間やバーバリーマカク、カバといった暖かい気候に適応した動物が、スペインやイタリア、バルカン半島から北に移動し、ヨーロッパ大陸全域に広がった。しかし、北にすんでいたすべての動物が氷期のあいだに南に逃れていたわけではなかった。ホラアナグマやライオン、ブチハイエナ、そして人類は北に残っていた。最後の三つは生きるために肉が必要だが、食べる動

第6章　氷河時代の動物たち

ケサイは寒い気候に適応した動物で、ヨーロッパとアジアの北部に生息していた。右の想像図からわかるように、頭と首の位置がかなり低い。このことは、地面に低く生える草を食べていたことを示している。

物は暖かい地域の動物でも、寒い地域の動物でも、手に入りさえすればどちらでもかまわなかったのだ。

ヨーロッパ北部に初めて住んだ人類であるホモ・ハイデルベルゲンシスは、さまざまな肉食動物がいる環境で暮らしていた。そのころヨーロッパの平原を歩いていた剣歯ネコやパキクロクタ（大型のハイエナ）のことを、きっと恐れていたことだろう。このハイエナは肩高が1メートルを超えるほど大きく、あごが最大24センチメートルと、大人のひじから手首までに相当する長さがあった。現生のブチハイエナと同じように、そのあごには獲物の骨を砕くための歯があり、死体から栄養をとれるだけとっていた。

ハイエナのほかにも、大きさが現在のチーターの1.5倍ほどある大型のチーターもいたが、数は少なく、ハイデルベルゲンシスのなかには一生のうちに一度も見なかった人もいるだろう。ネアンデルタール人がヨーロッパに登場したころには、剣歯ネコやチーター、パキクロクタはいなくなっていて、ライオンとヒョウ、ブチハイエナだけが残っていた。

剣歯ネコは30万年前にヨーロッパで絶滅したと考えられているが、最近、そのあごの骨が北海で見つかり、2万8000年前のものと推定されている。当時、北アメリカには剣歯ネコの仲間のスミロドンが生息していたことを考えると、この発見は、剣歯ネコが最終氷期に再びヨーロッパに戻ってきたことを示す証拠だろうか。それとも、ヨーロッパのどこかで生き延びていたということだろうか。この謎はまだ解明されていないが、古生物学の研究には驚きと発見があるということを示す一例だ。

ケサイ

属	コエロドンタ
学名	*Coelodonta antiquitatis*
体高	1.7m
年代	20万〜1万年前
分布	ユーラシア大陸北部

第6章　氷河時代の動物たち

ケサイの頭骨。長い角はおそらくほかのオスと戦うときに使い、平らな臼歯は草をすりつぶすのに使ったのだろう。ケサイはアフリカにすむ現生のサイのように、単独か、家族の小さな群れで移動した。

153

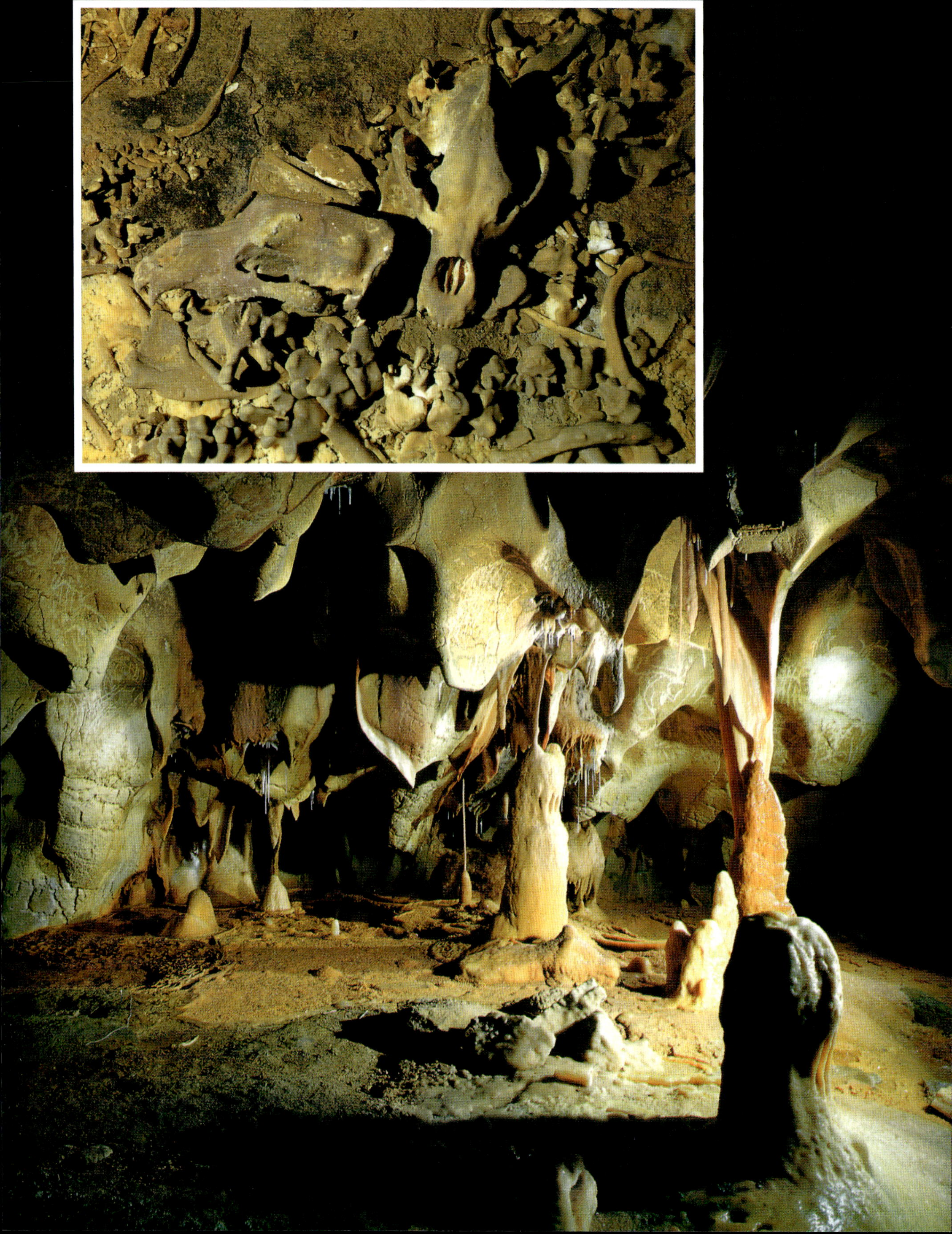

第6章　氷河時代の動物たち

　ヨーロッパに生息していた大型の肉食動物はアフリカにいた動物とよく似ていたため、ヨーロッパに到達したばかりの現生人類にとっては見慣れたものだっただろう。しかし、ひとつだけ初めて見る動物がいた。それは、ヨーロッパと中央アジアで進化したホラアナグマである（アフリカの場合、クマの仲間は数百万年前にはいて、北アフリカには有史時代までヒグマがいたが、現在はいない）。ホラアナグマは非常に大型の草食動物で、冬眠をして北の寒い環境で生きた。したがって、人類を餌食にすることはなかっただろうが、洞窟や食料を争うときには、人類は手ごわい敵だっただろう。洞窟は冬眠のために使われることが多く、なかにはホラアナグマの骨が大量に出土している洞窟がある。こうした骨や歯から、ホラアナグマの生態や死んだときの年齢がわかる。

　ユーラシア大陸の寒冷期に生きた動物たちには、厚い毛皮と小さな耳と尾が特徴のケナガマンモスや、寒さから身を守る長い毛と2本の角が特徴のケサイといった、氷河時代を代表する動物がいる。ケサイの角の片方は1メートルを超える長さがあった。ゾウやサイの仲間には、温帯に適応したものもいる。パレオロクソドンやメルクサイといった動物は、ケサイやケナガマンモスのように草や低木を食べるのではなく、樹木や低木の葉を食べるように適応した。

　なぜ動物相にこうした大規模な変化が起こったのか？　マンモスやサイはまわりの気候が変動したとき、人類やライオンのように、なぜもともと生息していた場所にとどまらなかったのか。それは、ゾウやサイなどは草食動物であるため、自分たちが適応した植生を追って移動する必要があったからだ。こうした動物の移動は、大集団で一気に行なわれたのではなく、植生の広がりに合わせてゆっくりと起き

ホラアナグマ

属　　クマ
学名　*Ursus spelaeus*
体高　1.2m
年代　30万年～1万年前
分布　ヨーロッパ、西アジア

上：ホラアナグマは頭骨がドーム状になっていて、鼻まで急激に落ちこんでいるという、独特の姿をしている。

前頁：ホラアナグマの骨は大量に見つかっている。1カ所の遺跡で3万から5万の個体の骨が見つかった例もある。氷河時代の動物を描いたみごとな壁画で知られるショーベ洞窟（写真）からは、ホラアナグマの頭骨が出土した（上の囲み写真）。

第6章　氷河時代の動物たち

たのだろう。生息域が再び狭まったときには、それに合わせて移動した動物もいたが、それよりも多くの動物は、限られた地域に取り残され、徐々に個体数を減らして、やがて死に絶えていった。

パレオロクソドンは肩高が4メートルにもなる巨大なゾウで、森に暮らし、木々の樹皮や葉を食べていた。葉などを食べるときには、木を押し倒すこともあった。一方、それよりもやや小型で肩高が最大3.3メートルのケナガマンモスは、異なる進化の道をたどり、草原が広がっていた寒い中国北部とシベリアで進化してから、ヨーロッパに分布を広げた。

ケナガマンモスが食べていた低木や小型のヤナギ、草からなる豊かな植生は「マンモス・ステップ」として知られていて、現在ではこれに相当する植生はない。寒

コロンビアマンモスとアメリカマストドンの想像図。マストドン（左）は胴体が低くて長く、頭が平らだが、コロンビアマンモス（右）は背中に傾斜があり、頭がドーム状に大きく盛りあがっている。

	コロンビアマンモス	アメリカマストドン
属	マンモス	マムート
学名	*Mammuthus columbi*	*Mammut americanum*
体高	4m	2.4〜3m
年代	15万〜1万年前	160万〜1万年前
分布	メキシコから北の北米	北米および中米

第6章　氷河時代の動物たち

冷期のユーラシア大陸北部では、高い木や低木が寒さを避けて南下したため、パレオロクソドンは生きられなかった。一方で、ステップが広がっていた寒冷な氷期のヨーロッパの環境は、ケナガマンモスにとっては理想的だった。だが、間氷期には草原が森に変わって、マンモスが食べる植物が失われ、とても理想的とは言えない環境になった。

マンモス・ステップは、寒くて雪が降る荒野というわけではなかった。現生のゾウと同じように、マンモスも毎日大量の食料を必要とした。つまり、群れ全体が十分な食料を得るためには長距離を移動する必要があった。もし大地を覆った雪を毎回かき分けて食料を探さなければならない環境にすんでいたら、マンモスは食料から得られるだけのエネルギーを食料探しに費やすことになるだろう。したがって、限られた積雪しかない開けた草原に生息していた可能性が高い。復元図は4万年前のマンモス・ステップの様子を示したものだが、ウマやケサイ、ケナガマンモスといった、寒冷期のユーラシアの典型的な哺乳類が、草原や低木が育つ丘陵地帯で共存している。谷間には高い木も生えている。

ここでよく見過ごされるのが、マンモスたちが草原を移動するときに残していった糞の山だ。マンモスは1日に最大で180キログラムもの植物を食べるため、食べ物の痕跡は体のあちこちに残っている。食べている途中で息絶え、永久凍土に埋もれたマンモスの臼歯のあいだに挟まっていることもあるし、ミイラになったマンモスの胃や大腸に未消化の状態で残っていることもある。北アメリカの乾燥地帯にあ

移動するマンモスの想像図。雪がうっすら積もった大地を小さな群れで移動する。トナカイの死体を食べるライオンが描かれているが、ステップではライオンは数が少なく、ケサイとウマの骨がよく見つかる。捕食者は獲物となる動物よりも常に数が少ないため（もし逆だと、捕食者の食料が不足してしまう）、想像図でもマンモスの数のほうが捕食者よりも多く描かれている。

第6章　氷河時代の動物たち

る洞窟では、糞が見つかっている。口の中から糞まで、消化のあらゆる段階で見つかる植物の茎や花粉などの痕跡から、マンモスが食べていたものを特定できる。この調査の結果、マンモスは主に草を食べていたが、ほかにも木の皮や葉、低木など、多様な植物を食料としていたことがわかった。

　マンモスはステップを群れで移動していた。ここで、母親のいる群れのうしろに、オスの子どものマンモスが歩いている姿を想像してほしい。歯のすり減り具合から判断すると、群れに従いながらときどき植物を食べていたが、その栄養源の大半は母乳だったと思われる。しかしある日、まだ1歳にもならなかったその子マンモスは、不運にも泥の沼かクレバスに落ちて、そのまま息絶えてしまった。仲間を失った群れのマンモスたちは、うなり声をあげながらあちこち動き回って悲しみを表現したことだろう。また、母親がいたことで、泥の中に埋もれるまでのあいだに肉食動物に食べられずに済んだのかもしれない。そしておよそ4万年後の1977年、その子マンモスは、死んだときとほとんど同じ状態で永久凍土の中から発見された。この幼いオスは、発見場所の川の名前にちなんで「ディーマ」と名づけられた。

　古生物学者たちは、ディーマの遺体とまわりの堆積物を調べて、その最期にいたる物語を組み立てた。まずディーマは健康ではなかった。腸からは数多くの寄生虫が見つかり、脂肪の蓄えもなかったことから、栄養不足だったことがうかがえる。このため体力が弱って、落ちた穴から出られなかったのかもしれない。単に穴が深すぎたということもあり得る。現生のアフリカゾウと同じように、きっと母親は長

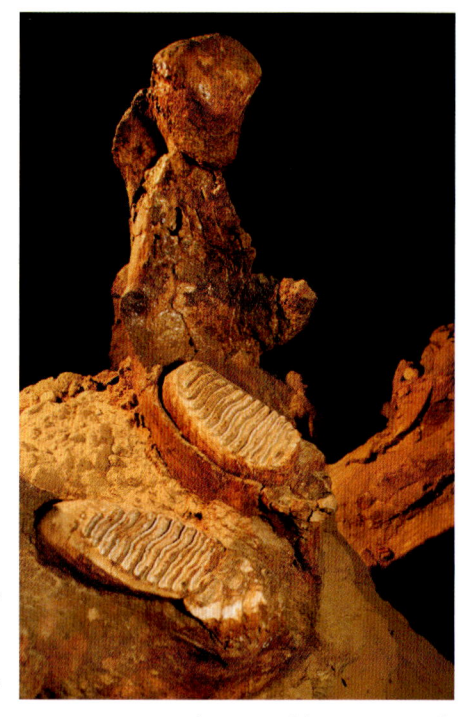

上：コロンビアマンモスの歯。米国サウスダコタ州ホットスプリングスで見つかったもので、ゾウの歯に特徴的なエナメル質の板が縦に並んでいる。エナメル質は互いに象牙質を挟んで結合しているが、象牙質は軟らかいために磨耗し、エナメル質が出っぱって洗濯板のような畝（うね）をつくっている。この歯で植物をすりつぶす。ゾウは常に臼歯を下あごに2本、上あごに2本もっている。使っている臼歯がすり減ると、うしろから新しい臼歯が出てくる。最後の臼歯を使い切ると、それ以上食物をかめなくなり、ゾウは死んでしまう。

左：ケナガマンモスが1日に食べる食料は最大で180kgにもなった。写真は、1972年に永久凍土のなかから見つかったオス「シャンドリン・マンモス」の腸の内容物。死の直前に食べた草や木の葉が詰まっていた。

第6章 氷河時代の動物たち

い鼻を使って自分の息子を助けだそうとしただろう。ディーマの胃の中身を調べると、もっと詳しい状況がわかる。胃はほぼ空っぽで、土と自分の毛しか残っていない。もしかしたら、母乳も飲めず食べ物の植物も見つからない状況で、飢えの苦しみに耐えかねて、自分の毛をかみ切ったのかもしれない。

ディーマのように永久凍土の中からマンモスの子どもが見つかった事例はいくつかある。最近では2007年5月に、リューバという子マンモスのほぼ完全な遺体が見つかっている。

永久凍土の中で冷凍保存された子マンモスは、大きな動物の死体とは違って、完全な状態で見つかることが多いが、これは体が小さいために死後すぐに体が冷えるからだろう。成体の場合は体全体が凍りついても、胃の中身が発酵を続けるため、たとえ腐肉をあさられなくても、死体の分解は進む。マンモスの成体の完全な死体がほとんど見つかっていないのは、このためだ。

現代の私たちがマンモスに惹かれるのは、それが絶滅動物だからであり、永久凍土に冷凍保存されたマンモスのミイラに、その生と死が克明に記録されているからだ。氷河時代のヨーロッパに生きた人類も、マンモスに魅了されていたに違いない。

1977年にシベリアの永久凍土から見つかったケナガマンモスの赤ちゃん、ディーマ。寒い地域に生きるマンモスは、現在のアフリカにすむ子ゾウと比べて耳がかなり小さい。ディーマの鼻と尾、脚には毛が残っていたが、その他の部分の毛は抜け落ちてまわりの堆積物中に含まれていた。

第6章　氷河時代の動物たち

氷に閉じこめられた絶滅動物

絶滅動物の大半は骨と歯しか見つかっていないが、たまに条件がそろえば、皮膚や毛などの組織が現代まで残ることがある。シベリアやアラスカの永久凍土からは、ウマやバイソン、マンモス、カンジキウサギ、ジリス（地上性のリス）などが凍った状態で見つかっている。また、アメリカ大陸ではナマケモノの死体がよく見つかるし、オーストラリアでは完全なフクロオオカミが発見されている。永久凍土で凍った動物たちは、腐肉をあさる動物や微生物に死体が乱される前に地中に埋もれたものだ。一方、アメリカ大陸やオーストラリアでは、非常に乾燥した地域の洞窟から動物の完全な死体が見つかっているが、これは水分がないために、死体を分解する微生物が繁殖できないからだ。永久凍土で凍った動物のミイラは姿かたちはとどめているが、毛は抜けていることが多い。一方、洞窟で発見された動

物は皮膚と毛の保存状態はかなりよいが、体は乾燥してぺしゃんこになっていることが多い。

　珍しい例として、現在のウクライナ西部に位置するスタルニアでは、天然の原油と塩の作用でミイラになったケサイが見つかっている。これまで確認されたなかで最も保存状態のよいケサイである。現在の洞窟でも、条件がそろえば、コウモリなどが自然界でミイラになることがある。

前頁：2007年5月にシベリア北部の永久凍土で見つかったメスの赤ちゃんマンモス。1歳にもならないうちに死んだ。発見者の妻の名をとって「リューバ」と名づけられた。

右：ウクライナ西部のスタルニアで、原油と塩の堆積層のなかから見つかったケサイ。これまでに発見されたケサイのミイラとしては、最も保存状態がよい。

下：地図に示すように、保存状態が特によい絶滅動物は北の地域で見つかっている。

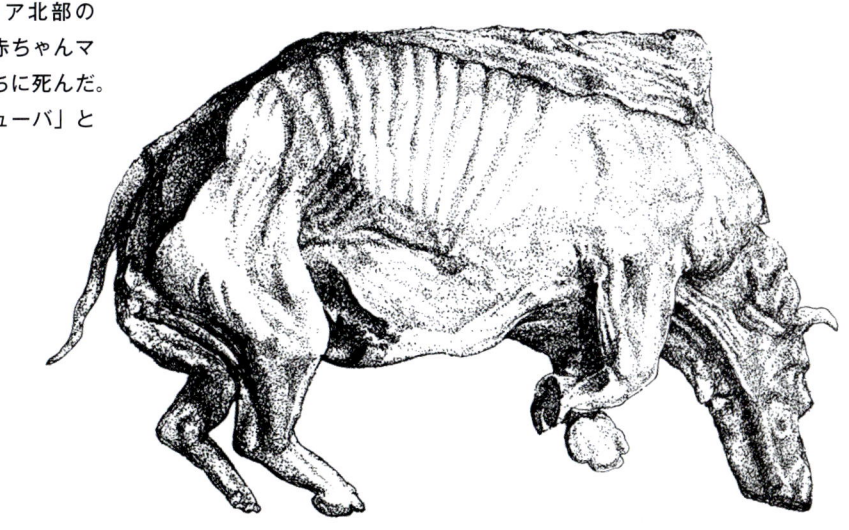

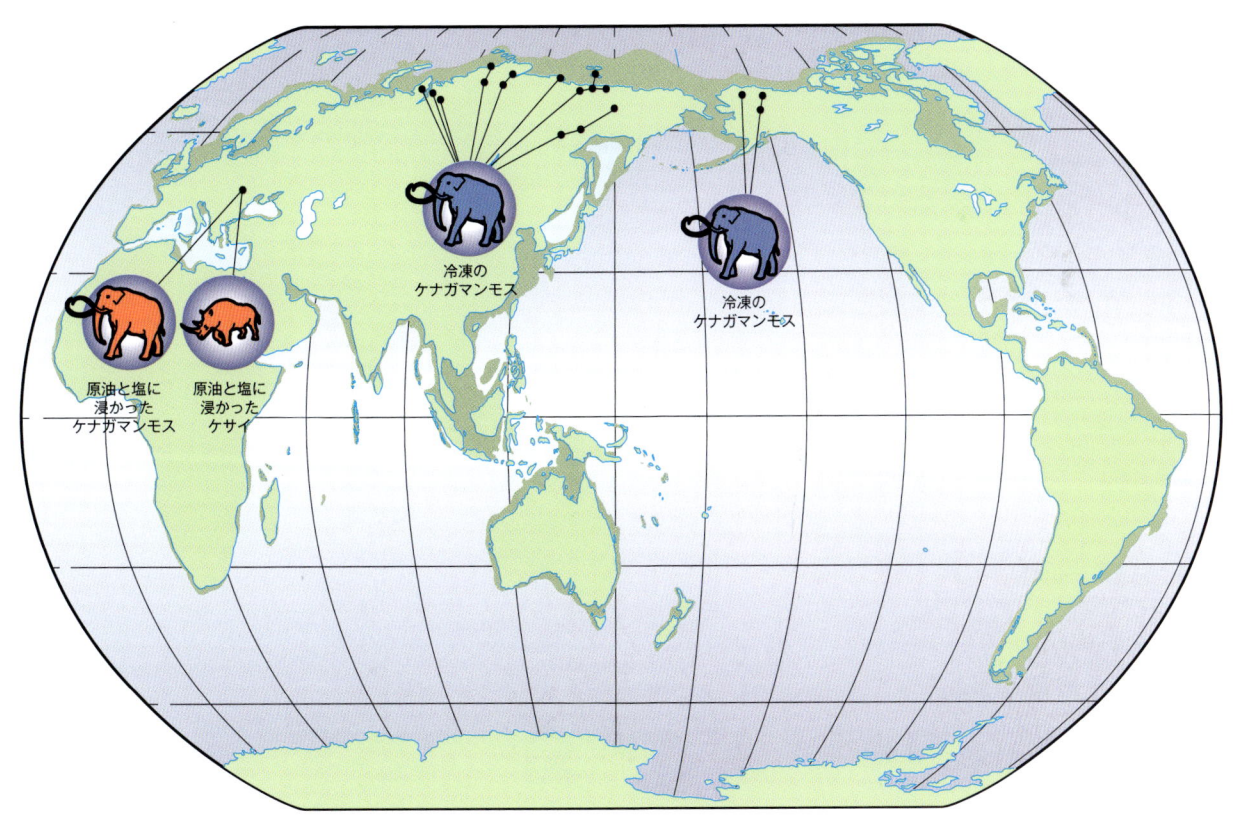

161

第6章 氷河時代の動物たち

彼らが洞窟に描いた壁画には、ケサイやライオン、ウマ、バイソンとともに、マンモスが描かれている。

こうした動物は人類にとって重要な生き物であり、敬意を払うべき対象だったはずだ。ライオンやハイエナは現生のものと比べて大きく、洞窟をねぐらにしていた。人類も風雨をしのぐために洞窟を使いたかったから、こうした動物とのあいだで洞窟や獲物の奪い合いが起きていただろう。人類はまた、動物の歯をペンダントやネックレスなどの装飾品に使っていた。このため、その材料をとるために、キツネなど小型の動物を捕まえる必要があった。

間氷期のヨーロッパの動物相は、寒冷な地域に広がるマンモス・ステップの動物相とは明らかに違う。前回の間氷期のイギリスは、現在とはまるで違って、ブチハイエナやパレオロクソドン、メルクサイ、ライオン、カバといった動物たちが歩き回っていた。まるで動物だらけの世界が広がっていたように思えるが、大陸全体にいたウマと人類という二つの哺乳類は、イギリスにはいなかった。ウマがいなかったことは、イギリスにすんでいたブチハイエナに大きな影響を及ぼした。ウマはブチハイエナの好物のひとつで、開けた草原でウマを追いかけて倒すのが通常の捕食行動だったからだ。ウマが生息しておらず、深い森が広がっていたイギリスは、ハイエナにとって食料をかなり手に入れにくい場所だっただろう。いったん獲物を捕まえたら、その隅々まで食べ尽くしたようだ。ハイエナの食べ残しを調べると、サイのような大型動物の大きな骨でも、その両端がかみ切られて、円筒状になっているものがいくつも残っている。

なぜ人類とウマは、前回の間氷期のときにイギリスにいなかったのか？ 最も可能性が高いのは、その前の氷期が12万5000年前に終わって北海とイギリス海峡が生まれる前に、人類がイギリスに到達していなかったということだ。氷が解けはじめてからイギリス海峡に海水が流れこむまでのあいだに、イギリスに到達できる時間は限られていた。動物は何か意図をもって移動するのではなく、植生を追って移動するだけであるし、人間の場合も、おそらく狩りのために動物の群れを追って移動するだけだっただろうから、間氷期に入るたびに取り残される動物がいた可能性はある。だからイギリスでは、前回の間氷期には人類とウマがおらず、前々回の間氷期にはカバがいなかった。また、現在のアイルランドにヘビがいない理由も説明できる。アイルランド海はイギリス海峡よりも前にできたため、ヘビはイギリスには到達したが、アイルランドにはたどり着けなかったのだ。

現在の温暖期に暮らす私たちは、寒冷期の絶滅動物についてはよく知っているが、温暖期の絶滅動物についてはあまり知らない。これはなぜだろうか？ 現在の温暖

フランスのルフィニャック洞窟で見つかったケナガマンモスの彫刻。長くそりかえった牙と長い毛（体の輪郭沿いに下に向かって刻まれた線）、ドーム状に盛りあがった頭部という特徴が表現されている。作者がマンモスをよく観察して彫ったことは明らかだ。

第6章 氷河時代の動物たち

期の直前に氷期があったため、最も新しい絶滅動物の死体はすべて寒冷期のものであり、氷期の堆積物と遺跡からそうした動物の骨が出土する、というのがひとつの理由だ。また、現生人類は寒冷期の最中の4万年前にヨーロッパに到達し、こうした動物を捕まえて食料にしながら共存していた。彼らが制作した彫刻や壁画には、絶滅動物の姿が克明に描かれている。

寒冷期の動物は、今でも永久凍土が分布するシベリア北部やアメリカ大陸の高緯度のツンドラにも生息していた。アラスカとシベリアの永久凍土からは、ディーマのようなマンモスをはじめ、バイソン、ウマ、そしてリスのような小動物の死体が出土する。一方、温暖期の動物については、骨と歯しか残っていない。こうした化石は、ヨーロッパ全体で見つかってはいるが、少なくともひとつの氷期を経ているため、その多くは浸食されている。イギリスのような地域では、温暖期の動物の痕跡は氷河の進出に伴って消え去ったか、氷河や川が運んできた膨大な量の堆積物の奥深くに埋もれてしまっている。多くの化石が採石場や鉱山で偶然にしか見つからないのは、こうした膨大な量の土砂の移動があるからだ。だが、なかには洞窟のような場所で化石が見つかることもある。イングランド北部のヨークシャー渓谷にあるビクトリア洞窟では、前回の温暖期にあたる12万年前のカバの化石が見つかっているが、こんな偶然がなければ、この地域にカバが住んでいたことを知ることはできなかっただろう。

過去50万年間の間氷期にヨーロッパに生息していた動物の多くは、現在のアフリカにだけ生息しているか、すでに絶滅してしまっている。不思議なのは、現在は

164〜165頁：1994年にフランスのショーベ洞窟で発見された壁画。サイ、野生のウシやウマなど、氷河時代の動物が描かれている。年代はラスコー洞窟の浅浮き彫りより1万年以上も古く、壁画の大半は3万2000〜3万年前に描かれた可能性が高い。2万7000〜2万6000年前には、人類がこの洞窟を再び訪れている。

下：フランスのラスコー洞窟に残された、後期旧石器時代のオーロックス（野牛）の浅浮き彫り。1万6000年前のものと推定され、氷河時代の終わりに現生人類が彫った。

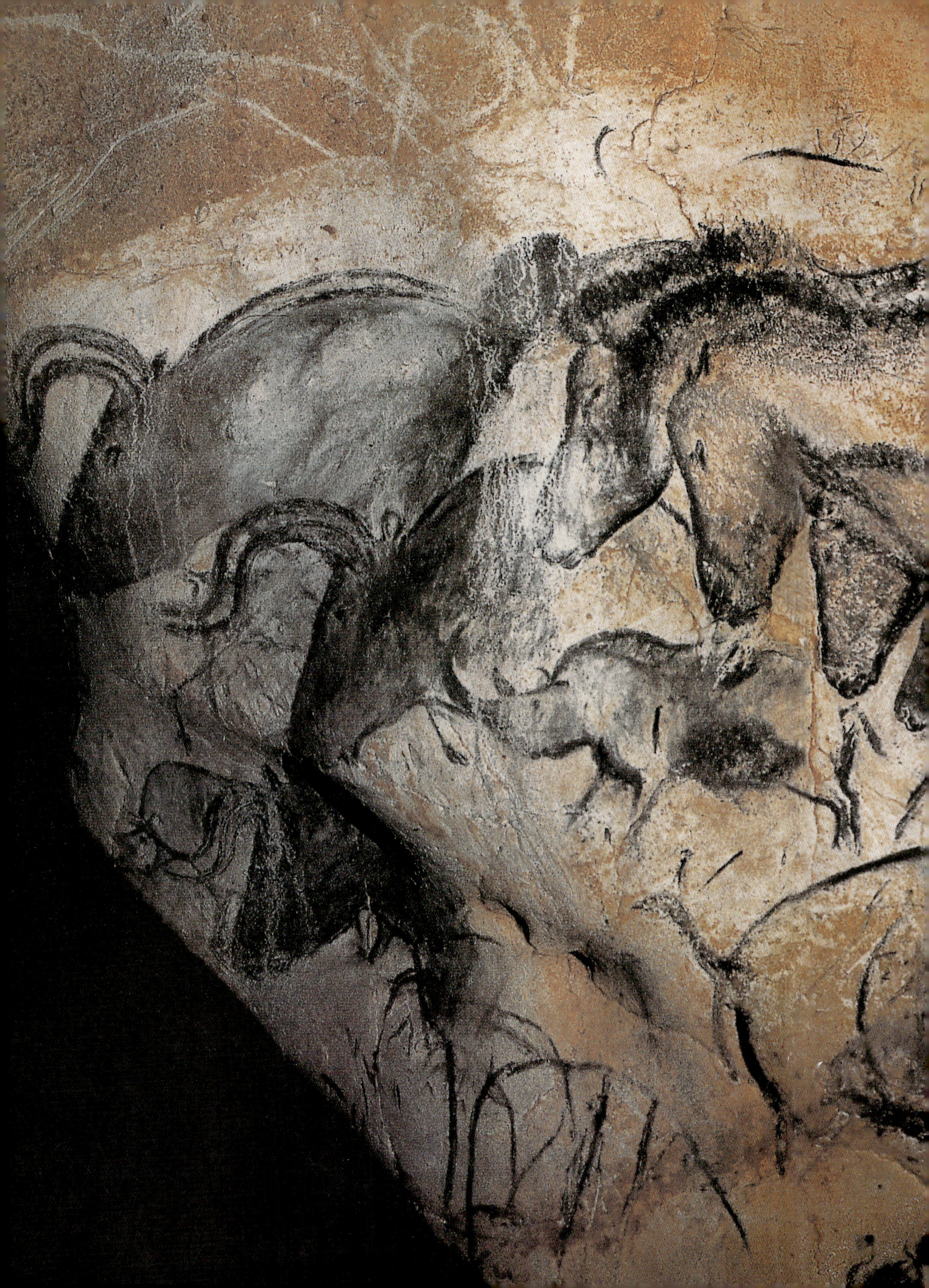

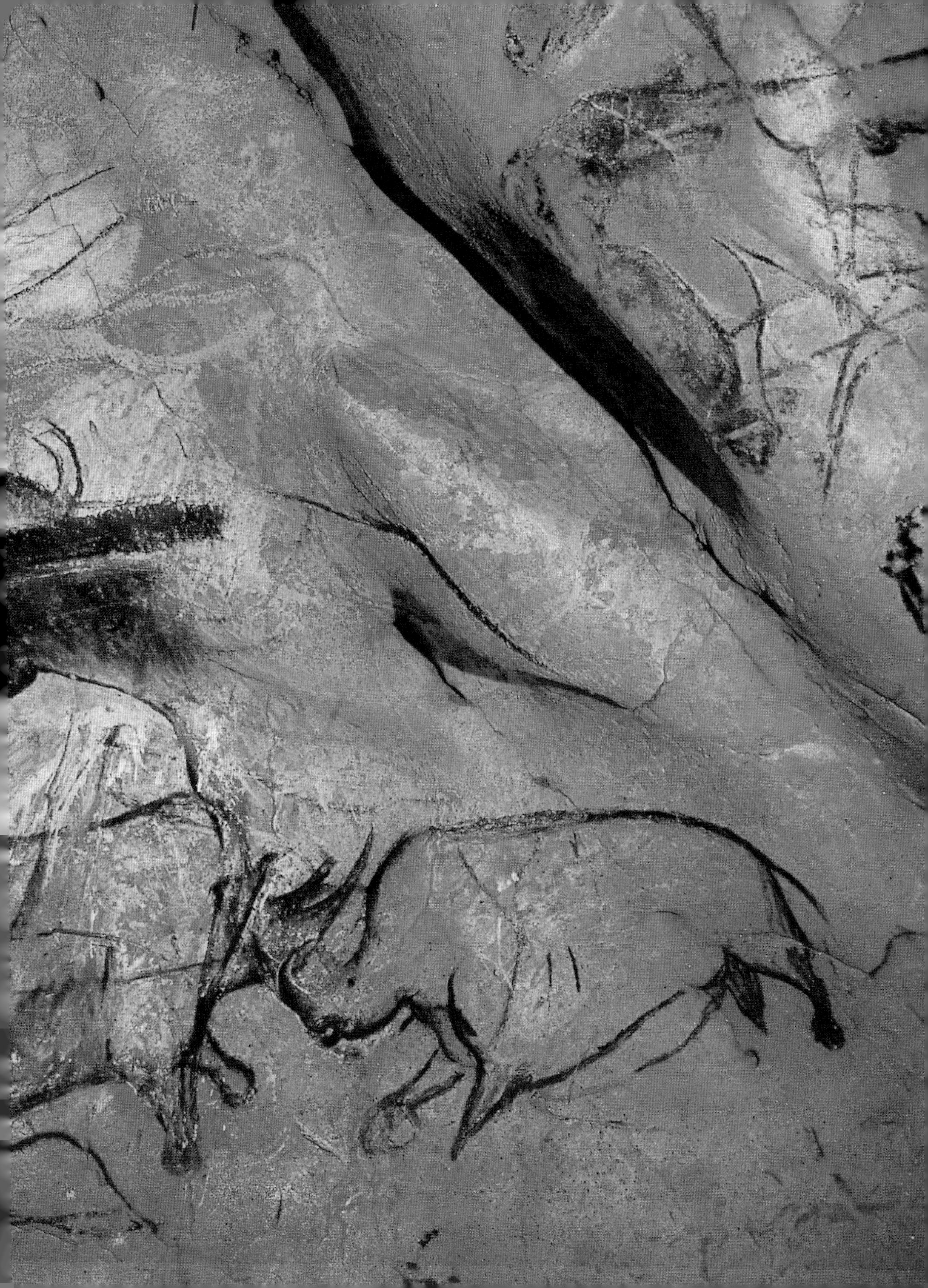

第6章　氷河時代の動物たち

間氷期であるにもかかわらず、温暖期に生きていた動物が世界のほかの地域で見られないことだ。残っているのは、かつて隆盛を極めた動物の哀れな生き残りにすぎない。

だが、動物が絶滅したのはヨーロッパだけではない。実はヨーロッパの動物は、アメリカ大陸やオーストラリアに比べれば、比較的よく生き残っているほうなのだ。

北アメリカ大陸

2万年前の北アメリカにさかのぼって行けたとしたら、ラクダや4種のゾウ（ケナガマンモス、コロンビアマンモス、マストドン、ゴンフォテリウム）、ジャガー、クーガー、ピューマの姿を目にすることになるだろう。こうした動物はすぐにわかるだろうが、それ以外にも、体高が3メートルを超えるメガテリウム（ナマケモノの一種）や、自動車ほどの大きさがあるアルマジロの仲間、肩高が1.6メートルを超える巨大なクマ、そしてマンモスの子どもも仕留めたとみられる剣歯ネコなど、現生のどんな動物にも似ていない動物たちもいる。

こうした動物は、現在では想像できないような独特の群集を形成していたが、ひとつの大陸に孤立して暮らしていたわけではない。海面が低い時期には北アメリカからベーリング陸橋を通ってアジア北部に渡ることも、パナマ地峡を通って南アメリカ大陸に入ることもできたし、その逆の移動も可能だった。ケナガマンモスとバイソンは、過去10万年のある時点でベーリング陸橋を渡って北アメリカに到達したとみられている。不思議なことに、当時シベリア北部に生息していたケサイは北アメリカに渡らなかった。ベーリング陸橋を渡った生物のなかでおそらく最も知られているのは、最終氷期の終わりに渡った人類だろう。

北アメリカの動物相は地域によって異なっていた。これは現在も同じで、南のフロリダ州にいる動物は、北のワシントン州や西のアリゾナ州の動物とは違う。地上性ナマケモノの仲間エレモテリウムなどは、南アメリカからメキシコを通って現在のアメリカ合衆国まで北上したが、北から南下したジャコウウシは、カリフォルニア州より南にはいなかった。

動物の分布には植生も一定の役割を果たしている。プロングホーンや、体高3.6メートルで体重が1500キログラムもあった地上性ナマケモノの仲間パラミロドンの群れは、草原で草を食べながらゆっくりと移動していったが、ラクダの仲間カメロプスは森の周辺で木の葉を食べていた。フロリダベアは北アメリカ以外にはいなかったし、ゾウに似たマストドンとゴンフォテリウムは、それ以前の時代に世界中に生息していた近縁種の最後の生き残りであり、当時のアメリカ大陸は、これらの動物の最後のすみかだった。

マンモスは北アメリカに2回進出してきている。最初に到達したのはコロンビアマンモスの祖先で、北アメリカで進化をとげてコロンビアマンモスになった。次に、氷河時代の終わりごろに、ケナガマンモスがベーリング陸橋を渡って北アメリカに

上：いくつもの大きな穴は、巨大な地上性ナマケモノ、メガテリウムの足跡。ぬかるみを歩いたため、かなり深くまでくぼみ、水たまりになっているものもある。この貴重な足跡から、絶滅したメガテリウムの動きがわかるほか、歩き方や歩く速さ、体重を算出できる。

第6章　氷河時代の動物たち

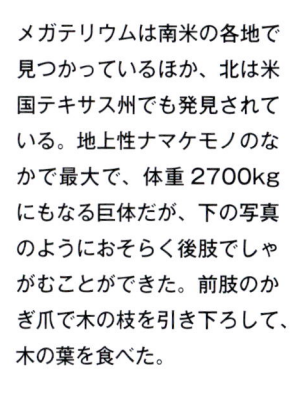

メガテリウムは南米の各地で見つかっているほか、北は米国テキサス州でも発見されている。地上性ナマケモノのなかで最大で、体重2700kgにもなる巨体だが、下の写真のようにおそらく後肢でしゃがむことができた。前肢のかぎ爪で木の枝を引き下ろして、木の葉を食べた。

メガテリウム

属	メガテリウム
学名	*Megatherium americanum*
体高	2.1m
年代	400万〜1万年前
分布	中米および南米

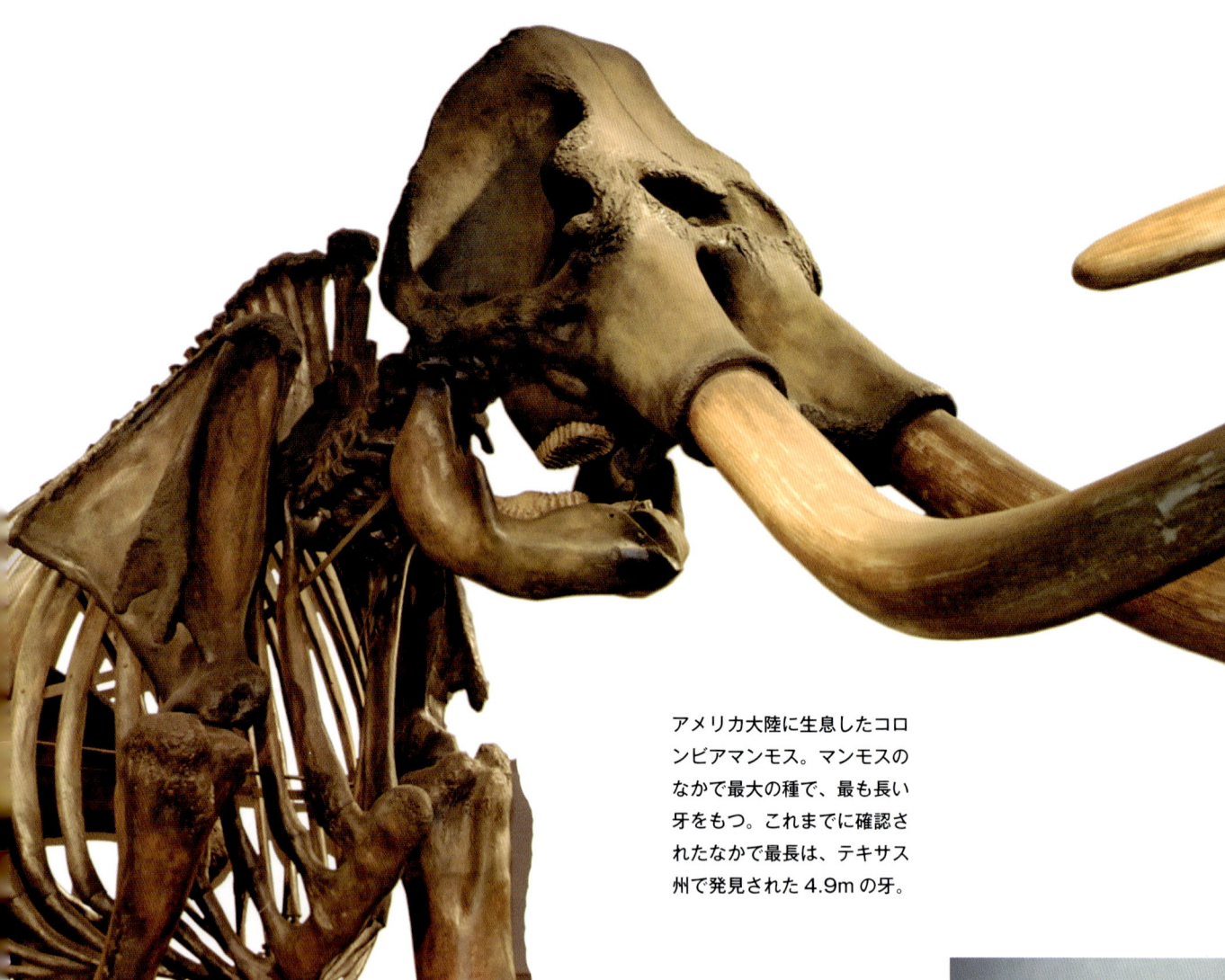

第6章　氷河時代の動物たち

アメリカ大陸に生息したコロンビアマンモス。マンモスのなかで最大の種で、最も長い牙をもつ。これまでに確認されたなかで最長は、テキサス州で発見された4.9mの牙。

　入った。コロンビアマンモスはマンモスのなかで最大で、肩高は4メートルもあった。高地に生息することもあったが、たいていは比較的温暖な地域に暮らしていた。そのことを考えると、北極圏に生息していたほかのマンモスほど体毛は多くなかっただろう。

　ほかの動物のなかには、マンモスとは違って生息域が限られていたものもある。中央および南アメリカに生息していた動物の多くは、米国ではせいぜい南部までしか到達しなかった。フロリダ周辺では、大型の地上性ナマケモノやゴンフォテリウムが闊歩していた。

　北部には、当時ヨーロッパからベーリング陸橋を経てアメリカ大陸まで広がっていたマンモス・ステップの動物たちが生息していた。この地域で生きるのはどの動物にとっても厳しく、食料や交尾相手、安全な場所をめぐる争いがひっきりなしに

第6章　氷河時代の動物たち

くり広げられた。前に紹介した子マンモスのディーマの物語からは、生き残りには運も必要だということがわかるが、動物の命を奪ったのは、そうした偶然の死や高齢、病気だけではなかった。

たとえば、ステップバイソンの「ブルーベイブ」の物語からは、マンモス・ステップでの暮らしの別の面を知ることができる。ブルーベイブは8歳か9歳の壮年期にあったオスで、体の脂肪が厚いことから、アラスカのステップで長いあいだ草を食べていたことがうかがえる。3万5000年前の冬の初め、ブルーベイブは不運にもライオンの小さな群れに目をつけられてしまった。ステップバイソンのオスはおそらく単独行動をしていたと考えられているので、ライオンが近づいていることを知らせてくれる仲間はいなかっただろう。ブルーベイブは小さな川のそばでひとり草を食べていたところを、背後から襲われた。背中や脚に無数の傷跡が残っていることから、ライオンたちにかぎ爪のついた足で倒されたことがわかる。

1979年にアラスカの永久凍土で見つかったステップバイソン（学名 *Bison priscus*）のオス「ブルーベイブ」。体の表面の穴や傷跡は、ライオンに襲われて食べられたときにできたものだ。

第6章　氷河時代の動物たち

　ブルーベイブはそのうち一匹のライオンに口をかまれてふさがれ、窒息して息絶えた。ライオンたちはブルーベイブの死体を背中から切り開き、筋肉や骨をむさぼった。しかし、このご馳走も数日たつとアラスカの厳冬のなかで凍りついた。1頭のライオンが最後に肉を食べようとしたのか、その歯の一部がブルーベイブの凍りついた皮膚に刺さっている。その後、死体は置き去りにされた――。

　こうしたドラマはステップで無数にくり広げられたのだろうが、ブルーベイブが特別なのは、その死体がミイラになって現代まで残っていたことだ。そのため、通常は腐敗して消えてしまう特徴の多くを科学者が調べることができる。

　ブルーベイブは1979年に鉱山での採掘中に見つかり、古生物学者のデイル・ガスリーが詳しく研究した。研究チームのメンバーはこのバイソンを研究するだけではなく、研究を終えた記念に、その首の肉をシチューにして食べることまでした（ちなみに、具合の悪くなったメンバーはいなかったそうだ）。現在、ブルーベイブは剥製にされて、アラスカ州フェアバンクスのアラスカ大学博物館に展示されている。

　ブルーベイブの物語からは、捕食者と獲物のあいだでくり広げられた生存競争の一端を知ることができる。アメリカ大陸には、ナマケモノやシロイワヤギ、プロングホーンなど、獲物となる動物が何種類もいて、それを狙う大型の肉食動物の種類も多かった。

　こうした環境で獲物となる動物にとって、最大級の肉食動物でも襲えないほど大きな体を獲得するというのが、ひとつの生き残り戦略だった。現生のゾウやサイ、カバなどがその例だ。北アメリカにはゾウが4種類いたほか、テキサス州からサウスカロライナ州にかけてはエレモテリウムなど大型の地上性ナマケモノも生息していた。エレモテリウムは更新世の北アメリカにいたものとしては最大で（南アメリカにはもっと大きなナマケモノもいた）、体長は最大6メートル、体重は2700キログラムにもなった。草食でおとなしい動物だが、胴体が大きくて四肢にはかぎ爪をもっていたため、成体は捕食者に襲われにくかっただろう。しかし、子は危険にさらされることが多かったようだ。テキサス州のフリーゼンハーン洞窟からは、子マンモスと、剣歯ネコの仲間ホモテリウムの子の骨が数多く見つかっている。このホモテリウムは、2歳から4歳の若いマンモスが母親のそばを短いあいだ離れて冒険に出るときを狙っていたのだとみられる。現生の動物で子ゾウだけを捕食するものはいないが、ホモテリウムは子を捕まえていたのかもしれない。

　捕食者から身を守るもうひとつの方法は、現生のアルマジロのように、甲羅などの"よろい"を発達させることだ。氷河時代に甲羅をもっていた動物には、体長がせいぜい15センチメートルほどの小さなアルマジロから、体長3メートルにもなるグリプトドンまで、さまざまな大きさのものがいた。小型の種のなかには、丸まって身を守ることができたものもいたが、ほかの種はカメのように甲羅をもっていた。

　グリプトドンはふだんは"よろい"に収まっておとなしく木の葉などを食べてい

第6章 氷河時代の動物たち

左：グリプトドンは動きは遅いが、数多くの骨板からなる甲羅で覆われ、天然の"よろい"で外敵から身を守ることができた。しかし無敵だったわけではなく、仲間どうしで争ったり、大型の肉食動物に食べられたりしたこともあった。主に南米に生息したが、北は現在の米国南部まで分布していた。

下："よろい"をまとったグリプトドンの尾。尾自体も頑丈だが、なかには尾の先端にこん棒のようなものをもっている種もいた。この尾は外敵からの防御のほかに、食料や交尾相手をめぐって仲間と争うときにも使われたと考えられている。

　たが、凶暴な一面もあった。その硬い殻のほかに、多くの種はしっぽの先にこん棒のような役割をもつ骨が発達していた。この"武器"を使って捕食者から身を守ることもできたが、それ以外にも用途はあったようだ。殻にこん棒の大きさのくぼみがある化石が見つかっていることから、グリプトドンはおそらくメスや食料をめぐって仲間どうしで戦うこともあったと考えられている。

　こうした動物の命をおびやかした捕食者とは、どんな動物だったのだろう？　当時の北アメリカには、現在のアフリカの草原に匹敵するほど多種多様な大型肉食動物が生息していた。剣歯ネコの仲間はホモテリウムのほかにも、有名なスミロドンがいて、カリフォルニア州のランチョ・ラ・ブレアにあるタールピット（天然アスファルトの池）から多数見つかっている。タールピットにはまったほかの動物たちのにおいに引き寄せられてきたのだろう。

171

第6章　氷河時代の動物たち

スミロドンの想像図。剣歯ネコの特徴が数多く見られる。その頑丈で力強い前肢で獲物を襲って地面に押さえこみ、2本の長い犬歯でとどめを刺す。

　スミロドンは、ヨーロッパにすんでいた祖先と同様に、おそらく木や岩の陰に隠れて待ち伏せし、通りかかった獲物を襲って仕留めていた。長さ20センチメートル近くもある犬歯をもっていたが、1回折れると再び生えることはないため、犬歯を折らないように慎重に攻撃のタイミングを計っていたに違いない。剣歯ネコがどうやって獲物を襲って仕留めていたのか、その詳しい攻撃手法については古生物学者のあいだでさまざまな議論がある。犬歯を使って獲物の腹部を切り裂き、ショックや大量出血で死ぬのを待っていたという見方もあれば、その頑丈な前肢を使って獲物と格闘し、動かないように押さえこんだところで、犬歯を使って首の血管を切断してとどめを刺したと考える学者もいる。現在ではこうした特徴をもった動物がいないため、実際にどうだったのかはわからない。

　ほかのネコ科動物には、アメリカライオン（現在アフリカにすむライオンの大型種）、ジャガー、ピューマ、ミラキノニクス（現生のチーターの遠い仲間で、チーターよりもやや大型）などがいたが、そのほとんどは今でも生きている。

属	ホモテリウム	スミロドン
学名	*Homotherium latidens*	*Smilodon fatalis*
体高	1.1m	1m
年代	300万～1万年前	160万～1万年前
分布	アフリカ、ヨーロッパ、アジア	北米および南米

第6章 氷河時代の動物たち

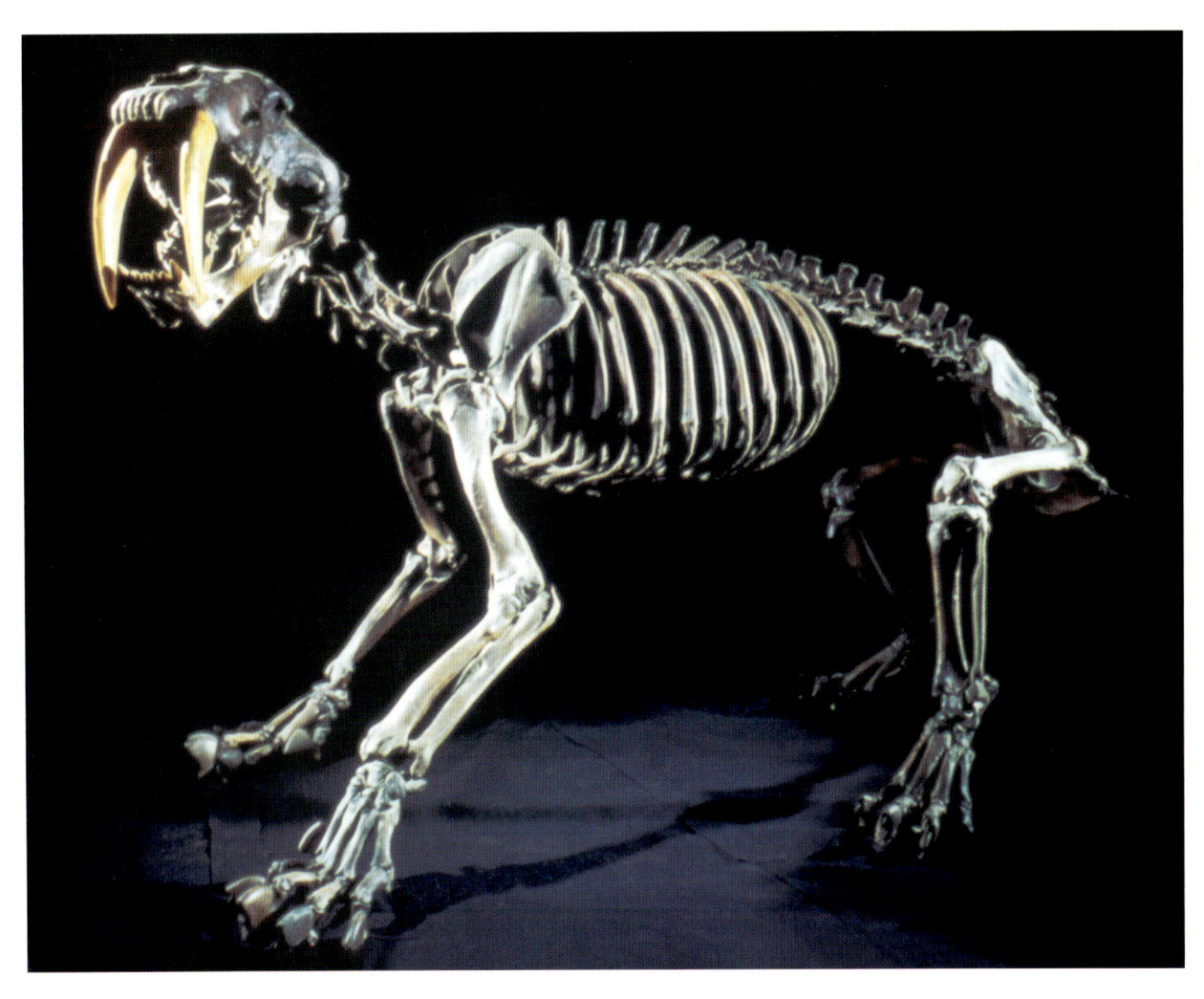

上：カリフォルニア州のランチョ・ラ・ブレアにあるタールピットでは、スミロドンの骨が数多く見つかっている。こうした骨を見ると、スミロドンが厳しい一生を過ごしていたことや、負傷した個体が腐肉をあさっていたことなどがわかる。

左：氷河時代の世界各地には、数種類の剣歯ネコがいた。これは中国で出土したホモテリウムの頭骨で、大きな臼歯や、獲物の肉をかみ切る切歯、長い剣歯という、剣歯ネコの典型的な特徴を備えている。

第6章　氷河時代の動物たち

ハイエナは北アメリカでは氷河時代の途中で絶滅したが、ダイアウルフ（現在のシンリンオオカミよりも大型でがっしりしたオオカミ）と巨大なアルクトドゥス（顔が短いのが特徴のクマ）がハイエナのような役割を果たしていたのかもしれない。アルクトドゥスは腐肉をあさる肉食動物だが、攻撃的だった。ほかの肉食動物が獲物を横取りしようとしてきたとき、相手が1匹なら獲物をとられずに独り占めできたが、シンリンオオカミのように群れで来た場合には横取りされたかもしれない。

当時の絶滅動物のなかでその生態が特によくわかっているものに、ノスロテリオプスがある。地上性ナマケモノのなかでも最小の部類に入り、カナダから米国アリゾナ州にかけて生息し、体重は135キログラムから545キログラムだった。米国南部の洞窟に大量の糞を残していることで知られ、たとえばアリゾナ州のランパート洞窟では、推定220平方メートルに及ぶ量の糞が見つかっている。科学者たちは貴重な情報を秘めたこの"宝物"をじっくり調べた。その結果、マンモスと同じように、糞には植物の断片と花粉が含まれていて、ノスロテリオプスが草食だったことがわかった。そして、この地域には冬から早春にかけて訪れて、アオイ科のグローブマロウやウチワサボテンを食べていたことも判明した。こうした植物の断片を使って放射性炭素による年代測定を実施したところ、ノスロテリオプスは少なくとも3万年にわたってこの地を訪れていて、最終氷期の終わりに絶滅したことがわかった。糞から判明したのは食料と年代だけではなかった。洞窟に残された糞には、ノスロテリオプスに固有だとみられる胃の寄生虫の新種が4種も含まれていた。

アメリカ大陸の大型哺乳類は隆盛を極めたが、最終氷期の終わりにはほとんどすべてが絶滅してしまった。ノスロテリオプスのアリゾナ州への旅も終わり、森の木々の葉を食べるマストドンはいなくなり、グリプトドンは草原から姿を消した。

南北アメリカに生息していたダイアウルフ（学名 *Canis dirus*）。現在のシンリンオオカミよりも体ががっしりしていて、腐肉をあさっていた可能性もある。カリフォルニア州のランチョ・ラ・ブレアにあるタールピットでは、数多くの骨が見つかっている。

第6章　氷河時代の動物たち

こうした大型の草食動物の消滅は、それを食料にしていた肉食動物にも多大なる影響を及ぼした。剣歯ネコやアルクトドゥス、ダイアウルフも、草食動物の後を追うように死に絶えた。4種類のゾウも絶滅して、数百万年ぶりにアメリカ大陸からゾウがいなくなった。現在の温暖期に入ってアメリカ大陸に残ったのが、プロングホーンやアルマジロ、バイソンといったよく知られている草食動物と、それらを食べるピューマやジャガー、シンリンオオカミ、そして人類だった。

オーストラリア　壮大な進化の実験

かつてオーストラリアは豊かな森林が広がる大陸だったが、1500万年前から徐々に気候が乾燥化し、森が少なくなっていった。現在ある砂漠は100万年前にできたばかりだ。これはつまり、オーストラリアの動物は気候が大きく変動するなかで暮らす必要があるということだ。また、ほかの大陸から新しい種類の動物が入ってくることもほとんどない。実際、3500万年前にオーストラリアがほかの大陸と海で隔てられてから人類が上陸するまでに入った陸生動物は、ネズミだけだった。ネズミは過去500万年のあいだに3回入っている。

オーストラリアが孤立していたことは、世界のほかの場所で絶滅してしまった動物にとっては好都合だった。ハリモグラとカモノハシからなる単孔類はオーストラリアとニューギニア島にしか生き残っていない。こうした動物は哺乳類なのに卵を産むので、「原始的な」哺乳類と呼ばれることも多い。しかし、産卵からふ化までの時間は短く、親は数ヵ月間は子の面倒を見る。なかには有袋類のような袋の中で子育てをする種もある。単孔類は哺乳類のなかでは珍しく毒をもつ（単孔類以外では、トガリネズミが毒をもつ）。カモノハシのオスは攻撃されると、けづめで敵を刺して、犬ほどの大きさの動物を殺せるほどの強い毒を注入する。現生のハリモグラは4種あり、そのすべてが背中にとげをもっていて、粘り気のある長い舌でアリやミミズなどの小動物を捕まえて食べる。西オーストラリア州では体長1メートルほどあったとみられる大型のハリモグラの化石が出土したが、今のところ、その頭部は見つかっていない。

お腹に袋をもった有袋類や卵を産むハリネズミなど、オーストラリアの哺乳類には一風変わったものが多いが、こうした動物の仲間は、かつてはほかの大陸にも生息していた。だが、胎盤をもつ哺乳類が生まれて分布を広げたことで絶滅が早まった。人類

アヒルのようなくちばしをしたカモノハシ（学名 *Ornithorhynchus anatinus*）は、独特の特徴をもつ。世界でも数少ない、卵を産み毒をもつ哺乳類である。オーストラリア東部にのみ分布し、川岸の巣穴（たんこう）にすんで、水に潜って獲物を捕まえる。

第6章　氷河時代の動物たち

が初めてオーストラリア大陸に足を踏み入れたとき、跳びはねたり木の葉を食べたりする有袋類を数多く目にしたことだろう。

有袋類は、穴を掘ってすむ動物から捕食者まで、あらゆる生態的地位を埋めるように進化してきた。オーストラリア以外でこれほど多様な有袋類が生まれたのは南アメリカだけだが、南アメリカでは南北アメリカ大陸動物大移動のあとに、ほとんどが絶滅してしまった。したがって、オーストラリアの現生の動物や最近絶滅した動物を見れば、世界のほかの地域で有袋類が絶滅する前の時代の姿を垣間見ることができる。

だからと言って、オーストラリアの現生の動物が進化していないということではない。進化はもちろんしている。現在のカモノハシの成体は食べ物をかむのに角張ったくちばししかないが、1000万年前の化石を調べると、かつては歯をもっていたことがわかる。コアラも現在の2倍はあるような大型の種がユーカリの木の上に座っていたし、オオカンガルーとウォンバットは広がる草原を利用するために、過去数十万年で多種多様な種に急速に進化した。

こうした事例を見れば、オーストラリアの哺乳類が変わりつづけていることがわかる。動物たちは時とともに変わってきたとはいえ、生物としての基本的な部分は

現生のトカゲのなかで世界最大のコモドオオトカゲ（学名 *Varanus komodoensis*）。かつてオーストラリアに生息したメガラニアは、おそらくコモドオオトカゲに似た習性をもっていただろう。

第6章　氷河時代の動物たち

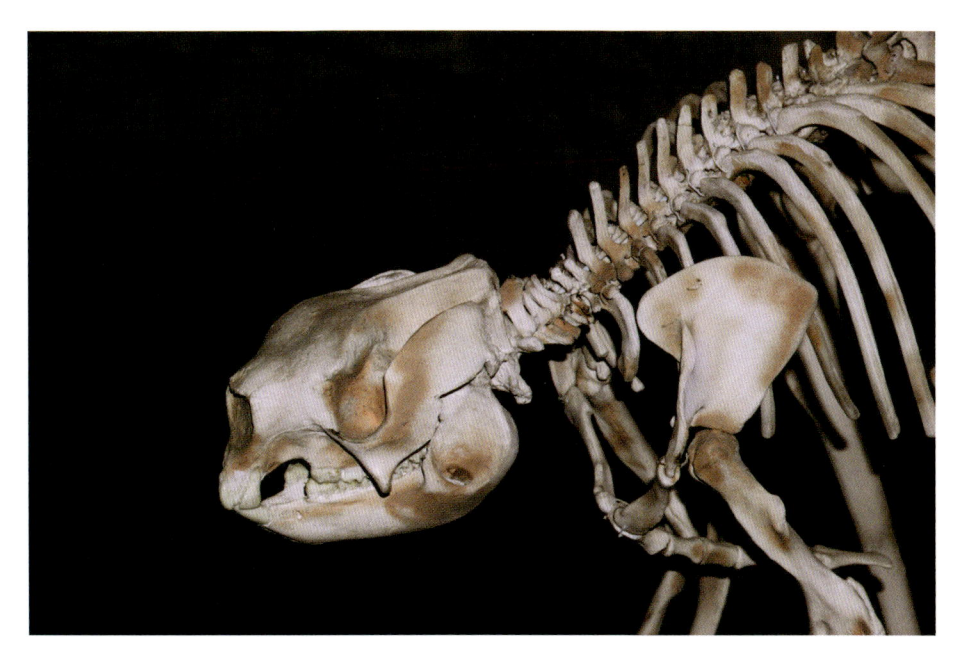

氷河時代には数多くの種類の有袋類がいた。これはワラビーに似た絶滅動物、ステヌルス（学名 *Sthenurus tindalei*）の骨格。オーストラリアのナラコート近くのビクトリア洞窟で見つかった。

変わっておらず、昔から単孔類であり有袋類であった。本当に重要な部分だけが進化してきたのである。

　生物が分布しているほかの大陸とは異なり、オーストラリアの大型の捕食者は、剣歯ネコでもクマでもなく、大型の爬虫類だった。メガラニアと呼ばれるオオトカゲと、ウォナンビというヘビである。メガラニアは体長が現生のワニのなかでは世界最大級のイリエワニ（最大7メートル、しっぽの推定値によって異なる）ほどあり、体重は小さなサイと同じくらいの1900キログラムもあったようだ。その化石はオーストラリアの北部、中部、そして東部の洞窟や河川堆積物から出土しているが、数は非常に少ない。メガラニアはオオトカゲに最も近く、現生の仲間には、世界最大のトカゲであるコモドオオトカゲがいる。コモドオオトカゲは待ち伏せして、短い距離なら獲物を追いかけることができるから、おそらくメガラニアも同じことができただろう。メガラニアの歯は鋭く、のこぎりの歯のようにギザギザで、獲物をかみ切りやすくなっている。おそらく口にくわえられる動物なら何でも食べただろうが、今のところメガラニアの食性を示す直接の証拠は、そのあばら骨といっしょに出土した、半分消化されたウォンバットの歯だけだ。

　もうひとつの捕食者であるウォナンビは、体長が最大5メートルもあった大型のヘビで、その長い体で獲物を締めつけて殺した。恐竜の時代に生きていた祖先の最後の生き残りであり、ほかの大陸では絶滅していた。

　爬虫類はメガラニアやウォナンビのほかにも、大きな草食のカメが2種類いて、どちらも頑丈な甲羅をもち、後頭部のまわりには角があって、しっぽの先は大きなこん棒のようになっている。

　オーストラリアで爬虫類が肉食動物として隆盛を誇っていたのは、爬虫類が食物からエネルギーを取りこむ仕組みと関係があるのかもしれない。爬虫類は哺乳類よ

第6章　氷河時代の動物たち

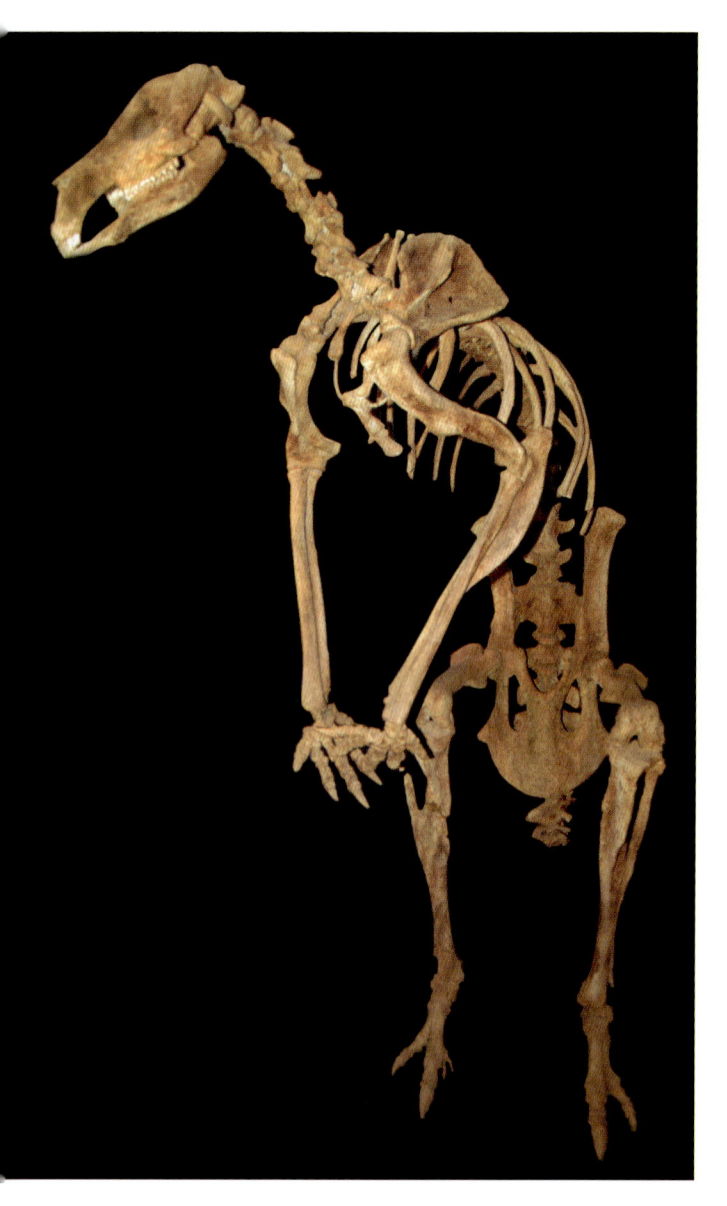

りも消費するカロリーが少ないため、食料が手に入りにくい環境では有利だ。メガラニアは1年に数回、大きな獲物が手に入れば生きていけるが、哺乳類はそれよりもずっとひんぱんに獲物を捕まえなければ生き延びられない。

　オーストラリアに生息していた哺乳類の捕食者は、爬虫類よりもさらに風変わりなものだった。カンガルーは草を食べる系統のほかに、雑食性で腐肉あさりもするものもいた。これはプロプレオプスと呼ばれるカンガルーで、体重はおそらく70キログラムほどだった。現生のディンゴ（オーストラリアにすむ野犬の一種）と同じく、手に入るものなら何でも食べたと考えられる。

　ほかには、フクロオオカミ（タスマニアタイガー）という捕食者もいた。これはイヌほどの大きさの肉食動物で、ヨーロッパからの入植者がいた時代に、大量に狩り

上左：大型のワラビー、プロテムノドンの骨格。種によっては体重が100kgを超えたものもいた。カンガルーのように、後ろ足は大きいが幅が狭く、2本の指（第4指と第5指）だけで体重を支えている。

第6章　氷河時代の動物たち

左：フクロオオカミ（学名 *Thylacinus cynocephalus*）は、生態系のなかでおそらくアカギツネのような小型のイヌ科動物と似た役割を果たしていた。しかし、尾は細長く、脚は短く、頭は比較的小さくて、その体型はかなり異なる。毛皮に縞模様があるという特徴から、「タスマニアタイガー」とも呼ばれる。

下：フクロオオカミは家畜を襲うため、100年以上にわたって、仕留めた人に報奨金が支払われていた。こうした狩猟のほかに、病気の流行も重なって絶滅したと考えられている。

で殺されて、1936年に最後の1頭が死んだ。これまで紹介してきた絶滅動物とは違って、フクロオオカミについては、絶滅間近のころの写真や映像が残されているほか、西オーストラリア州の洞窟で見つかった個体のはく製もあるため、その色や大きさ、姿かたちがよくわかっている。

　プロプレオプスもフクロオオカミも手に入る食料なら何でも食べていたが、なかにはティラコレオ（フクロライオン）という純粋な肉食の哺乳類もいた。はさみに似た長さ4センチメートルの臼歯（裂肉歯）をもち、前肢に大きなかぎ爪を備えてい

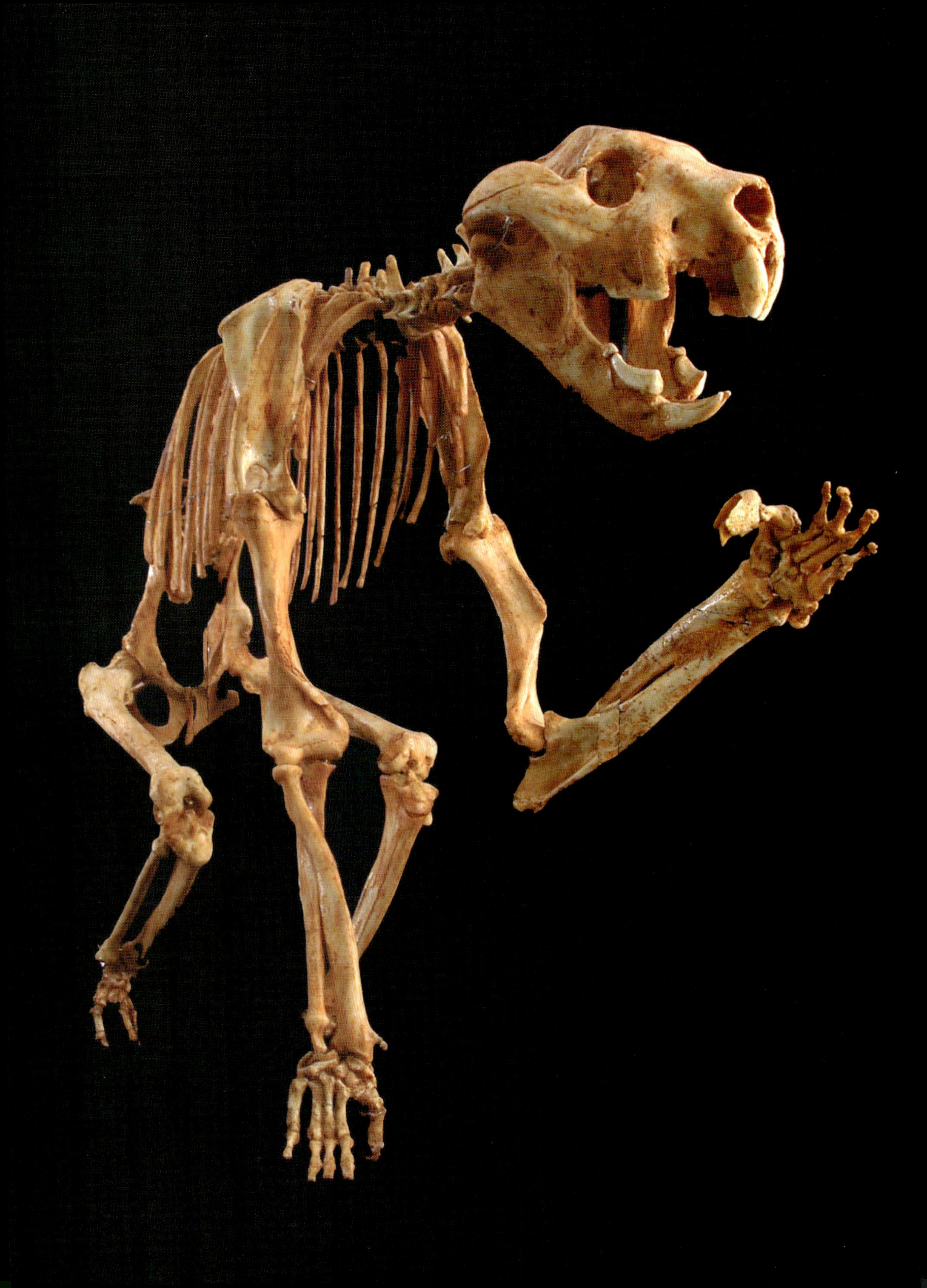

第6章　氷河時代の動物たち

て、おそらく木登りもできたとみられている。ティラコレオは獲物の肉を切り裂くことはできたが、歯で骨を砕くことはできず、獲物からとれる食料が限られていた。ティラコレオの食べ残しは、腐肉をあさる動物にとっては格好の食料となり、メガラニアもそのおこぼれに預かっていたようだ。ティラコレオはアメリカ大陸で言えば剣歯ネコのような存在で、肉を切り裂くことに特化した肉食動物だった。

　こうした肉食動物は、どんな動物を食べていたのだろうか？　オーストラリアの有袋類には、大きく分けて三つの種類があったようだ。ひとつ目は、岩の割れ目や樹上で昆虫を食べていた小型の動物。二つ目は、昆虫や植物を食べ、跳びはねて移動するやや大型の動物。そして三つ目は、ウォンバットに似たおとなしい草食動物だ。ウォンバットに似た動物は、栄養分が少ない食料を大量に食べて消化できるように体が大型化した（チョコレートバーから得られるエネルギーと同じ量をサラダから取りこもうと思ったら、サラダをどれくらい食べないといけないか考えてみよう）。

　オーストラリアはほかの大陸と比べて大型動物が多かったわけではなく、ゾウほどの大きさの動物はいなかった。オーストラリアで最も大きかった哺乳類はディプロトドン（「2本の前歯」の意）で、ビーバーのような切歯をもっていたが、体はビーバーよりもずっと大きかった。ディプロトドンは更新世に少なくとも4種いたことが確認されているが、そのうちの1種が史上最大の有袋類で、オーストラリアで化石として初めて見つかったディプロトドンだ。体長が3メートルで、肩高が2メートルあり、オーストラリア中部に生息していた。

　オーストラリア東部には、パロルケステスという地上性ナマケモノに似た大型の草食動物がいた。四肢の指先に大きなかぎ爪をもち、前肢で木の枝を引っ張って葉っぱを食べたり、塊茎を掘りおこして食べていた。前肢は後肢よりもかなり長く、短い胴体の端に鼻孔があって、バクと地上性ナマケモノが合わさったような姿をしていた。

前頁：オーストラリア最大の肉食有袋類だったティラコレオ（学名 *Thylacoleo carnifex*）。肩高は約70cm。大きな切歯（前歯）を使って、獲物の肉を切り裂いた。

下：オーストラリアで初めて科学的に記載された絶滅有袋類ディプロトドン。1838年にイギリスの古生物学者リチャード・オーウェン教授が名づけた。

第6章 氷河時代の動物たち

ディプロトドンは数種いたが、現在ではすべて絶滅している。そのうちの一種ディプロトドン・オプタトゥム（学名 *Diprotodon optatum*）は体重が最大で2000kgあり、オーストラリア最大の陸生動物だった。軟らかい堆積層に残った毛皮の跡から、左の復元標本のような毛皮をもっていたことがわかっている。

　周囲に森がある川には、ジゴマトゥルスというサイのような動物が生息していた。鼻の上に角があり、食料の植物を探して、どっしりしたウシのように歩いた。
　当時のオーストラリアに暮らしていた動物はこれら以外にもたくさんあるが、最終氷期の終わりにほぼすべての動物が姿を消してしまった。3500万年に及ぶ孤立した大陸での進化は終わりを告げたのだ。ディプロトドン、パロルケステス、ティラコレオ、そしてオオトカゲは絶滅し、カンガルーとウォンバットの仲間は大幅に減って、単孔類だけが無事に生き延びた。

氷河時代の動物の最期

　哺乳類は世界のそれぞれの大陸で種類は異なるが、長く生き延びてきた。だが、4万年前から最終氷期の終わりまでという短いあいだに世界の大型動物の65％が失われたということを考えれば、現在残っている動物は、昔よりもかなり少ない。10万年前に少なくとも8種類のゾウがいた地域では、現在2種類しかない。しかし、すべての大陸で一様に大型哺乳類が絶滅したわけではなかった。アフリカとヨーロッパで失われた分類群は10未満だったが、南アメリカは世界で最も多く、大型哺乳類の分類群が少なくとも50は失われた。
　動物の種類がここまで減った理由、そして動物の大部分が非常に短期間に姿を消した理由については、数多くの説が唱えられている。こうした説は、過去5万年間に起きた二つの出来事に着目して構築されている。オーストラリアと南北アメリカへの現生人類の進出と、最終氷期の終わりに起きた急激な気温の変動である。

現生人類は新しい道具や技術をもって、新しい大陸へと足を踏み入れた。そこで暮らしていた動物たちは、直立二足歩行の狩人など目にしたことがなかっただろう。かのチャールズ・ダーウィンはガラパゴス島に上陸したとき、銃の銃身でタカをついて枝から離し、同行者は帽子で小鳥を殺したと、動物たちの警戒心のなさを描写している。敵から逃げるにはエネルギーが必要だということもあるが、そもそもマンモスやマストドン、巨大カンガルー、ディプロトドンはほかの動物に食べられることに慣れておらず、逃げるという行動を学習していなかったのだろう。

現生人類は石器をもっていただけでなく、火を使う技術も習得していた。オーストラリアのような地域では、植物に大きな影響を与えたはずだ。人類が火を使ったことで、世界各地の植生は全般的に森林の縮小と草原の拡大という影響を受け、もともと氷河時代の気候変動の影響で生じていた傾向に拍車がかかった。

最終氷期の終わりに絶滅したのは、マンモスや地上性ナマケモノ、ディプロトドンなど主に大型哺乳類であり、ネズミなど小型の哺乳類はあまり影響を受けなかった。大型の哺乳類は、成熟して生殖できるようになるまでに小型の哺乳類よりも時間がかかる。このため、特に子や若い成体など特定の年齢層が狩人に狙われた場合、狩猟による影響を受けやすくなる。気候変動ですでに気候が乾燥化し、生息域が変化して集団が衰えていたから、人類がすべての個体を殺さなくても、大型動物にとっては痛手となった。人間の到着が、絶滅への転換点となったのかもしれない。

あるいは、数十年から数百年のあいだに気候が急速に変動して植生が変わり、環境が不安定になって、大型動物が生存できる規模の個体群を維持できるだけの食料を得られなくなったということも考えられる。動物が姿を消す理由はさまざまだ。トナカイがフランスからいなくなったのは、気候が暖かくなって適した生息域が北に移動したからだが、北アメリカの地上性ナマケモノやマストドンなど温暖な気候に適した哺乳類は、温暖化から恩恵を得られるはずなのに絶滅してしまった。このことは説明がむずかしい。

大型動物の絶滅をめぐってはさまざまな議論があるが、ひとつだけ確かなのは、大型動物が二つ前の氷期は生き延び、最終氷期は生き延びられなかったということだ。最終氷期とそれ以前の氷期の違いは、すべての大陸に現生人類が到達したことだ。以前の気候変動を小さな個体群として生き抜いた動物たちが、その狭い生息域で人類に狩られたために、絶滅に至ったのかもしれない。

パレオロクソドンなどの大型哺乳類は、生態系へ大きな影響を与える「キーストーン種」と呼ばれている。木の葉を食べるゾウは森に開けた場所をつくり、ほかの植物が育ちやすくするほか、昆虫や菌類のすみかとなる糞を落とす。ゾウの腸には細菌や寄生虫が無数にいて、皮膚にはダニやノミを運んでいる。そうした生物のなかには、特定の種類のゾウにだけ寄生していたものもいただろう。つまり、その1種類のゾウが絶滅するだけで、多くの生物がすみかや食料を失い、生態系全体が影響を受けるということだ。

第6章　氷河時代の動物たち

　現在残っている動植物は、絶滅した動物たちと長いあいだ共存し、進化してきた。現在の動植物のなかには奇妙な特徴をもつものがあるが、そうした特徴のいくつかは絶滅動物との相互作用で生まれたものだという説明ができる可能性がある。

　たとえば、プロングホーンは時速60キロメートル以上で走ることができるが、これは現在のアメリカ大陸にいるどの捕食者よりも十分に速い。現在アフリカにすむトムソンガゼルがチーターから逃げるのと似たように、プロングホーンは、ミラキノニクスのような大型のネコ科絶滅動物を振り切る能力を発達させたのかもしれない。

　また、中央アメリカには毎年、大量の実をつける木がある。あまりにも実の量が多すぎるから、ペッカリー（イノシシの仲間）やアグーチといった、種子を運ぶ動物はおそらくすべての実を食べきれないだろう。この木は効率が悪いだけなのか（なぜ自身にとってほとんど利益がないことにエネルギーを注ぐのか？）、それともかつてゴンフォテリウムや地上性ナマケモノなどの絶滅動物がこの実を食べていて、元の木から遠く離れた場所に種子を糞として落としてくれたのか。熱帯アフリカの現生のゾウが食べる実と比較した研究からは、後者の可能性が高いことが示唆されている。

　こうした絶滅動物がアメリカ大陸やオーストラリアで今も生きていたとしたら、人びとが現在のアフリカに動物を見に行くように、きっと世界中の映画監督や観光客を引きつけたことだろう。その絶滅の原因が何であるにしろ、絶滅動物が現在も生きていたら世界はどんな姿になっているのか、想像するのは興味深い。現生の大型動物の保護をめぐる問題を考えれば、救うべきゾウが2種類ではなくて8種類あったとしたら、私たちは心に相当な重荷を背負うことになるだろう。

　氷河時代の終わりにかけて起きた大型動物の絶滅は、非常に大規模なものだった。絶滅はすべての大陸で起きたが、アフリカとヨーロッパは、アメリカ大陸やオーストラリアに比べると影響が小さかった。受けた影響の大きさは動物によっても異なり、齧歯類など小型の動物は生き延びたものが多いが、大型哺乳類は、南アメリカだけでも50種が姿を消すなど、かなりの数の種が絶滅した。

第6章　氷河時代の動物たち

カメロプス
ホラアナグマ
ケナガマンモス
メガテリウム
スミロドン
ケサイ
オオツノジカ
ティラコレオ
ジャイアントカンガルー
南蹄（なんてい）類
（トクソドンなど）
ディプロトドン
ショートフェイスカンガルー
プロコプトドン
滑距（かっきょ）類
（マクラウケニアなど）

185

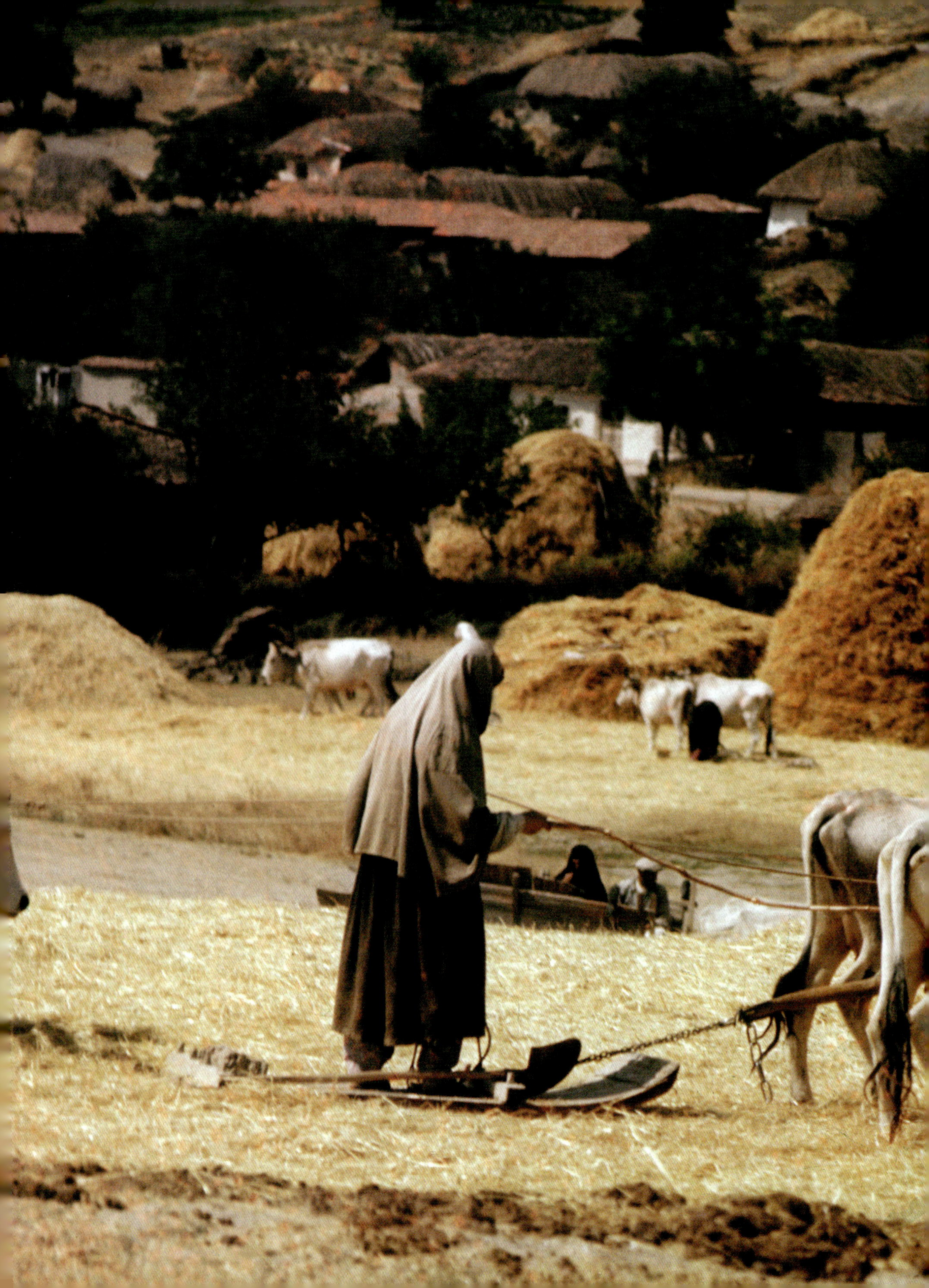

第7章
氷河時代のあと

第7章　氷河時代のあと

　地質学では、最終氷期が終わってから現在までのおよそ1万年を「完新世」と呼んでいる。この時代区分は人間が決めたものでしかなく、現在の間氷期が終わる兆候も今のところない。この先いつか間氷期が終わるのは確かだが、それがいつになるのかは誰にもわからない。また、人間が引き起こした地球温暖化によって、氷期と間氷期の自然のサイクルが修復しがたいほど乱されてしまった可能性もある（第8章参照）。

　およそ1万5000年前、氷河時代の最後の大きな寒冷期が終わると、世界的に温暖化が進んだが、紀元前1万950年ごろ、突然、氷期のような気候が戻った。この寒冷期は、アルプス山脈に咲く花の名前から「ヤンガードリアス期」と呼ばれ、1100年間続いたあと、その始まりと同じように唐突に終わりを迎えた。

　その後、再び新たな温暖期が始まり、およそ5000年続いたあと、地球はやや寒冷で雨の少ない気候となり、サハラ砂漠が大きく広がった。この寒冷化を逆転させたのが、18世紀に始まった産業革命のあいだに化石燃料の燃焼で大気中に排出された二酸化炭素だった。

　ヤンガードリアス期の終わり以降、気候は比較的安定してはいたようだが、過去1万年のあいだに小さな気候変動は規則的に起きていた。「ボンド・イベント」と呼ばれるこの変動は、氷河時代の「ダンスガード・オシュガー・サイクル」（第4章参照）と同様のものであり、1500年周期で起きていたようだ。ボンド・イベントは短い寒冷期で、グリーンランド海の深層水の形成が急に止まる現象に関係があるようだ。また、中東での干ばつと東南アジアのモンスーンの中断にも関係している。

　議論の余地はあるが、紀元前2200年に起きたボンド・イベントは、エジプトやメソポタミア、アナトリア、ギリシャ、イスラエル、インド、アフガニスタン、中国など、ユーラシア大陸の国々で、古代社会に大きな影響を及ぼしたと言われている。最後のボンド・イベントは「小氷期」と言われることが多く、ヨーロッパ北部の人びとに大きな影響を及ぼした（204ページ）。

　最終氷期のあと急速に温暖化が進んだ時期、世界中の狩猟採集民は、現代では想像もできないほど急激な環境の変化に対処していかなければならなかった。海面は90メートルから120メートルも上昇し（現代の海面上昇の予測は、この先100年で0.3メートルから0.8メートル）、ヨーロッパの大半とユーラシア大陸の一部で急速に森林が広がり、アラスカとシベリアをつないでいたベーリング陸橋が消滅し、北アメリカやスカンジナビア、アルプス山脈で急速に氷床が後退した。

　どの地域の人間社会も、こうした根本的な環境の変化に驚くべき柔軟性をもって適応していった。食料探しの技術を発展させることで暮らし方を変え、ついには農業と畜産という、まったく新しい生存手法を考えだした。人類史上初めて、人びとはみずから食料を生産しはじめたのだ。過去1万年間、農業と畜産に頼って暮らし

186～187頁：農作業をするトルコの農民たち。農業は氷河時代以降に生まれた画期的な発明で、現在でもこのように自給自足の生活をする農家は多い。

た結果、食料の生産量が増え、増える人口と高度な文明を支えられるようになった。しかし現在、人類が地球への影響を考えることなく、成長と豊かな生活を追い求めた結果、地球温暖化を引き起こし、生存にとって欠かせない農業の未来をおびやかしている。

最後の寒冷期

ヤンガードリアス期と呼ばれる寒冷期が始まったのは、カナダのマニトバ州と米国中西部の北部にあった広大な氷河湖、アガシー湖が決壊したころだった。この湖は北アメリカを覆っていた氷床が解けるに従ってできたもので、湖が決壊すると、膨大な量の淡水が北大西洋に流れこみ、密度の高い海水の上を東に流れていった。この流れによって、グリーンランド南方沖でメキシコ湾流の暖かい海水が沈みこむ自然の現象が急激に速度を落とした（完全に止まってしまった可能性もある）。

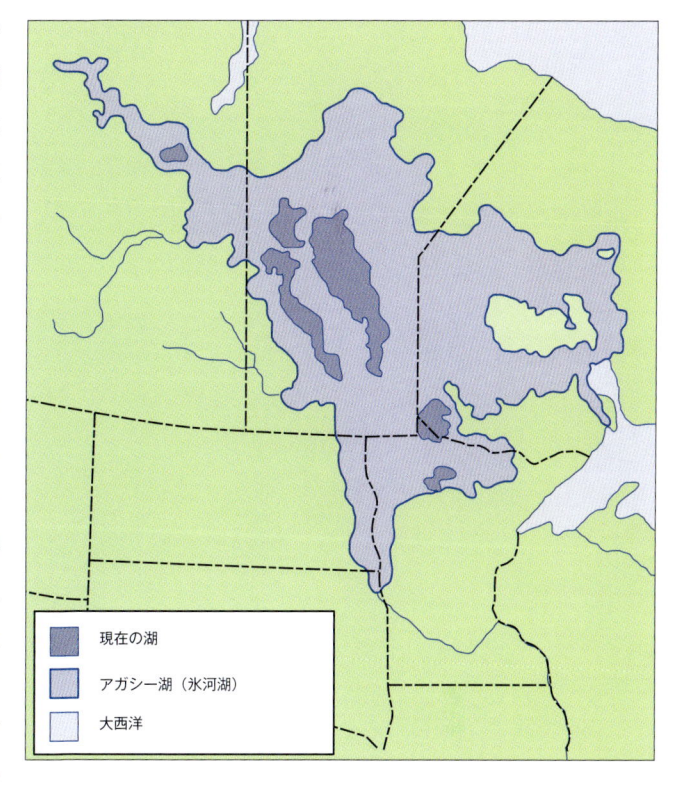

その後数十年ほどのあいだに、ヨーロッパは北極圏のような環境に変わっていった。北アメリカも同じ道をたどった。北西アジアの大半は厳しい干ばつに襲われた。そして1100年ほどたつと、大西洋とメキシコ湾流への淡水の影響は解消され、メキシコ湾流は再び以前の勢いを取り戻した。

このヤンガードリアス期の前後に起きた地球規模の温暖化によって、世界の地形は大きく変わった。スカンジナビアとアルプス山脈を覆っていた氷床は後退し、カナダの大地は徐々に氷の下から姿を見せ、海面は不規則ながらも急速に世界中で上がっていった。海面は氷河時代末期の最盛期には現在より120メートルも低かったが、紀元前1万500年までに20メートル上昇した。その後1000年のあいだに24メートルも上がるという急激な上昇を経て、紀元前9000年ごろに再びわずかに上がると、紀元前8500年から紀元前7500年のあいだには一気に28メートルも上昇した。

スカンジナビアと北アメリカ大陸で氷床が後退すると、人類が定住できる新たな地域が生まれる一方で、紀元前9000年までにはシベリアとアラスカを結んでいたベーリング陸橋が、海面の上昇によって海底に沈んだ。現在の北海の南部に広がっていた平野も消滅し、紀元前6000年ごろまでには、イギリスがヨーロッパ大陸と海で隔てられた。東南アジアに姿を見せていた広大な大陸棚も太平洋の底へと沈み、

最終氷期末期、広大なローレンタイド氷床が急速に解けて、米国中西部の北部とカナダ中央部に、アガシー湖という大きな氷河湖ができた。紀元前1万2000年には、水かさを増した湖が氷床を1100kmにわたって覆っていた。氷床の南進によって形成された半島がアガシー湖の水をせき止めていたため、湖水は現在のセントローレンス川を流れ下った。

第7章　氷河時代のあと

北アメリカの沿岸に伸びていた長い海岸平野も消えた。

　世界中で、氷河時代末期の狩猟採集民は氷の下から姿を現した大地に定住したり、海に沈んだ低地から高い場所へ移ったりした。オーストラリアのタスマニアなどでは、近代に入るまで人びとが完全に孤立した環境で生活していた。温暖化の時代は、世界の多くの地域に暮らす人類の社会にとって、大きな変化を迫られた時期だった。

ユーラシア大陸

　氷河時代末期の温暖化は急速かつ不規則なものだったが、多くの点でそれ以前と変わらないものでもあった。人類は長いあいだ、トナカイの移動や、春と秋のサケの遡上に合わせて生活し、植物が恵みをもたらす短い季節を活用して食料を得ていた。しかし氷河時代が終わると、人びとの生活のリズムは新しい環境に合わせて変わっていった。気温が上昇してツンドラが縮小するにつれてトナカイの群れが北へ移動すると、一部の人びとは、それを追って現在のバルト海の南に広がる平原に移った。氷河湖や川の近くで暮らし、春と秋に移動するトナカイを待ち伏せて、弓矢で何十頭も仕留めた。

　トナカイを追わずに留まった人びともいた。現在のフランスやドイツ、スペインのあたりで、生まれつつある森林のなかで暮らしたのだ。何世紀も続く温暖化に

カナダ北部で、カリブーの群れが北に移動する。氷河時代には、カリブーとトナカイの巨大な群れがツンドラを行き来していた。秋の大移動の時期には動物たちが太り、氷河時代やそれ以降の狩人にとって絶好の獲物となった。人類はこうした動物を捕まえて、角や脂肪、皮を利用し、肉を食べていた。

第7章　氷河時代のあと

よって、太古の昔から狩りをしていた場所にも大きな環境の変化が訪れた。マツやカバノキが谷や平野に育ちはじめると、次にオークなどの樹木が徐々に原始の森を形成した。森林はやがてヨーロッパを覆ったが、その後、古代ローマ人や中世の農民たちによって次々に切り開かれた。

氷河時代末期の代表的な動物であるマンモスやケサイ、ステップバイソンは、気温の上昇とともに姿を消した。狩人は、アカシカやイノシシなど森に暮らす小型や中型の動物を捕まえるようになった。また、食生活のなかで鳥や魚、植物の重要性が増していった。

イギリス、ノーフォーク州ケリングヒースで出土した中石器時代の細石器。これらの小さな石器は、槍や矢に「かえし」として付けて獲物を仕留めるのに使われた。

獲物が小型化して、狩猟の技術や道具を大きく変える必要はなかったが、多くの地域では、道具や武器の材料が、角と骨から木へと変わった。西ヨーロッパのマドレーヌ文化期の人びと、そして東に暮らした同時代の人びとは、複雑で軽い武器を考案していった。弓矢も使っていたかもしれないが、その証拠ははっきりしない。鋭い細石器をかえしとして付けた軽量の武器はすでに使われていたが、狩猟の対象がトナカイやサイガといった群れをつくる動物から、単独で行動する動物に移っていくと、そうした武器の重要性は増していった。狩りをする場所は主に開けた場所の端や森林の中となり、狩人は木々の陰をそっと移動する単独の動物をわなや矢で仕留めた。各種の鳥は重要な食料源となった。水鳥は網やわなで捕まえ、ほかの鳥は小さな矢じりが付いた軽量の矢で翼を射抜いて仕留めた。

この時代には、弓矢が本格的に使われるようになった。ただし、その証拠は、槍や矢で矢じりやかえしとして使われた小さな石器「細石器」を除いて、ほぼ失われてしまっている。細石器（せきじん）は、整形された石から打ちはがした石刃を小さな矢じりやかえしに加工したもので、切れ目を入れ、基底部を薄くして、木製の槍の先などにはめこんで使う。当時の狩人はこうした武器を数多く作った。

このような道具や武器を作る人びとの社会があった時代を「中石器時代」と呼ぶことがあるが、細石器だけからは、その社会の全体像は見えてこない。当時の人び

191

とはあらゆる道具や武器の材料に木材を多用していたが、残された石器だけを見ると、その社会が文化的に貧弱だったという誤った印象をもってしまう。

　20世紀前半の考古学者は、氷河時代が終わったあと、農業などの発明がヨーロッパの歴史を変えるまでの時代を「空白期」と呼んでいたが、その言葉は真実にはほど遠いものだ。実際、ヨーロッパのどの地域でも人びとは急速に変わる環境にうまく適応し、温暖化し多様化する環境のなかで、あちこちに散らばった新たな食料源を見つけだした。森の中でも湖畔や川岸といった開けた場所や、新たに現れた沿岸部に暮らした。

　氷河時代末期の人びとは、フランスのベゼール渓谷や中央ヨーロッパのドナウ渓谷など、動植物が比較的豊富な深い渓谷に最も多く集まっていた。だが、氷河時代が終わると、ドナウ川の「鉄門」と呼ばれる渓谷や、魚が豊富な淡水湖の湖畔に多く集まるようになった。

　当時、特に大きな問題となったのは、急速に進む海面上昇だった。地表に現れていた大陸棚や入り江は水没し、かつて急流だった川の流れは緩やかになった。海面の上昇によって沿岸部の環境は豊かになり、大西洋沿岸の入り江や北海地域、バルト海沿岸などは、多様な魚介類をはぐくむようになった。

上：ヨーロッパ中東部カルパチア山脈を流れるドナウ川の「鉄門」と呼ばれる渓谷。狩猟採集民の集団は長くこの地で魚や野生動物を捕っていたが、その後セルビアのレペンスキ・ビル遺跡のような場所に定住した。この遺跡の年代は紀元前6500年ごろと推定されている。

第7章　氷河時代のあと

バルト海はもともと、スカンジナビア氷床の後退に伴って生まれた氷河湖だったが、やがてデンマーク北方のスカゲラク海峡で大西洋とつながって、汽水湖となった。紀元前8000年には、狩猟採集民の集団がバルト海の沿岸に住みつき、貝を集めたり、角や骨、木で作ったかえし付きの槍で魚を突いて捕ったり、浅瀬に仕掛けた網やわなで漁をしたりしていた。

こうした社会は「マグレモーゼ文化」、その後「エルテベレ文化」と呼ばれ、生活に利用する領域は狭くなり、人びとが定住地で過ごす時間が長くなった。社会組織も複雑になり、人口密度も高くなって、食料をめぐって争うことも増えた。集落の埋葬地に埋葬された死体に槍の尖頭器が刺さっている例が確認されるなど、ほかの集団と戦ったことを示す証拠も多い。

バルト海沿岸の事例が示すように、人びとはサケや木の実など、集落の周辺で手に入る食料に大きく依存するようになっていた。サケの遡上や野生動物の移動、木の結実は1年のある時期にしか起こらない現象であるため、人びとは短期間に大量の食料を捕ったり集めたりするだけでなく、それらを後で使うために加工したり保存したりする必要もあった。このため、食物の保存技術が重要になった。大量の魚を台に乗せて天日やたき火の前で干す、かごや泥で内側を補強した穴に木の実や野生の穀物を保存する、といった技術が生まれた。

食料の保存という概念は当時としても目新しいものではなく、たとえば大型動物を狩っていた以前の人びとは、干した肉をすりつぶして携帯し、それを移動中に食べていたこともあった。新しいのはそうした概念ではなく、定住型に近づいていた集落で食料を大量に保存するという行為だった。野生動物や植物、魚介類の季節的な変化を把握し、保存技術を駆使することで、氷河時代以降の狩猟採集民は、短期間の気候変動や季節の変動によって生じる定期的な食料不足を補った。また、食生活の幅を広げて栄養分の少ない食料も食べるようにすることで、主食が不足したときにも飢えないようにした。

左：レペンスキ・ビル遺跡の住居跡の基礎部分から出土した頭部の彫刻。何らかの架空の存在を表現したものとみられ、魚の神を表わしているとの見方もある。

デンマークのリレ・クナップストラップ遺跡で出土した、魚を捕るための木製のうけ。細長い板がアシで編まれている。紀元前5千年紀後半のエルテベレ文化のものと推定されている。

第7章　氷河時代のあと

西南アジア

氷河時代末期、地中海の東岸から内陸までの広い範囲を猟場としていた狩猟採集民の小さな集団があった。彼らは「ケバラ文化」と呼ばれる文化に属する人びとで、森林地帯と半乾燥地帯の両方の環境を利用していた。暑い夏のあいだには高地に移動していた可能性もあり、主にガゼルの仲間などの動物に依存した食生活を送っていた。

紀元前1万3000年ごろになると、気温上昇によって西南アジア一帯の環境と植生は大きく変化した。氷河時代末期には、野生のエンマーコムギや大麦、オーク、アーモンド、ピスタチオの木といった温暖な地域に育つ植物は、沿岸の限られた地域にだけ生えていたが、土壌が砂質だったため、あまり実をつけなかった。しかし、完新世に入って温暖化が始まると、そうした植物は粘土質の肥沃な土壌が分布する高地に育つようになり、豊かに実るようになった。

野生の穀物がまとまった群落を形成するようになると、短期間の気候変動の影響を受けにくくなり、1年のうちで収穫できる期間が長くなった。その結果、人びとの食生活は植物中心に移っていった。当時の集落跡からは、すりこぎやすり鉢といった石器や、収穫した穀物を保存用に加工するための器具が多数出土している。食料の保存は、季節変化が大きくて雨が少ない環境では欠かせないものだ。

地中海沿岸の丘陵地帯で穀物や木の実が豊かに実るようになると、採取する食物の量が増え、集落も定住型に近づき、居住域が急速に広がって、やがて最も住みやすい場所が居住地で埋まるまでになった。こうした社会は一般に「ナトゥーフ文化」と呼ばれ、丘陵地帯のケバラ文化から生まれたものだ。

この地域では、野生の穀物と、木の実をつける樹木が分布していた。規模が大きな遺跡があるのは、海岸平野や草原が広がる低地と丘陵地帯の境界部に近い地域で、なかには石器づくりに適した石を利用する目的で築かれた集落の跡もある。

ナトゥーフ文化の人びとはこうした集落を拠点に、春は穀物、秋は木の実を採取し、低地に生息する野生動物を捕まえ、丘陵地帯の森に落ちている木の実を拾った。広い範囲から食物を集めていた以前の人類とは違って、ナトゥーフ文化の人びとは春に実る穀物や、丘陵地帯で標高の低い場所から順々に熟れる木の実を集め、1年の大半を多くの食料に恵まれて過ごしていた。1年の特定の時期には、狩りで仕留めたガゼルが食生活のなかで重要な位置を占めていたため、人びとは近隣の共同体と協力して、集団で獲物を追い、待ち伏せするなどして狩りをした。

ナトゥーフ文化の末期である紀元前1万500年ごろには、以前に比べて地域の人口が大幅に増えていた。

ナトゥーフ文化で新しく生まれた複雑な社会の序列は、興味深いものだ。彼らは

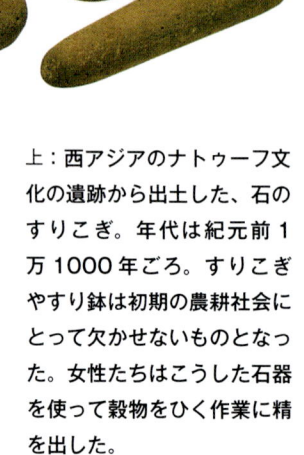

上：西アジアのナトゥーフ文化の遺跡から出土した、石のすりこぎ。年代は紀元前1万1000年ごろ。すりこぎやすり鉢は初期の農耕社会にとって欠かせないものとなった。女性たちはこうした石器を使って穀物をひく作業に精を出した。

次頁：イスラエルのワディ・メアロット遺跡で見つかった、ナトゥーフ期の埋葬の跡。この洞窟には、1万年前以前のナトゥーフ期の遺跡のほか、ネアンデルタール人などの古い居住跡もある。

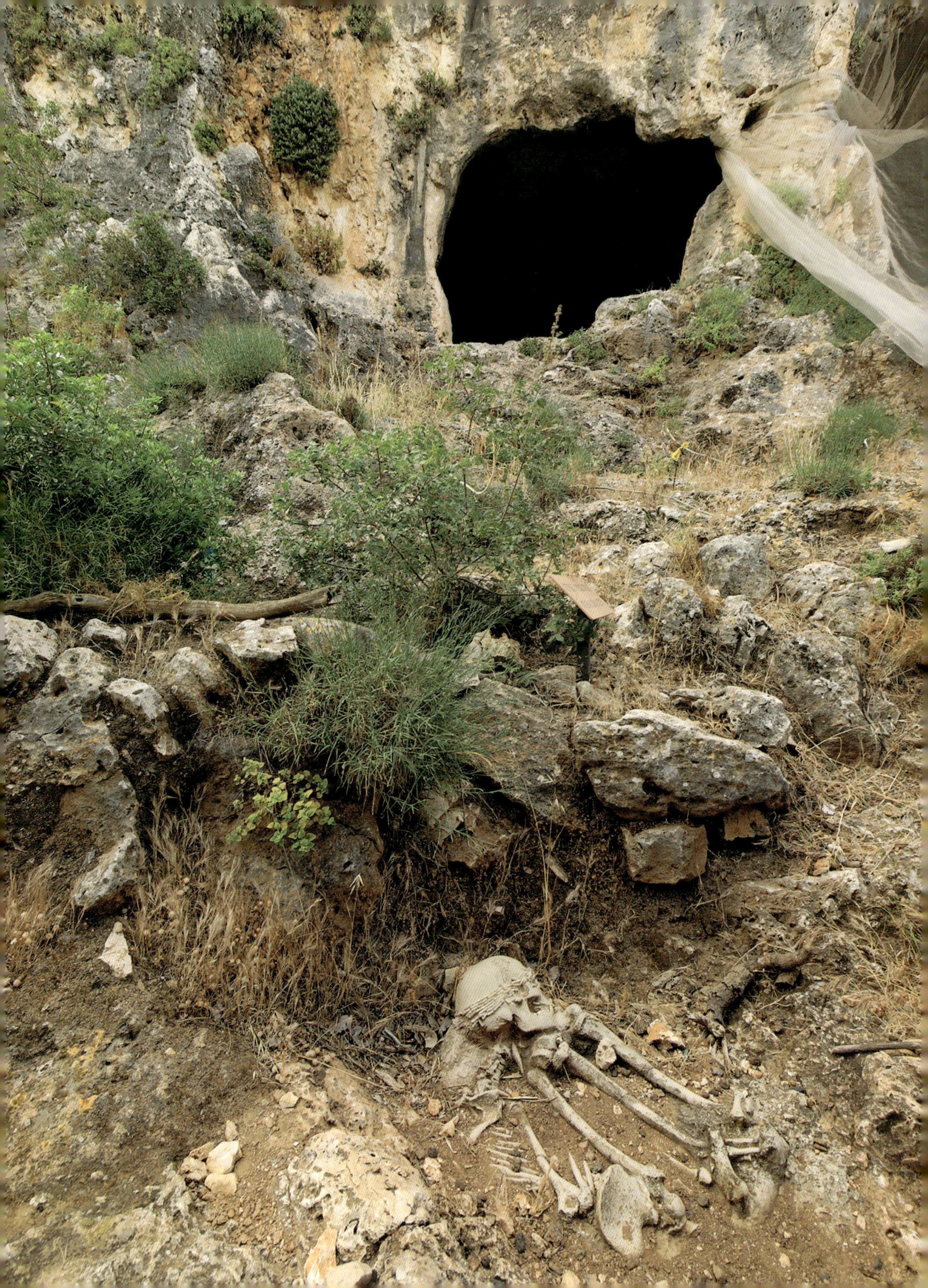

第7章　氷河時代のあと

墓地に死者を埋葬していたが、ここからその社会に関して数多くの情報が得られる。まず、社会に身分の上下があった明らかな痕跡がある。よく出土する象徴的な遺物のひとつに、ツノガイで作られた人工物があるが、これが出土する墓地は少ない。また、石でできた鉢など手のこんだ調度類が、子どもを含む一部の個人の墓で見つかることから、そうした人びとは何かしら社会的に異なる地位にあったことがうかがえる。もしかしたら、身分の上下は余った食料を再分配するときに必要になって生まれたのかもしれないし、大規模な定住社会で秩序を保つためのものだったのかもしれない。また、墓地で出土する石板でできた墓のふたとすり鉢は、土地の境界、もしかしたら崇拝する先祖の土地の境界を示す印だった可能性がある。

1100年間続いたヤンガードリアス期には、西南アジアは厳しい干ばつに見舞われ、ヨーロッパは氷期のような気候に逆戻りした。紀元前1万1000年以降、ナトゥーフ文化の人びとは、人口が増えている時期に、気候が乾燥化するなかで暮らさなければならなかった。乾燥が進むと、地中海地方で野生の穀物の分布域が狭まり、実りの多い穀物のほとんどは高地でしか育たなくなった。しかし、人びとは常に水が得られる定住地に残らざるを得ず、穀物と木の実を集めに遠く離れた場所まで行かなければならなくなり、生活は厳しくなった。こうした状況のなかで、ある画期的な技術が生まれることになる。それは、農業だ。

世界初の農家

複雑な狩猟採集社会に暮らしていた人びとは、どうやって食料不足の問題を解消したのだろうか？　2000年近くにわたって穀物とかかわってきて、人びとは穀物の栽培に何が必要かを十分にわかっていただろう。適度な規模で穀物を植えることで、不確かな未来に対処し、減りつつあった野生の小麦と大麦を、みずから育てた作物で補おうとしたのだ。

こうして、人類の歴史に農業と畜産が加わった。人びとはライ麦などの野生の穀物を、鎌で刈り取ったり、根っこから引き抜いたりして収穫した。

人による収穫は、栽培している作物にとってまったく新しい淘汰圧（自然淘汰を起こす要因）となった。この新たな淘汰圧は、まず「レバント回廊」と呼ばれる西南アジアの小さな地域で発達したとみられている。レバント回廊は、北はダマスカス盆地から南はエリコの低地まで、そして東はユーフラテス川まで伸びる、最大幅40キロメートルの地域である。水の供給が安定し、地下水位がほかの地域に比べて高いため、人びとは川や湖に近い、水が豊富な地域に野生の穀物を移植することができた。

ユーフラテス川沿いにあるアブ・フレイラ遺跡には、紀元前1万年ごろに起きた、狩猟採集から農業への劇的な変化の跡が残されている。半地下式の住居が集まった

ナトゥーフ期の人びとが野草を刈りとるのに使った、骨製の鎌の柄。イスラエルのカルメル山の西麓にあるケバラ遺跡で出土したもので、年代は紀元前1万年ごろと推定されている。石の鋭い刃を何枚か一列に付けて使った。

第7章　氷河時代のあと

村が、あるとき突然、泥のれんがで築かれた住居が集まった農村に変わり、近くにヒトツブコムギとライ麦の畑が広がった。それから1000年後には、人びとはヒツジとヤギの群れを飼いはじめていた。ヤンガードリアス期が終わると、この新しい生活様式は西南アジア全体に一気に広がった。

それは人類の社会に大きな変化が訪れた時期だった。村での定住生活はさらに大規模になり、まもなく大きな村や小さな町が生まれた。エリコやヨルダンには壁で囲まれた集落ができ、トルコ中部のチャタルヒュユクには先祖を祭る立派な神殿が築かれた。これはつまり、生きる者と超自然界の力を精神的に結ぶ役割を先祖が果たす場所となる。農業が始まると、人びとと土地とのあいだに、こうした新たな関係も生まれた。また、生活必需品の交易が盛んになるにつれて、親族の結びつきと近隣の共同体との関係が重要性を増した。特にナイル川流域やメソポタミア南部といった肥沃な地域では、農業人口が急速に増えた。

ヤンガードリアス期の干ばつは、農業の出現において大きな役割を果たした。これはおそらく、革新的な発明をしようと思って始まったものではなく、乾燥が進むなかで生活様式を維持しようと、必然的な対応として始まったものだっただろう。結果的に、穀物や動物の遺伝子的な変化が急速に進み、西南アジアの広大な地域で、狩猟採集生活は農業中心の新たな生活に変わっていった。紀元前6000年までには、農業はヨーロッパに広まり、サハラ砂漠の比較的雨が多い地域でウシの牧畜が始まった。

農業は、数多くの地域で異なる時期にそれぞれ別個に始まった。遅くとも紀元前6000年にはインドのインダス川流域で、そして、同じころには中国北部でも農業が始まり、また遅くとも紀元前7000年には、中国の長江（揚子江）流域では稲作が始まった。どの地域でも、もともと人びとは野生に穀物が育つことを知っていて、数千年にわたってその実を採取していた。気候の乾燥化が進み、人口が増えると、以前から実を採取していたのと同じ穀物を栽培するようになり、まもなく農業中心の生活に移行した。

左：中東の町エリコで見つかった、石膏が塗られた頭骨。こうした遺物は、おそらく先祖崇拝と関連があるとみられる。

下：中国の長江流域の稲田。紀元前6000年より前にさかのぼる、初期の稲作の中心地だ。

第7章　氷河時代のあと

アメリカ大陸

　世界的な温暖化が進むと、アメリカ大陸の風景も大きく変わった。その変化をひと言で表わすとすれば、「多様性」だろう。植物が青々と茂った川の流域、広大な砂漠、草原、どこまでも続く落葉樹の北方林など、環境は地域によって大きく異なる様相を見せるようになった。

　全般的に、米国の西部と南西部は乾燥化が進んだが、東海岸と中西部の大部分には豊かな森が広がった。更新世に繁栄した大型動物の大半は死に絶え、特に米国中部のハイプレーンズでは、バイソンが人類にとっての主な食料源となった。西部では、温暖化に伴って雨が少なくなると、水源が減り、雨期と乾期がはっきりして、人びとは魚捕りと、可能な場所では植物の採集に精を出すようになった。

　北アメリカ大陸の当時の人口はまだ少なく、狩猟採集民の集団がそれぞれ孤立して点在していたくらいだった。さまざまな地域の遺跡から判断すると、人びとは1年の大半を小さな家族集団で暮らし、広い範囲を狩りに利用していた。夏には近隣の集団と数週間にわたって、川の近くや木の実が採れる森を訪れていたかもしれない。最初のうちは、使える土地がたっぷりあったことだろう。だがそのうち、自然に人口が増え、土地の収容力の低さも重なって、狩猟や採集ができる場所が限られるようになった。ヨーロッパなど旧世界と同様に、狩人はオジロジカなど小型の哺乳類を狙うようになった。そして必然的に、人びとの目は植物や鳥、魚介類など新しい食料源に向けられた。

　アメリカ先住民はその初期の時代から、食料になる野生植物の知識を蓄えていて、のちに原産の草や塊茎を栽培するときにその知識を活用した。紀元前2000年以降、特に中西部の河川流域に暮らしていた多くの集団は、1年の多くを決まった野営地で過ごすようになった。こうした野営地を拠点として、1年の決まった時期に外の広い領域を利用していた。

　これが、完新世の北アメリカにおける環境の多様性だった。定住地や大幅な人口増加がみられたのは、ごく限られた地域だけだった。そうした地域の一部、特に中西部と南東部の河川流域と南西部で、人びとが原産の植物の栽培を始めたのは、偶然ではなかった。

　中央・南アメリカでも、特に野生植物の食用利用に関して、同じような狩猟と採集の集約化が進んだ。これは、最終氷期後の大型動物の絶滅と、気候の温暖化・乾燥化の両方に対応したものだった。人類の食生活においてあらゆる草や根菜の重要性が増した。これは、パナマやアマゾン川流域などの熱帯雨林だけでなく、アンデスの高地の乾燥して開けた環境にも当てはまった。

　アメリカ先住民は、トウモロコシ（おそらく中央アメリカの熱帯低地に自生したテオシ

上：バイソンの頭骨に突き刺さった尖頭器。米国ワイオミング州ファーソンのパレオ・インディアンの解体場跡で見つかった。

第7章　氷河時代のあと

ントと呼ばれる草本を栽培)、豆、キャッサバやジャガイモといった根菜など、実にさまざまな自生植物を栽培した。動物の飼育は、植物栽培よりも遅れて始まった。その理由のひとつには、家畜にできる動物が限られていたことがある（ヨーロッパなど旧世界は家畜が26種あった）。

植物栽培は、中央・南アメリカの熱帯と亜熱帯の地域に暮らした狩猟採集民の社会で始まったが、おそらくその背景には、野生植物を大量に採取したことによって生まれた淘汰圧があったのだろう。植物栽培は紀元前5000年には始まっていたが、中央・南アメリカの先住民は、それよりかなり以前から、あらゆる植物に関する専門知識をもっていた。植物の知識をある程度まで蓄積すると、食料の供給を増やすために、そして変わりゆく環境のなかで従来の生活様式を維持する方法として、作物を栽培するようになるのはごく当然の流れだろう。

おそらく最初に栽培したのはウリの仲間で、その後アンデスの高地でジャガイモを、続いてトウモロコシと豆類を育てはじめた。旧世界の場合と同じように、ア

上：トウモロコシ（学名 *Zea mays*）はコロンブス到達以前の農民の主食だった。南米の乾燥地帯、アマゾン川流域、アンデス山脈から中米、さらには北米のセントローレンス川にかけて栽培されていた。

左：16世紀後期の米国バージニア州に暮らした北米先住民のアルゴンキン族。エリザベス1世時代の画家ジョン・ホワイトが描いたもの。仲間の入植者ジョン・ヘリオットは先住民についてこう書いている。「食べ物も飲み物も非常に質素で、自然に逆らわないため寿命が長い……彼らを見習いたいものだ」

199

第7章　氷河時代のあと

メリカ大陸でも農業は急速に広まり、およそ2000年ののちには、世界各地のさまざまな環境で作物が栽培されるようになった。

アメリカ大陸にヨーロッパ人が到達したころには、米国南西部のプエブロ族の社会からセントローレンス川沿いのイロコイ族まで、そして中央・南アメリカのあらゆる温暖な環境で、トウモロコシが、数多くの先住民の社会にとって生きるために欠かせないものとなっていた。

文明の始まり

紀元前1万5000年ごろ、中東のペルシャ湾は陸地だった。このため、チグリス川とユーフラテス川は、現在の河口から800キロメートルも南にあったオマーン湾に注いでいた。紀元前1万2000年を過ぎると、世界のほかの地域と同様、海面は急速に上がりはじめ、紀元前6000年には現在よりも20メートル低かったのが、紀元前4000年から3000年には現在を2メートル上回るまでに上昇した。

海面が上がると、河川が運んできた土砂などの沖積層がペルシャ湾に堆積し、広大なデルタ（三角州）地帯が生まれた。デルタは徐々に南に分布を広げ、陸側には淡水湖や湿地を形成した。狩猟採集民も農民も、何千年にもわたって、そうした肥沃な低地に暮らし、魚や野生動物、植物を食べて生活していた。

紀元前6000年以前には、メソポタミア南部の人口は50人から200人だったが、紀元前6000年ごろになると人口は徐々に増えはじめ、人びとが生活する町の規模は大きくなった。だが、集落はごく一部にだけ発達し、風景の大半は無人の大地だった。

上：ジョン・ホワイトが描いたアルゴンキン族の村。住居や儀式の場所のほか、近くにはトウモロコシ畑もある。ホワイトは先住民の生活を理想化して描いているが、実際の先住民社会は派閥に分かれ、争いもよく起こっていた。

第7章 氷河時代のあと

同じころ、近隣の共同体との交流が盛んになった。その背景には、気候が変動するなか、異なる地域で穀物など食料の不足を補う目的もあったのだろう。それから1000年のあいだには、メソポタミアに大きな都市が生まれた。こうした変化は、メソポタミアの地形が劇的に変わるなかで起きていた。海面が上昇するため、人びとは居住地をひんぱんに変えざるをえない。また、降雨が不規則になり、気候が乾燥化したため、農民たちも生活の場を移した。

上：メソポタミアの古代都市ウルクの中心部を空から撮影した。紀元前4000年以前は単なる一都市だったが、その後はシュメール人の商業と宗教の中心地となった。

第7章 氷河時代のあと

　紀元前3500年前後までには気候と土地が安定したが、降水量は少なくなったため、メソポタミア南部の農民は農業用水の大半を、チグリス川とユーフラテス川で毎年起きる洪水に頼っていた。入念に計画された灌漑農業が不可欠になり、まずは小規模な水路網を造って、川から氾濫した水を肥沃な乾燥地帯に引くことから始めた。

　こうした農業によって大きな人口を支えられるようになったが、一方で大きな労働力も必要になった。村の住人たちは、それぞれ小さな共同体で散らばって生活するのをやめ、住みやすい地域に移って、大規模な灌漑システムを構築し、新しい生活様式の基盤を整備した。そして短いあいだに、新たな社会秩序が構築され、紀元前3100年ごろにはシュメール人による世界初の洗練された都市文明が誕生したのだった。

　都市や文明はまもなく、ほかの地域にも現れた。紀元前3100年までにはエジプトで、紀元前2600年までにはインダス川流域で、そして同じころには中国北部で生まれた。工業化する以前は、どの国家でも同じような特徴が認められた。強く中央集権化されて階層的な政府、人びとが密集して暮らす都市、頂点に立つ少数の利益のために何千人もの労働者が働く階層社会。同じような傾向はアメリカ大陸でも

下：マヤのティカル遺跡の中心部。紀元後最初の千年紀の大半において、強大な支配力をもっていた。マヤ文明は紀元前1千年紀から、スペイン人に征服される16世紀前半まで中米の低地で栄えていた。10世紀には、主に干ばつと環境負荷の増大が原因で、南部の低地でマヤ文明が崩壊し、ティカルやコパンといった大都市が消えた。

第7章　氷河時代のあと

見られ、紀元前3000年にはペルー沿岸で、それから1000年のあいだには中央・南アメリカの広い地域で複雑な社会が発展し、中央アメリカのマヤ文明やトルテカ文明、アステカ文明、そしてアンデスのモチェ文化やティワナク文化、インカ文明が誕生した。

　その後の気候変動は小規模ではあったが、人びとの社会に大きな影響を及ぼした。ローマ時代の温暖期には、古代ローマ人が西ヨーロッパの大部分を広大な穀倉地帯に変えて、軍隊や都市に食料を供給した。また、定義はあいまいだが800年から1250年の「中世の温暖期」には、夏の気温が上がり、乾期が長く続く一方で、西ヨーロッパでは多くの時期で農業の拡大が進んだ。

　中世には人口が増え、作物の栽培に適していないと考えられていた地域も食料の生産に使われるようになって、人びとがまだ自給自足の質素な暮らしを営んでいた時代に、森が次々と切り開かれた。イギリス中部ではブドウの栽培が盛んになり、ノルウェーでは穀物が栽培された。

　北極圏を覆っていた氷床が後退すると、航海者にとって好都合な状況が整い、ノース人（古代スカンジナビアの人々）がアイスランドやグリーンランドへの入植を始め、カナダのラブラドル半島に定期的に渡航するようになった。逆にアメリカ大陸

下：米国南西部のプエブロ・ボニート遺跡。9世紀〜12世紀に昔のプエブロ族によって築かれた、チャコ・キャニオン最大の建造物跡で、「グレート・ハウス」と呼ばれている。多層構造をなし、広場があり、「キーバ」と呼ばれる半地下式の儀式場（写真に見られる丸い構造物）が設けられ、何世代にもわたって儀式の中心地となっていた。12世紀に続いた長い干ばつなどが原因で、プエブロ族はチャコ・キャニオンを離れた。

第7章 氷河時代のあと

の人びとには、温暖期は厳しい環境をもたらした。北アメリカの西部では干ばつが長く続き、厳しい乾期に幾度となく襲われて、マヤ文明は部分的に崩壊した。東太平洋の大部分では、ラニーニャのような雨の少ない気候が長く続いた。モンゴルやアフリカ東部も干ばつに襲われた。

14世紀には、寒冷化が進み、気候が不安定になって、ヨーロッパは荒天に見舞われるようになった。「小氷期」と呼ばれる時代の始まりである。激しい雨が降る夏が7年続き、農作物が不作になると、自給自足の農民が150万人も命を落とした。現在のベルギー、オランダ、ルクセンブルクにあたる北海沿岸の低地帯では、高潮や強風が人びとを襲い、14世紀と15世紀に大量の死者が出た。

17世紀後半には、太陽の活動が弱まって、小氷期が最盛期を迎える。この時期は「マウンダー極小期」と呼ばれ、小氷期に特有の出来事や現象が起きた。イギリスのテムズ川は凍りつき、その氷の上には市場が立った。アルプス山脈の氷河は大きく変動し、農業の革命がまずオランダで、続いてイギリスで起きて、飢饉が起きることは少なくなった。ただ、フランスの多くの地域では、不作などが原因でパンが不足し、それがフランス革命の一因となった。

19世紀半ばになると、世界は新たな時代に突入する。人類が地球温暖化を引き起こし、気候のバランスを変える時代である。詳しくは第8章で説明するが、主に大気中の温室効果ガスの濃度が上がったことによって、世界の平均気温はこの150年で0.75℃上昇し、海面は22センチメートルも上がった。今後、地球温暖化の影響はさらに激しさを増し、急速に進んで、私たちの生活をおびやかすことになるだろう。

近年になるまで、完新世は気候が比較的安定した時代だったが、気温や降水量の変化は、たとえ小さくても人間の社会に大きな影響を及ぼすものだ。こうした変化は農業や畜産の発達、そして古代文明の誕生において重要な役割を果たしてきた。一方で、19世紀にエルニーニョによって生じたモンスーン

第7章　氷河時代のあと

の異常は、当時の社会に壊滅的な打撃を与えた。一説によると、19世紀には2000万人から3000万人の熱帯地方の農民が、飢饉やそれに関連する病気によって命を落としたという。築いた社会がどれだけ複雑であろうと、人類はその歴史を通じて気候変動に翻弄されつづけてきた。巨大な都市を築けば、人の手に負えない気候変動の力にさえも勝てるだろうと、人類は軽率にも思いこんでいたのである。

凍結したテムズ川にできた市場。オランダの画家アブラハム＝ダニエルス・ホンディウス（1625～1695年）の作品。小氷期にあった17世紀末期には、テムズ川が凍りつくまでに気温が下がり、凍った川面には即席の市場ができて、クマを使った見せ物など、さまざまな娯楽も楽しめた。川の凍結で仕事がなくなった船頭たちは、こうした市場で店を出して、大きな利益を得た。

205

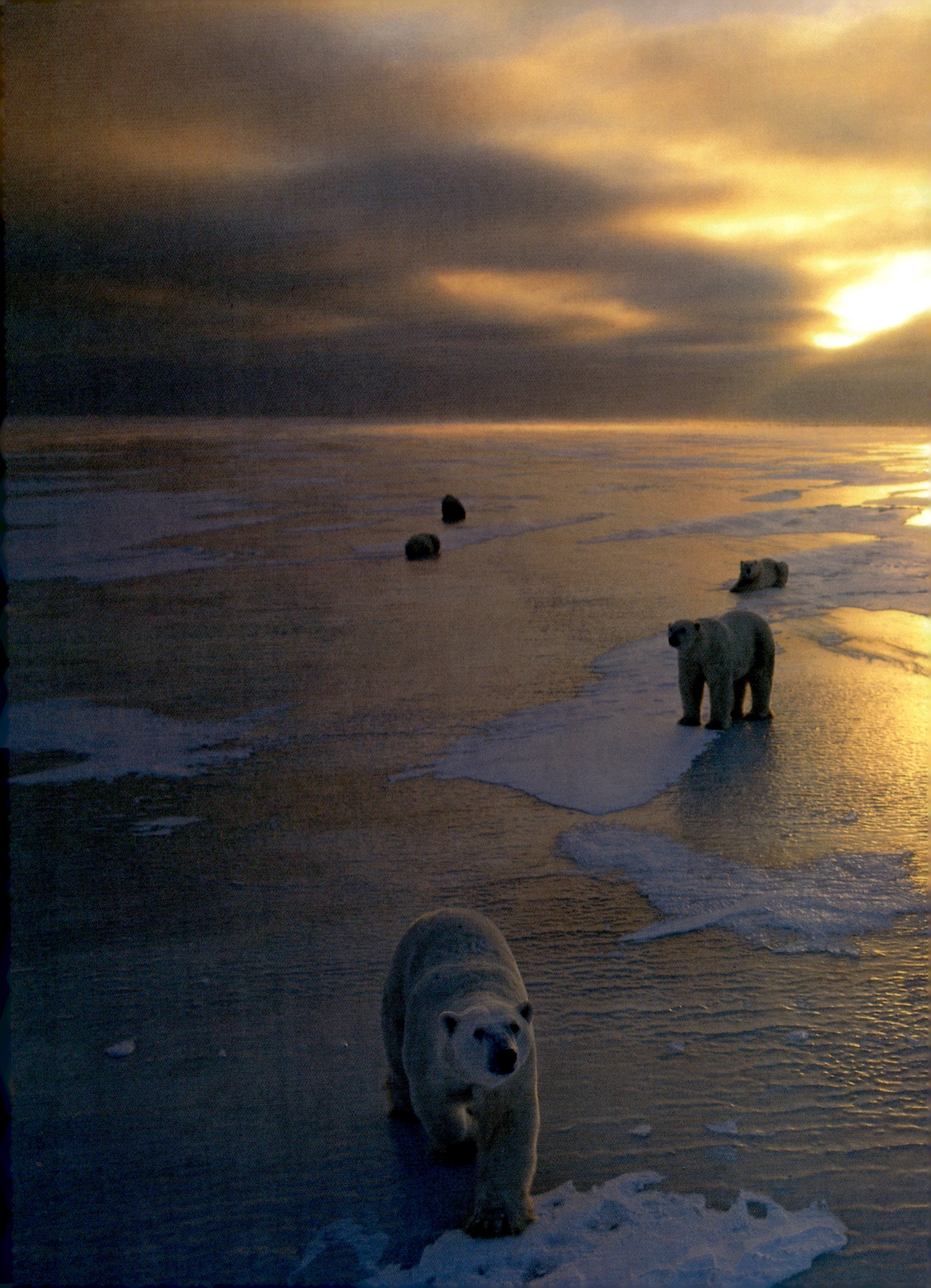

第8章
地球の未来

第8章　地球の未来

これまでの章で、過去250万年にわたって氷期と間氷期を繰り返しながら氷河時代が続いてきたことを述べた。地球の気候は、現在と同じかやや暖かかったこともあれば、厚さ3キロメートルにも及ぶ氷床が北アメリカやヨーロッパの大部分を覆う氷期だったこともある。こうしたサイクルは、主に太陽に対する地球の公転軌道の変化によって起きている。現在は温暖期（間氷期）にあるが、この先いつかは次の氷期が訪れるはずだ。

しかし、今の新聞を開いてみると、地球温暖化という言葉を目にしない日はないと言っていいだろう。なぜ予想されている氷期ではなく、人間が引き起こした地球温暖化に直面しているのか。この章ではそれについて説明する。皮肉なことに、次の氷河時代を恐れてばかりいたために、人類は1980年後半まで地球温暖化に気づかなかった。前回の氷期が残した「氷」によって、地球の気候は化石燃料の燃焼で増えた二酸化炭素（CO_2）に敏感に反応するようになった。この章では、その理由についても探っていく。

人類は1秒間に1億7000万kgの石炭、12億5200万リットルのガス、11万692リットルの石油を燃やしている。森林伐採を含めれば、毎年18億トンもの二酸化炭素（CO_2）を大気中に排出していることになる。

地球温暖化の認識が遅れた理由

新たな氷期の到来を恐れていたために、地球温暖化に気づけなかったのはなぜか。アメリカ物理学協会の物理学史センター長、スペンサー・ワートによれば、大気中のCO_2濃度の増加と地球温暖化の可能性に関するすべての科学的な事実は、1950年代終わりか60年代初めには集められていたという。

「冷戦」の時代には地球物理学の研究資金が得やすく、それによって地球温暖化の基礎的研究の大半が成しとげられた。1959年にはカナダの物理学者ギルバート・プラスがアメリカの科学雑誌『サイエンティフィック・アメリカン』の記事のなかで、20世紀末までに地球の気温が3℃上昇すると書いている。同誌の編集者はこの記事に工場から石炭の煙が排出されている写真を付け、その説明に次のように書いている。「人類は毎年、大気に何十億トンもの二酸化炭素を排出することで自然の営みのバランスを崩している。」

あらゆる雑誌記事、テレビのニュースやドキュメンタリーでこれと同じような表現が使われるよ

第8章　地球の未来

うになったのは、1980年代後半になってからのことだ。地球温暖化の科学研究が50年代末から60年代初めに受け入れられてから、80年代末に地球温暖化の本当の脅威が突然一般に認識されるまでの時間にずれがあった一因には、新たな氷期が迫りつつあるという懸念があった。

この懸念が生まれた背景には、全地球平均気温と呼ばれるデータセットがあった。これは、陸地の気温と海面の温度を使って計算された地球の平均気温だ。1940年から70年代半ばまで、地球の気温の曲線は全体的に下がる傾向にあるように見えた（下のグラフ参照）。この傾向から、地球が次の氷期に入りつつあるという議論が多くの科学者のあいだに巻き起こった。

こうした懸念が生まれた一因には、過去の地球の気候がいかに大きく変動していたかが70年代に認識されたことがあった。古海洋学（過去の海に関する研究）の登場で、過去250万年のあいだに氷期・間氷期のサイクルが少なくとも32回あったことが、深海堆積物の分析によって明らかになったのだ（それ以前は、サイクルは4回だと考えられていた）。こうした研究の年代は大まかにしかわかっていないため、氷床の進出と後退の速度がどの程度速かったのかを推定することはできず、どの程度規則的だったのかを推定できるにすぎない。このことが、数多くの科学者やメディアが、50年代と60年代の科学研究を無視して、世界的な寒冷化を議論することにつながった。サイエンスライターのローウェル・ポンテは1976年の著書で、次のように書いている。

> 1940年代以降、地球の北半球は急速に寒冷化している。まるで巨大な手が全米のすべての都市をつまみ上げて北極に100マイル近づけでもしたかのような影響がアメリカで見られる。このまま寒冷化が続けば、私たちは次の大きな氷河時代の始まりを目撃する可能性もあると、アメリカ科学アカデミーは1975年に警告している。おそらく、長生きすれば、アメリカとヨーロッパの北部

206〜207頁：北極圏に生息するホッキョクグマ。将来の気候変動によって世界有数の動物の生息域がおびやかされている。最も大きな脅威にさらされているのは、温暖化によってすでに氷が解けはじめている北極と南極だ。写真のホッキョクグマなど、絶滅が危惧されたり、すでに絶滅したりした生物は数多い。

左：過去150年で地球の平均気温は0.75℃上昇した。気温の高い年は1998年以降が圧倒的に多い。

第8章 地球の未来

に広大な万年雪が残る光景を目にすることになる人もいるのではないか。おそらく、私たちは生きているうちに世界的な飢饉に見舞われるだろう。もしかしたら10年以内に起きるかもしれない。1970年以降、北アフリカとアジアの50万人もの人びとが、気候の寒冷化によって起きた洪水や干ばつで餓死している。

地球の年間平均気温の曲線が上昇に転じ、地球が寒冷化するという説に疑問が生まれたのは、1980年代初期になってからのことだった。80年代後半には、地球の年間平均気温の曲線が急激な上昇を示し、50年代末と60年代から無視されつづけていた研究が一躍脚光を浴びて、地球温暖化説の全盛時代に突入した。

興味深いのは、地球温暖化説を最も声高に唱える学者たちの一部が、新たな氷期が訪れるという懸念を世界に巻き起こした人たちだということだ。アメリカの気候

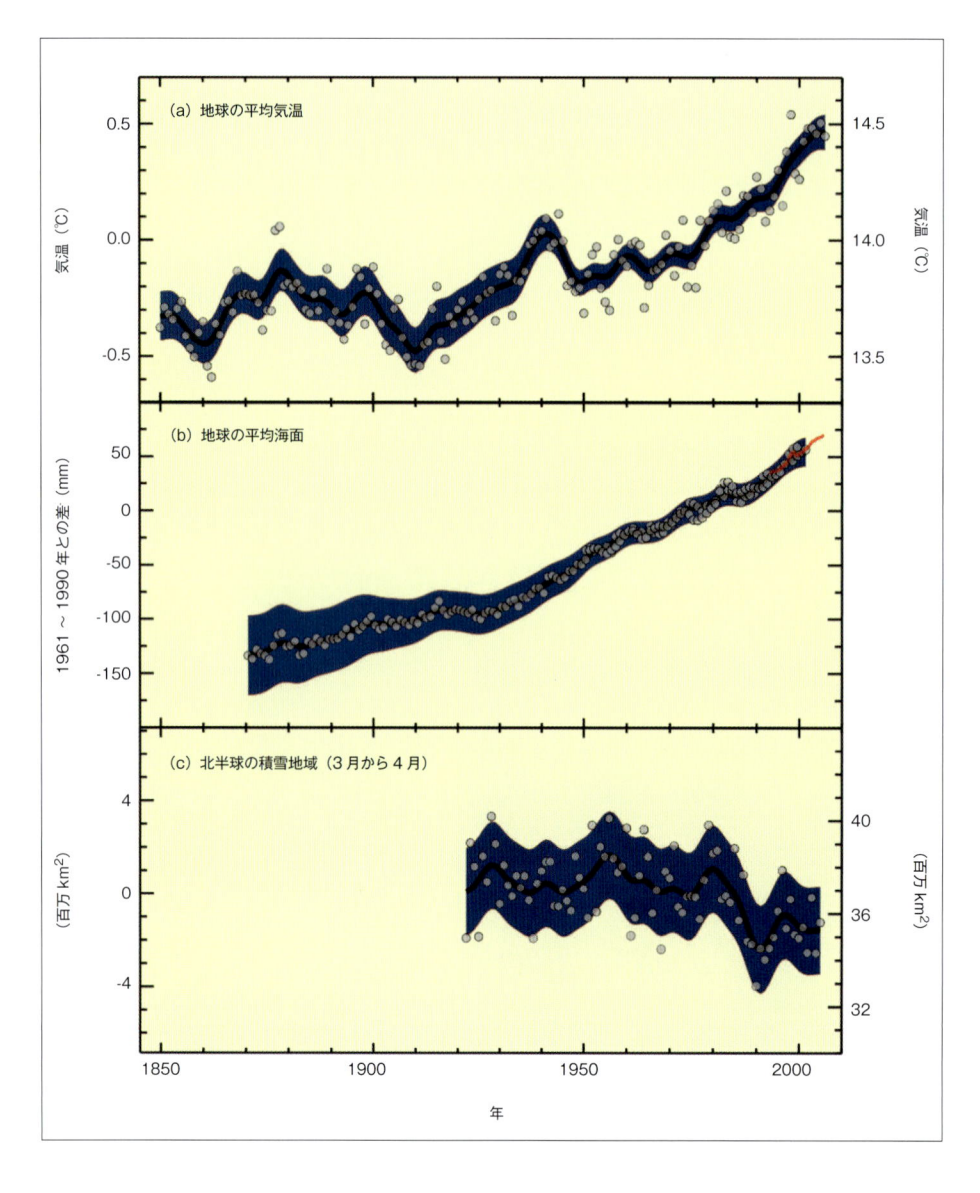

IPCC（気候変動に関する政府間パネル）の2007年の報告書には、過去150年のすべての気候データがまとめられている。そのデータによれば、気温は0.75℃上昇し(a)、海面は22cm上がり(b)、北半球の積雪地域は300万km^{2}狭まった(c)。

学者スティーブン・シュナイダーは、1976年の著書『創世記の戦略』（The Genesis Strategy）で世界的な寒冷化が始まったと訴えていたが、今や地球温暖化説の支持者の最先鋒にいる。1990年には、「変化（温暖化）の速度はあまりにも速く、こうした変動によって生態系が壊滅的な状況におちいる可能性があると自信をもって言える」と述べている。

こうした動向の変化は、イギリスのサイエンスライター、ジョン・グリビンの1989年の著書『地球が熱くなる』（Hothouse Earth: The Greenhouse Effect and Gaia）に記されている。

> 1981年になると、1880年から1980年までの記録は、少し距離を置いて観察できるようになった……1987年には、表の数字は1985年まで更新されたが、それは、従来の記録に単純に5年間の記録が追加されただけのことである……ところが1988年初期に、さらに1年間のデータが追加されると、それは、1987年の測定終了から4ヵ月後の4月に出版された論文の内容、つまり、世界は記録的な暖かさに向かいつつあるという内容を証明していたのである。この時点においても、ハンセン［ジェームズ・ハンセン、地球の気温変動を研究していたNASAのチームのリーダー］とレーベデフはこのような現象を温室効果に結び付けることをためらい、「これは、当論文の論域を超えた問題である」と言及しただけであった。ところが、1987年のデータを印刷物にするまでの4ヵ月間に、世界はまたまた変化した。というのは、それから数週間後に、ハンセンがアメリカの上院で、1988年の最初の5ヵ月は1880年以後のどの年よりも気温が高いこと、人間活動を原因とする温室効果はたしかに作用していることを証言したからである。──グリビン『地球が熱くなる──人為的温室効果の脅威』（山越幸江訳、地人書館）より

地球の年間平均気温が上昇に転じたことによって、地球温暖化をめぐる議論が熱を帯びはじめたように見える。1960年代と70年代に起きた寒冷化は、太陽黒点のサイクルの影響（太陽黒点の強さは11年の周期で変動する）と、大気中の二酸化硫黄のエーロゾル（微粒子）のような汚染物質によって起きたことが、現在わかっている。

しかし、地球の年間平均気温が上昇しはじめたことだけで、地球温暖化をめぐる議論が活発になったわけではない。70年代後半から80年代にかけては、地球の気候のモデル化において大きな進展が見られ、過去の気候に関する理解が大きく進んだ。この時期には、微粒子、雲、そして大気と海洋のCO_2の交換が地球の気候に及ぼす影響を考慮するように、大気大循環モデル（GCM）が改良されている。それ以前は、微粒子による汚染が寒冷化に関連している可能性があると考えられていたが、海洋と大気を一体とみなす新たなGCMの登場で、気候の評価が見直され、温暖化が大気中のCO_2濃度の倍増と関連していると考えられるようになった。80

第8章 地球の未来

年代までには、メタンなどCO_2以外の温室効果ガスや、海洋が熱を運ぶことに関する懸念も科学者のあいだに生まれた。

GCMの改良はその後も続けられ、80年代と90年代には、こうしたモデルを研究する科学者のチームも増えていった。1992年には、14のGCMモデルによる結果を包括的に比較する取り組みが初めて行なわれた。その結果、どの見解もおおむね一致し、地球温暖化の予測が裏づけられた。

次の氷期はいつ起きる？

1980年代には、過去の気候がどんな原因でどのように変化したのかを理解する研究も活発になった。技術が進歩して、深海堆積物や氷床コアに残された記録から過去の気候を詳しく把握できるようになったのがこの時期だ。こうした研究によって、氷期への移行には何万年もの長い時間がかかることがわかってきた。氷床は発達する速度がかなり遅くて、もともと不安定な性質があることが、その主な要因だ。それに比べると、現代のような温暖な間氷期への移行はかなり速く進み、数千年のあいだに起きる。これは、いったん氷床が解けはじめると、海面の上昇で大規模な氷床の崩壊が急速に進むなど、氷解を加速させる数々のフィードバックが起きるからだ。こうして、地球の温暖化は寒冷化よりも起こりやすくて急速に進むという理解が古気候の研究者たちのあいだに生まれ、次の氷期が迫っているという"神話"が崩れ去った。

過去250万年の氷期・間氷期のサイクルが地球の公転軌道の変化によって起きていることがわかっているため、人類の影響がないと仮定した場合に、次の氷期がいつ始まるかを予測することができる。ベルギーのルーバン・カトリック大学のアンドレ・ベル

気候変動に関して特に大きな懸念のひとつは、グリーンランドと南極大陸の氷床が解ける速度だ。研究によれば、グリーンランド氷床も西南極氷床（写真）も、コンピュータモデルによる予測を上回る速度で解けているという。

ジェ教授率いる研究チームが発表したモデル予測によれば、少なくともあと5000年は氷期が起きる心配はないという。彼らのモデルが正しく、かつ大気中のCO_2濃度が倍増すれば、地球温暖化によって氷期の始まりはさらに4万5000年延びるだろう。アメリカのバージニア大学の古気候学者ウィリアム・ラディマン教授は、過去5000年間で大気中のメタンとCO_2の濃度が上昇した原因は、初期の森林伐採と農業にあると主張している。これによって本格的な氷期に入る前の緩やかな地球の寒冷化が止まったと、教授は考えている。

過去の気候を研究することで、気候システムがいかに速く変動するかもわかってきている。氷床コアと深海堆積物に関する最近の研究によれば、少なくとも局所的には5℃の気温変化が数十年の単位で起きているという。過去の気候を解き明かすことによって、地球の気候システムは決して穏やかなものではなく、非常に活動的で急速に変動しやすいという実態が明らかになった。

過去から学ぶ

過去を調べることで、気候変動のメカニズムとその速度を理解でき、人間が引き起こした地球温暖化に関する現在の懸念の背景がわかってくる。さまざまな地質学的な記録を見ると、過去1億年にわたって地球の気候が寒冷化してきたことがわかる。恐竜が温暖な環境のなかで繁栄した白亜紀のいわゆる「温暖地球」の環境から、変動が激しい現在の「寒冷地球」へと徐々に寒冷化してきたのだ。

1億年に及ぶ長期的な寒冷化は、主に大陸移動などの地殻変動によって起きている。第3章で説明したように、南極大陸がオーストラリアや南アメリカなどほかの大陸と海で隔てられたり、ヒマラヤ山脈が隆起したり、パナマ地峡が形成されたりしたのが、そうした地殻変動の例だ。また、地球の寒冷化には大気中のCO_2濃度の大幅な低下が伴っていたこともわかっている。実際、恐竜が生きていた1億年前には、大気中のCO_2濃度が現在の5倍もあった。

第3章で説明したように、この長期的な寒冷化によって、南極の氷床が3500万年前に形成され、氷河時代が250万年前に始まった。氷河時代の初期には、氷期と間氷期のサイクルが4万1000年の周期で起きていたが、100万年前以降は、周期が10万年となった。

およそ1万年前に始まった現在の間氷期、完新世（第7章参照）は、氷期と氷期のあいだの温暖期の環境を示す一例だ。最終氷期が急速に終わりを迎え、完新世が始まると、4000年もたたないうちに地球の気温は6℃も上昇し、海面は120メートルも上がり、大気中のCO_2濃度は30％余り増え、メタンの濃度は倍増するという劇的な変化が訪れた。

現在の地球温暖化を考えると、今の地球が地質学的に「寒冷地球」にあるという考えは奇妙に思えるかもしれない。ただ、暖かい間氷期にあるとはいえ、北極と南極は今も氷で覆われている。こうした状況は、長い地球の歴史のなかでは非常に珍

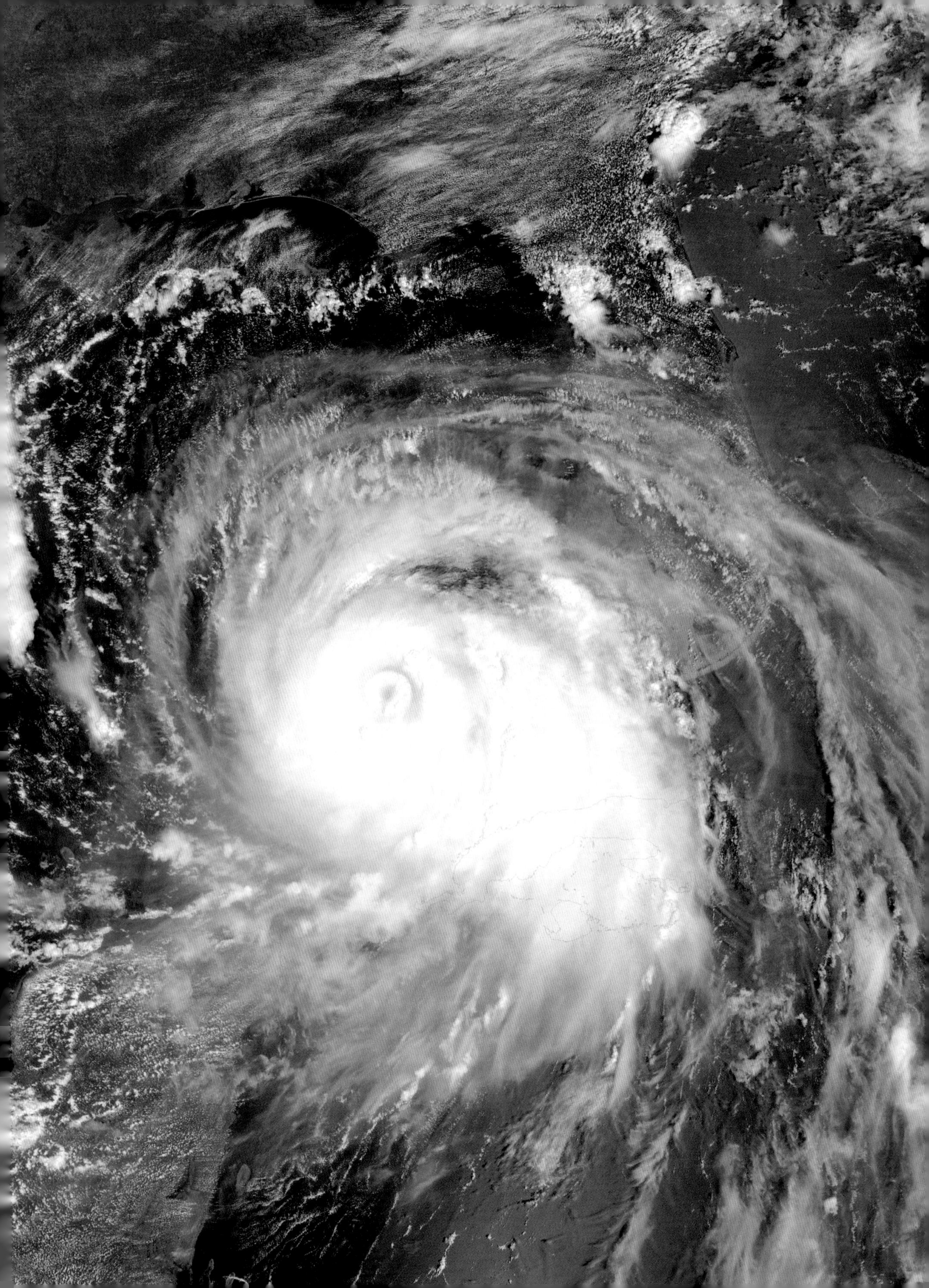

しいことだ。南極大陸もグリーンランドも氷床で覆われ、北極海の大部分が海氷に閉ざされているということは、今より暖かくなると大量の氷が解けるということだが、その点が地球の行く末に関して最もよくわからない部分でもある。

両方の極地が氷に覆われていることで、極地と赤道との温度勾配は非常に大きくなっている。赤道の平均気温が30℃であるのに対し、両極では氷点下35℃にもなる。この気温差によって、熱帯地方の余分な熱が海と大気によって極地に運ばれるという気候システムが成り立っている。現在の極地と赤道の温度勾配は、これまでの地球の歴史のなかでも最大の部類に入り、それが気候システムの変動が激しい要因となっている。つまり、「寒冷地球」の状態が、ハリケーンや竜巻、温帯低気圧による冬の嵐、激しいモンスーンといった現象を起こす非常に活発な気候システムを生んだということだ。

イギリスの科学者ジェームズ・ラブロックは著書『ガイアの時代』（The Ages of Gaia）のなかで、現在の完新世のような間氷期は地球の「発熱状態」であると述べている。過去250万年間にわたる気候を見れば、地球の平均気温は低い時期のほうが多かった。この事実からラブロックは、地球を人にたとえて、温暖化を「発熱」に見立てたのだ。

前頁：2005年に米国ニューオーリンズを襲ったハリケーン「カトリーナ」のNASAによる衛星写真。個々の嵐を地球温暖化と関連づけることはできないが、大西洋で発生するハリケーンの数は増え、規模は大きくなる傾向がある。

下：ハリケーン「カトリーナ」によるニューオーリンズ市内の被害。洪水を防ぐ目的で建設された堤防が決壊した。被害はハリケーンの風ではなく、大量の雨によってもたらされた。

第8章　地球の未来

第8章　地球の未来

小氷期

1万年前から続いてきた現在の間氷期は、気候が安定していたわけではなかった。古気候の研究から、完新世の初期は20世紀よりも暖かかったことがわかっている。また第7章で説明したように、完新世にはボンド・イベント（第4章で説明したダンスガード・オシュガー・サイクルと同じ）と呼ばれる1000年単位の気候イベントが起きていた。このイベントが起きると、局地的に気温が2℃低下し、人間の社会が大きな影響を受けることがある。

こうしたイベントのなかで最後に起きたのが「小氷期」だ。しかし、世界中の記録を見れば、小氷期と中世の温暖期はヨーロッパ北部とアメリカ大陸北東部、グリーンランドでのみ起きたイベントであることが明らかだ。このため、小氷期は世界的な気候変動ではなく、あくまでも局地的なものであり、地球温暖化に対する議論には使えない。地球温暖化は小氷期からの「回復」を示しているだけだとよく言われるが、世界の大部分で小氷期が起きていないことを考えると、その主張は間違いであり、そもそもどこかの状態から「回復」しているということはあり得ない。

過去1000年にわたる地球の気温変動の記録と、過去150年に計器で観測した気温データを比べると、少なくとも北半球では、20世紀が過去1000年のどの時点よりも暖かかったことがよくわかる。過去1000年が水平に近い動きを示し、最後の150年が急上昇しているグラフの形は、まるでホッケーのスティックのようだ。

温室効果

地球の気温は、太陽から降りそそぐエネルギーの量と、それが宇宙に戻る量のバランスによって決まる。太陽から地球に到達する短波長の放射線（紫外線と短波長の可視光）のうち、3分の1は反射して宇宙に戻っていく。残りは陸地と海に吸収され、長波長の赤外線として熱を放射する。温室効果ガスとして知られる水蒸気、CO_2、オゾン、メタン、亜酸化窒素といった大気中のガスは、この長波長の放射線の一部を吸収して暖まる。この温室効果がなければ、地球の気温は今より少なくと

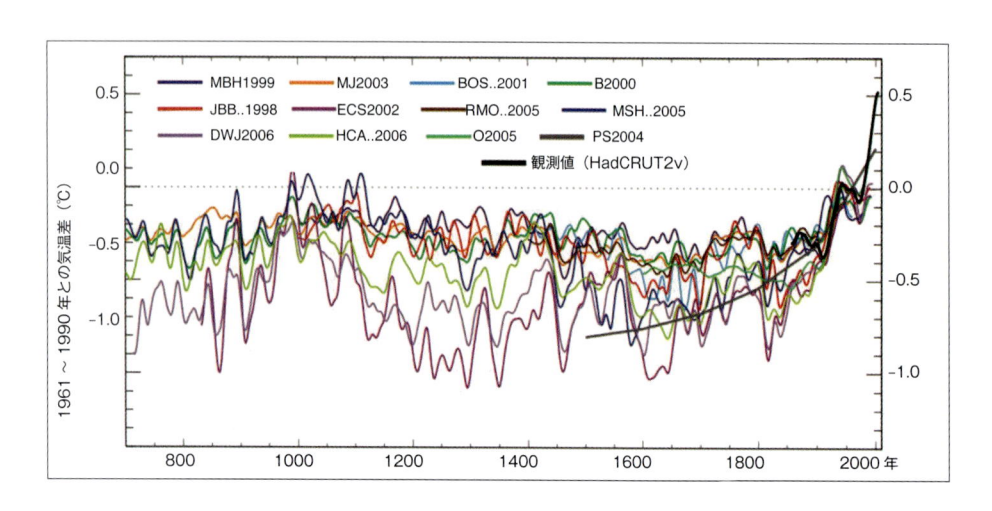

2007年のIPCCの報告書には、過去1200年にわたる北半球の気温変動もまとめられている。そのグラフを見ると、20世紀と21世紀に気温が急上昇していることがわかる。このグラフの形は「気候変動のホッケースティック」と呼ばれている。

も35℃低くなる。

　植物は水とCO₂を取りこみ、太陽エネルギーを使って光合成をして成長に必要な組織を生成する。こうした植物の一部は動物に食べられる。植物が枯れたり動物が死んだりすると、それらは分解され、体内に取りこまれていた炭素が再び「炭素循環」に加わって、そのほとんどがガスのかたちで大気中に戻っていく。

　しかし、生物が一生を終えたときに分解されない場合、その体内に含まれている炭素は残る。たとえば、およそ3億5000年前（主に3億5900万〜2億9900万年前の石炭紀）に、枯れた植物や死んだ小さな海洋生物が堆積物に埋もれ、石油や石炭、天然ガスといった「化石燃料」に変わった。こうした化石燃料が産業革命の時代以降に大量に燃やされてきた結果、地中に埋もれていた炭素が大気中に排出され、地球の気温を上げることになった。

過去の気候とCO₂の役割

　大気中のCO₂が地球の気候の調整に重要な役割を果たしていることは、過去の気候の研究、特に氷期の気候の研究から知ることができる。氷床の進出と後退の速度は、何百万年もかけて起きる大陸移動など、ほかの地質学的な変動に比べると桁違いに速い。

　氷床が発達するうえでCO₂が果たしている役割は、どうすればわかるのだろうか。第2章で説明したように、その証拠は主に、南極大陸やグリーンランドで掘削された氷床コアに残っている。雪は、地表に降り積もるとき、そのすき間に大量の空気を取りこみ、重みで押しつぶされて氷になるときに空気を閉じこめる。太古の

人間が大気に排出している温室効果ガスの8割が、石炭や天然ガスによる発電など、産業部門からの排出によるものだ。

第8章　地球の未来

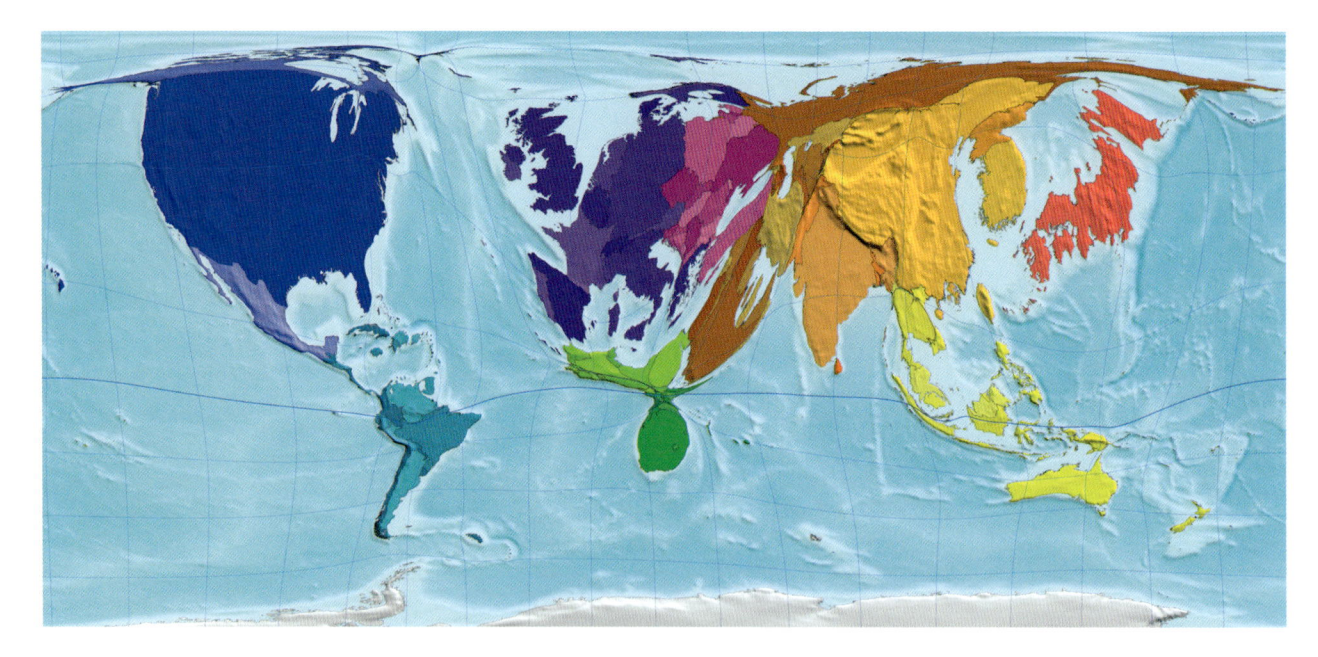

氷に閉じこめられたそうした空気を抽出して調べることで、過去の大気に温室効果ガスがどの程度含まれていたかを測定することができる。グリーンランドと南極大陸の氷床では深さ3キロメートルにわたってコアが掘削されていて、過去50万年にわたる大気中の温室効果ガスの量の変化を調べることが可能だ。また、氷床コアに含まれる酸素と水素の同位体を調べれば、氷ができたときの気温を推定することもできる。

上：温室効果ガスは全世界で均等に排出されているわけではない。この地図では、各国の大きさを、実際の面積ではなく、2000年のCO_2排出量に応じて表わした。全世界のCO_2排出量のほとんどを豊かな先進国が占めていることがはっきりわかる。

左：汚染の度合いを測定するために、氷のサンプルを採取する気候学者。大深度の氷床コアを分析することで、間氷期におけるCO_2濃度は自然の状態で約280ppmであることが判明した。人類の活動により、CO_2濃度は150年もたたないうちに387ppmまで上昇した。

研究の結果はすばらしいもので、過去65万年にわたって、大気中のCO_2やメタンといった温室効果ガスの濃度と気温のあいだに一定の関係が認められた。この結果は、大気中のCO_2濃度と地球の気温が密接にかかわっているという説を裏づけるものだ。CO_2やメタンの量が増えると気温が上がり、それらの量が減ると気温が下がるということになる。

人類が引き起こした気候変動

　大気中のCO_2濃度を直接測定する取り組みが始まったのは、1958年のことだった。観測地点には、地域的な汚染の影響がないハワイのマウナロア山の頂上、標高約4000メートルの地点が選ばれた。また、CO_2濃度を過去にさかのぼって調べる目的で、氷床コアに閉じこめられた空気の分析も実施された。

　氷床コアの分析からわかった長期的な記録によれば、産業革命以前のCO_2濃度は約280ppmだったが、1958年にはすでに316ppmに上昇していたという。その後も上昇を続け、2008年には387ppmに達した。過去1世紀のあいだに起きたCO_2濃度の上昇は、自然界で何千年もかかって起きる氷期・間氷期のサイクルによって生じる変動に匹敵する。

　IPCC（気候変動に関する政府間パネル）が2007年に発表した報告書によれば、過去150年の温室効果ガス濃度の上昇によって、すでに気候が大きく変化したという。地球の平均気温は0.75℃上昇し、海面は22センチメートル上がり、降雨の時期と強さが大きく変化し、気候パターンが変わり、北極海の海氷とほとんどすべての大陸の氷河が大きく縮小した。過去150年の地球の年平均気温を見ると、気温の高い年は1998年以降が圧倒的に多い。2007年には、IPCCは地球温暖化が起きているという証拠は明確であり、その原因が人類の活動にあるとほぼ確信できると発表した。この見解は、ロンドン王立協会、アメリカ科学振興協会など、数多くの科学機関が支持している。

未来をどう予測するか

　どの社会でも人類は未来を予測しながら生活を営んでいる——そう言うと奇妙に感じる人もいるかもしれないが、特に気象に関しては、それが当てはまるようだ。たとえば、インドの農家は、雨期が翌年に来ることがわかっていて作物を植える時期を決めるし、インドネシアの農家は、翌年に雨期が2回来ることがわかっていて作物を2回植える。これは、彼らの記憶では毎年ほぼ同じ時期に雨期が来るからであり、過去に得た知識にもとづいて未来を予測しているわけだ。

　こうした予測は農業にとどまらず、人びとの生活のあらゆる側面に及んでいる。住宅を考えても、イギリスではセントラルヒーティングの設備はあるがエアコンはないというのが一般的だが、米国南部ではその逆になるだろう。その地域の気候に合わせて設備を整えるのは、住宅に限ったことではない。道路、鉄道、空港、企業

220〜221頁：ブータンでヒマラヤ山脈の氷河が解ける様子を空から撮影した（白い部分は残っている雪と氷）。ヒマラヤ山脈の氷河が減ると、下流のパキスタンやインド、そして中国の水の供給に大きな影響が出て、各国の関係が悪化する懸念がある。

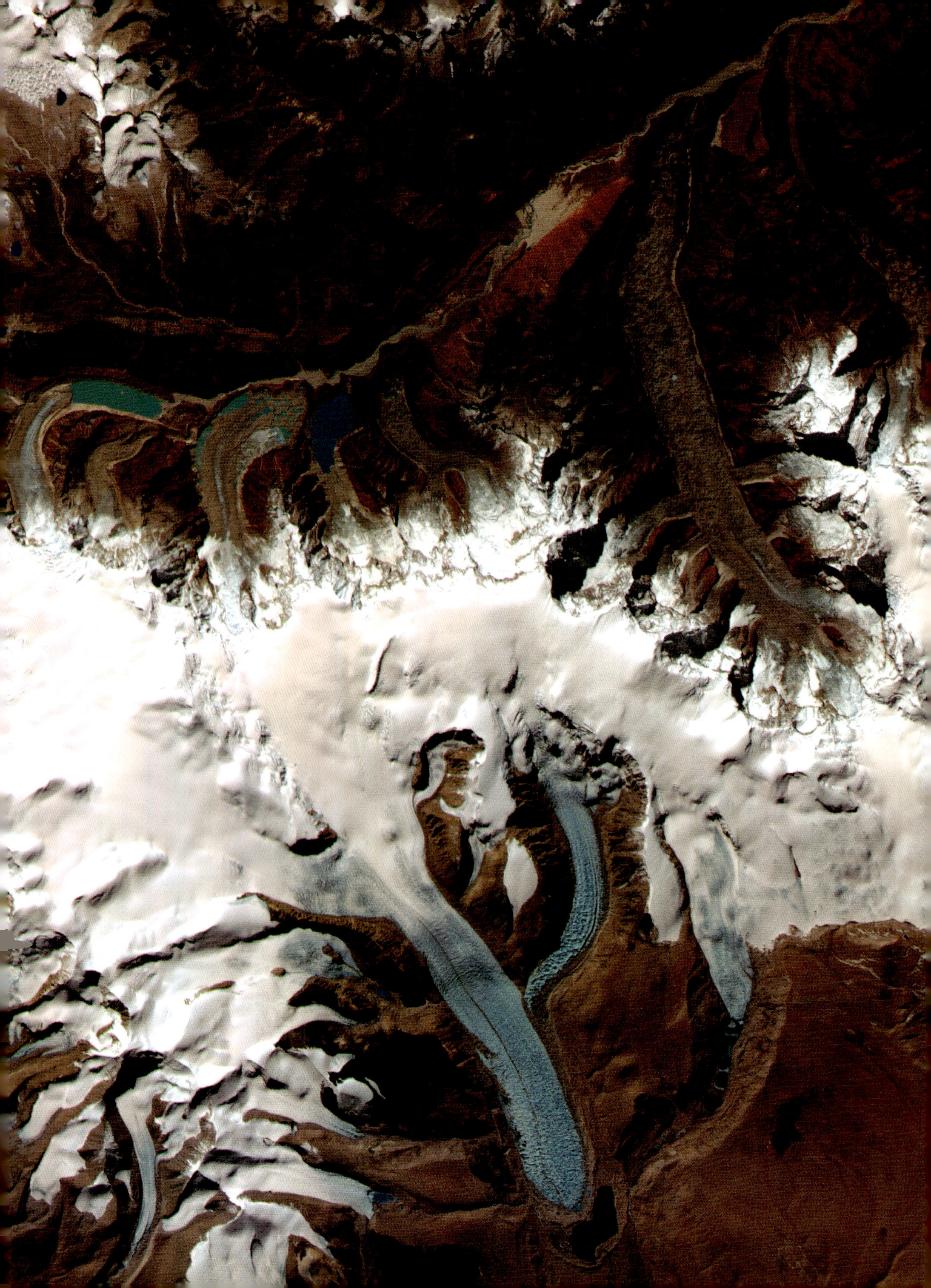

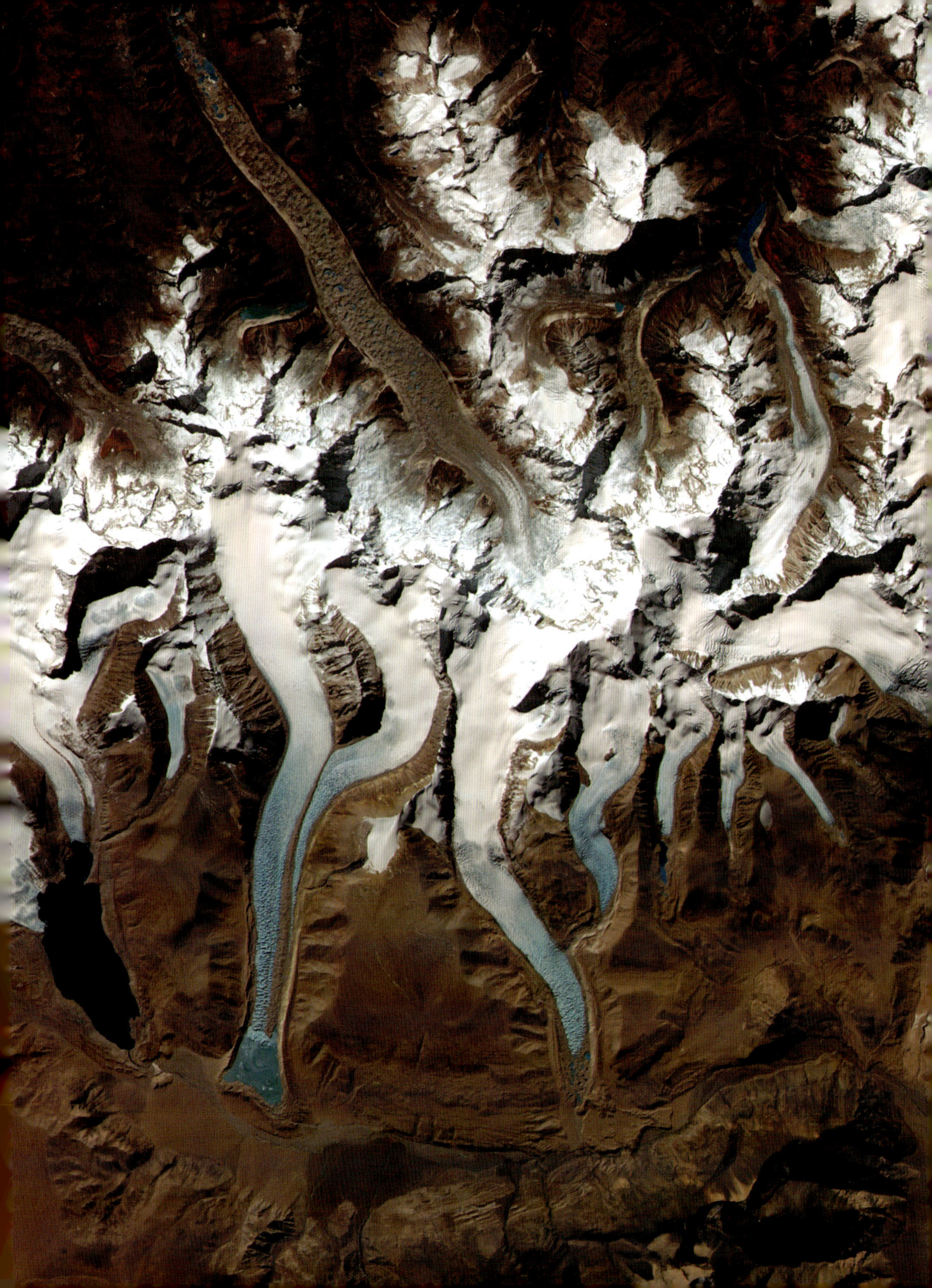

第8章　地球の未来

のオフィス、自動車、列車などはすべて、地域の気候に合わせて設計されている。だからこそ、2003年のある春の午後にたった1センチメートルの積雪があっただけでロンドンの都市機能は麻痺したし、トロントでは50センチメートルの雪が積もっても市民の生活に支障は生じなかった。2003年の夏には、熱帯地方ではふつうに起きるような熱波で数万人ものヨーロッパの人びとが命を落とし、オーストラリアの人びとは、気温が氷点下になったことに衝撃を受けた。

　地球温暖化で問題なのは、それまでの常識が通用しなくなることだ。過去の気象を考えれば未来が予測できるという状況ではなくなってきたのだ。いま必要なのは、私たちが人生を設計でき、人間社会がその機能を十分発揮しつづけられるように、未来を予測する新たな手法を考えだすことだ。未来のモデルを構築しなければならない。気候学者が使う気候モデルは、気候システムの異なる部分をたった1、2個のボックスで表わした単純なモデルから、大気大循環モデル（GCM）のような3次元の非常に複雑なモデルまでさまざまだ。それぞれに、気候システムを検証してその理解を深める役割があるが、そのなかで未来の地球の気候を予測するために使われているのは、GCMだ。この気候モデルは、地球全体を3次元グリッドに分け、物理法則を方程式で表わして解いた包括的なモデルである。現実にできるだけ近いシミュレーションを実施するため、大気、海洋、地表（地形）、雪氷圏、生物のほか、これらの内部で起こっている現象やそれぞれのあいだで相互に起きている作用など、気候システムのすべての主要な要素をサブモデルで表わす必要がある。

　地球の気候システムは複雑で、温室効果ガスによる温室効果とともに、アイスアルベド・フィードバック（第4章参照）のような寒冷化の効果もある。アルベドとは、

イギリス気象庁ハドレーセンターの気候モデル。2100年までの気温上昇の予測に使われた。下の図を見ると、気温上昇が最大の地域（赤色）は高緯度に集中していて、気温上昇が均等に起きていないことがわかる。

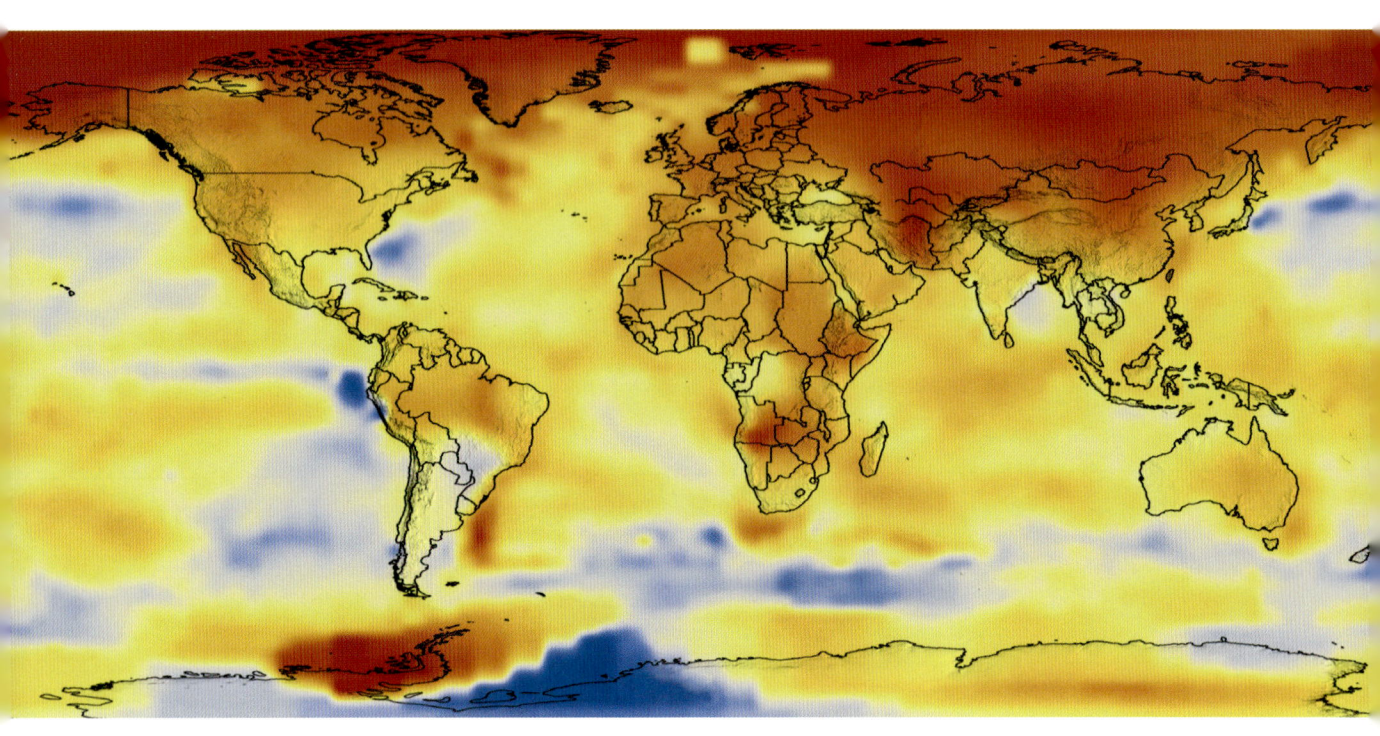

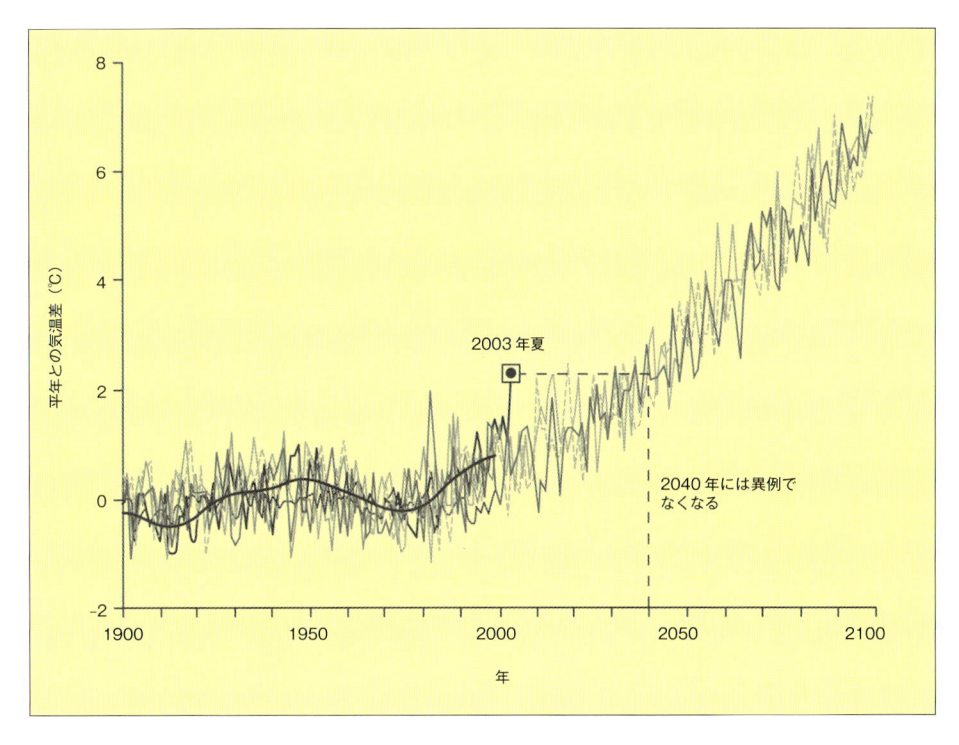

ヨーロッパ北部の夏の気温について、モデルを使った予測と実測値を比較したグラフ。これを見ると2003年の熱波は異例だったことがわかるが、この先40年もたてば、気候変動の影響で、ヨーロッパの夏の平均気温は2003年の水準に達する。

地表面が太陽光を反射する比率を指す。たとえば、氷河時代が残した最大の"遺産"のひとつである氷床や海氷は、地球に降りそそぐ太陽光のほとんどを反射して宇宙に戻すため、アルベドが高い。

地球上の氷の範囲が未来にどう変化していくかを予測するのは困難で、そのために地球温暖化の正確な影響を計算することも非常にむずかしくなっている。たとえば、極地を覆っている氷が解けると、氷に覆われていた地域に、熱を吸収しやすい植生や海が分布するようになり、アルベドが大幅に低下する。これによって正のフィードバックが生じて、地球温暖化の影響が大きくなる。極地の氷が解けつつあるという自然界からの警告は、すでに認められる。2007年の夏には、北極海の海氷の範囲が、観測史上最も縮小した。

未来の気候変動とその影響

2007年に発表されたIPCCの報告書では、大気と海洋を結合した大循環モデル23個の結果がまとめられ、6つの排出シナリオにもとづいて将来の気温上昇が予測されている。この報告書によれば、地球の平均気温は2100年までに1.1〜6.4℃上昇する可能性があり、そのうち最も起こり得るのは1.8〜4℃の上昇だという。だが、ここで注意すべきなのは、全世界のCO_2排出量はすでに、IPCCが考えた最悪の排出シナリオを上回る速度で上昇しているということだ。モデルではまた、地球の平均海面が18〜59センチメートル上昇すると予測されている。グリーンランドと南極大陸の氷床が解けた分を含めると、2100年までの海面上昇は28〜79セン

IPCC とは？

IPCC は「気候変動に関する政府間パネル（Intergovernmental Panel on Climate Change）」の略称。地球温暖化が起きている可能性があるという懸念を受けて、1988 年に国際連合環境計画と世界気象機関が合同で設立した。科学、環境、社会経済への影響と対策など、気候変動のさまざまな側面に関する知識を継続的に評価するのがその目的だ。IPCC は独自の科学研究を実施するわけではなく、世界中で発表された主要な研究をとりまとめ、ひとつの国際的な合意を提示する。

そのため IPCC の見解は、気候変動に関して科学技術の分野で最も権威があり、その評価は、気候変動枠組条約（UNFCCC）や京都議定書の交渉に大きな影響を及ぼしている。2000 年 11 月のオランダのハーグでの会合、また 2001 年 7 月のドイツ、ボンでの会合では、1998 年の京都議定書の批准に向けた協議が行なわれたが、残念ながらアメリカは、当時のブッシュ大統領が 2001 年 3 月に交渉からの離脱を決めた。しかし 2001 年 7 月、国連が認めるほかの 191 の国々が、世界の歴史上、最も広範にわたる包括的な環境条約に合意するという快挙をなしとげた。

その後、京都議定書はロシアの批准により、締約国が 55 ヵ国以上で、その総排出量が世界の排出量の 55％という発効要件を満たして、2005 年 2 月 16 日にようやく発効した。2007 年 12 月のインドネシアでのバリ島会合では、オーストラリアの労働党のケビン・ラッド首相が京都議定書に署名して、スタンディングオベーションを受けた。2008 年 4 月時点で、国連が認める 192 ヵ国のうち 178 ヵ国が条約を批准している。主要先進国で京都議定書に署名していないのは米国だけとなった。

IPCC は 3 つの「作業部会」と、各国の温室効果ガス排出量を算出する「タスクフォース」で構成されている。この 4 つのグループのそれぞれには、二人の共同議長（ひとりは先進国、もうひとりは発展途上国の代表）と技術支援ユニットが設けら

2008 年、気候変動に関する功績が認められ、パチャウリ教授（右）が議長を務める IPCC とアメリカのアル・ゴア元副大統領が、ノーベル平和賞を共同で受賞した。

れている。第 1 作業部会は気候システムと気候変動の科学的な側面を評価し、第 2 作業部会は人間と自然のシステムの気候変動への脆弱性、気候変動による影響のメリットとデメリット、気候変動への適応策を評価し、第 3 作業部会は温室効果ガス排出量の抑制策と気候変動の緩和策、そして経済的な問題を評価する。

IPCC はまた、リスクの評価および世界の気候変動への対策の構築に必要な、科学、技術、社会経済にかかわる情報を各国政府に提供する。この 3 つの作業部会による最新の報告書は 2007 年に発表され、世界 120 ヵ国、およそ 400 人の専門家が草案作成、修正、仕上げの作業に直接かかわった。さらに 2500 人の専門家が報告書の査読に参加した。IPCC の報告書の筆者は必ず、政府と、非政府組織を含めた国際機関からの推薦で決められる。これらの報告書は、地球温暖化に関心をもつ人すべてにとっての必読書だ。

2008 年には、20 年以上にわたる功績が認められ、IPCC は米国のアル・ゴア元副大統領とともに、ノーベル平和賞を受賞した。

第8章　地球の未来

チメートルになるという。こうした予測はすべて、地球の気温が上昇すると、それに応じて氷床が消失する量が増えるとの想定にもとづいたものだ。最悪のシナリオを上回る速度でCO_2が排出されているという現実を考えれば、実際の海面上昇は、予測よりもずっと高くなり得る。

地球温暖化の影響は、地球の気温が上がるにつれて著しく大きくなっていく。洪水や干ばつ、熱波、嵐の発生頻度は高くなる。沿岸部にある都市や町は、海面上昇によって洪水や高潮の影響が大きくなるにつれて、特に被害を受けやすくなる。異常気象が起きる頻度が高まり、水や食糧の安全保障が低下すると、何十億人もの人びとの公衆衛生に大きな影響が及ぶ。

地球温暖化は生物多様性もおびやかす。生息域の縮小や汚染、狩猟によって、動植物の生態系はすでに著しく悪化している。国連による「ミレニアム生態系評価」の2007年の報告書では、確認されているだけでも1時間に3種の生物が絶滅しているとされているほか、WWF（世界自然保護基金）の「生きている地球指数」によれば、この35年で全世界の脊椎動物の生物多様性は3分の1減少し、現在の絶滅スピードは化石に残った過去の記録より1万倍も速いという。地球温暖化によって、

2003年の熱波で干上がったライン川。この熱波で、ヨーロッパ北部では数万人が死亡した。

生態系の悪化に拍車がかかる可能性は十分にある。経済への影響も深刻で、大量移民や戦争が起こるおそれもある。

許容できる気候変動の範囲

気候変動はどの程度までなら「安全」なのだろうか。2005年2月、イギリス政府はこのテーマについて議論するため、エクゼターで科学者の国際的な会合を開いた。その結果、地球温暖化は産業革命以前の平均気温を2℃上回る水準までに収めなければならないと推奨された。その水準以下に収まれば、気候変動がメリットになる地域とデメリットになる地域の両方が出てくることになるが、この水準を上回れば、気候変動はどの地域にとってもデメリットとなる。

しかし、気温上昇がこの水準を上回る可能性は高そうだ。これまでの気温上昇はすでに0.75℃であり、仮に2000年の時点ですべての排出を止めたとしても、気候システムの惰性とフィードバックによって0.6℃は上がってしまう。それだけ小さな気温上昇でも影響が大きいとするなら、5℃や6℃の気温上昇による影響は計り知れないほど大きくなるだろう。そうなれば、次の世紀の半ばまでにはグリーンラ

第8章　地球の未来

2004年のハリウッド映画『デイ・アフター・トゥモロー』で、氷床の融解に伴ってニューヨークが水没するシーン。米国だけで2100万人以上が観たこの映画では、気候変動が何年の単位ではなく、何週間の単位で起こった。南極大陸とグリーンランドの氷床がすべて解けると海面が70m上がるが、幸いなことに、そのような事態が起きる可能性はきわめて低い。氷床の大部分は、非常に安定性が高い東南極氷床に分布しているからだ。

ンド氷床と西南極氷床は消え去り、海面は最大で12メートル上がる可能性がある。

　イギリス環境局は、テムズ川の河口にエセックスからケントまで延びる全長24キロメートルの堰を建設して、4.5メートルの海面上昇に対処しようと計画している。しかし、海面が13メートル上がれば、沿岸や川辺の低地に広がる都市部のほぼ全域が水に浸かり、居住地として使えなくなる。

　現在のところ、世界の人口の3分の1が海岸線から100キロメートルの地域で暮らし、世界20位までの大都市のうち13都市が沿岸部に位置しているから、海面上昇が現実のものとなれば、数十億人もの人びとが大量に移住することになるだろう。北大西洋の海洋循環は崩壊し、西ヨーロッパは冬には厳しい寒さに、夏には熱波に見舞われることになる。少なくとも世界で30億人の人びとが水不足に悩まされ、さらに数十億人が飢餓に苦しむだろう。武力紛争が起きる可能性もぐっと高まる。世界各地の公衆衛生システムも立ちゆかなくなり、生物多様性は壊滅的な状態におちいるだろう。

第8章　地球の未来

世界を救うコストは？

それでは、世界をこの危機から救うコストはどれくらいになるのだろうか。イギリス政府の委託で実施された2006年の「気候変動の経済学に関するスターン・レビュー」によると、現在できることのすべてを実行して、全世界の温室効果ガスの排出を抑え、来たるべき気候変動の影響に適応するとすれば、毎年かかるコストは世界の総生産のたった1％に収まるという。しかし、もし何もしなければ、気候変動の影響によって、世界の総生産の5～20％に相当する負担が毎年かかることになるそうだ。

この試算は大きな議論を巻き起こした。世界の排出量が最悪の予想を上回っている現状では、世界経済を低炭素社会に移行するのにかかるコストは、世界の総生産の1％に収まらないと主張する専門家も現れた。「スターン・レビュー」をまとめたイギリスの経済学者ニコラス・スターン卿は、その指摘を受けて、試算を世界の総生産の2％に修正したが、ほかの専門家のなかには、このコストは世界的なCO_2排出量取引システムによって簡単に相殺できると主張する人も現れている。さらには、IPCCやスターン・レビューで見積もられた地球温暖化の影響とそれに付随するコストは小さすぎるとの見方もある。たとえ地球温暖化を解決する費用対効果がスターン卿の見積もりを下回ったとしても、何千万人もの人びとの死を防ぎ、何十億人もの人びとの苦しみを和らげるという倫理上の必要性があることは明らかだ。

解決策

地球温暖化の解決は、地球に暮らすすべての人類の社会にとって大きな課題だ。その課題は決して低く見積もってはいけない。IPCCが2007年に発表した気候予測のベースとなった今後100年の炭素排出シナリオは、2000年の時点で現実的だった予測にすぎない。IPCCは、アジアの2000年から2010年のCO_2排出量の上昇は最大で3～5％と見積もっていたが、中国が予想以上の経済発展をとげたために、上昇率は11～13％に跳ねあがった。また、IPCCはすべての関係者の合意を得るという手法をとったため、その予測はもともと保守的なものだった。つまり、IPCCによる最悪の気候変動予測をより現実的なシナリオとみなすべきであり、2100年までに6℃を超える気温上昇が起こるということも十分あり得るということだ。

また、気候システムは直線的に変化するものではないため、ある転換点を境に大きな気候変動が急速に起きるだろう。229ページ上の図には、近い将来起きる可能性が最も高く、影響が大きいと気象学者が考える転換点を示した。現在の世界的な排出量の傾向を減少に転じることができなければ、将来こうした転換点のすべてが起きるだろう。

地球温暖化を解決するにはどうすればいいのか。まず、国際的な政治での解決が必要だ。2012年に対象期間が終わる京都議定書に代わる次の国際合意がなければ、

第8章 地球の未来

世界のCO₂排出量は劇的に増え、地球の気温は大幅に上昇するだろう。どのような国際合意であっても、新興国・発展途上国を枠組みに含め、かつこれらの国々の急速な経済成長を妨げないものでなければならない。新興国や発展途上国の人びとが、現在の先進国と同じような生活を送る権利があるのは道義的にも当然のことである。また、次世代エネルギー、再生可能エネルギー、そして低炭素技術に大規模な投資をして、世界のCO₂排出量を減らす手段を提供する必要がある。

しかし、私たちはすべての望みを世界の政治とクリーンエネルギー技術に託してはならない。私たち一人ひとりも、最悪の事態に備え、適応していかなければならない。今から動きだせば、気候変動によって生じる多大なコストや損害を軽減することができる。それには世界中の国と地域が今後50年に向けての計画を立てる必要がある（政治ではどうしても短期的な問題にばかり目がいくため、ほとんどの社会にとってなかなかできないことではあるが）。

地球温暖化は、人間社会の形成の仕方に疑問を投げかける。ひとつの国家と世界全体で果たすべき責任の対立という概念だけでなく、目先の問題しか考えない政治指導者たちの姿勢も問われている。地球温暖化を解決するために何ができるか。その答えを出

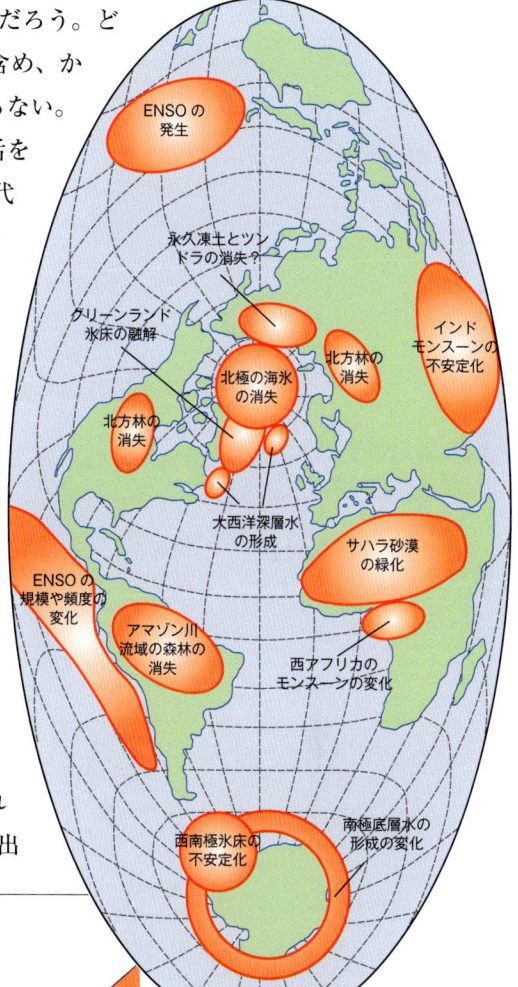

上：今後100年以内に起きる可能性がある、気候変動の転換点を示した。

左：現在の排出傾向が続く「旧来の」世界におけるCO₂排出量の予測と、大気中の濃度が550ppmと450ppmで安定した場合のグラフ。気温上昇を2℃以内に抑えるなら450ppmを目指さなければならないというのが多くの科学者の見方だが、CO₂濃度はすでに387ppmもあり、今後も1年に2ppmずつ増えていく可能性がある。

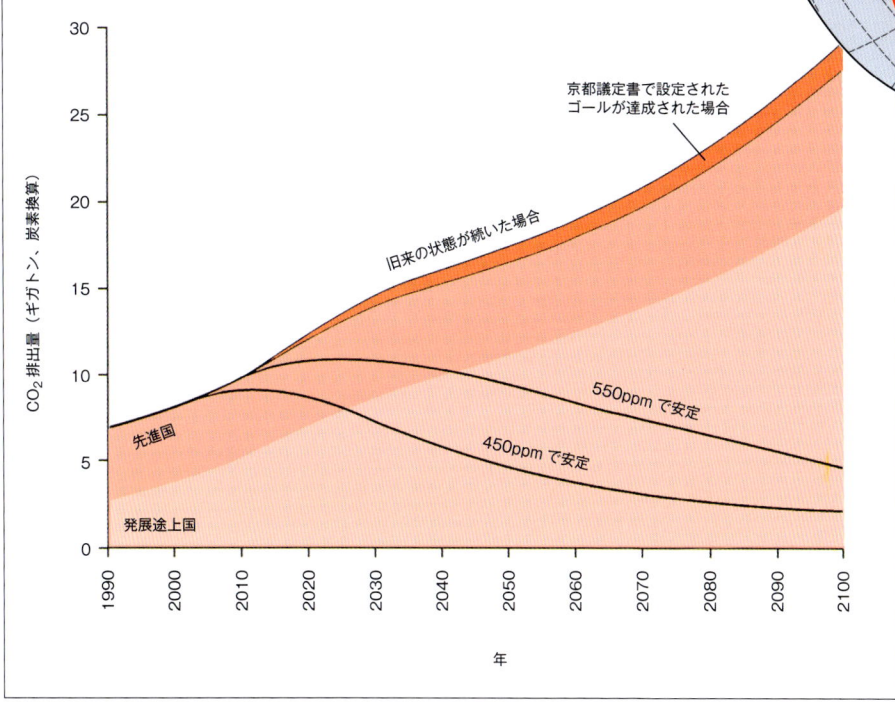

第8章　地球の未来

すには、人間社会の基本的なルールを見直し、長期にわたって持続的に利用できる手法を地球規模で取り入れることが必要だ。

まとめ

氷河時代は過去250万年を特徴づける気候であり、その痕跡はいたるところに残っている。グリーンランドと南極大陸を覆う広大な氷床は、地球の歴史から見れば現在の気候が寒冷であることを物語っている。皮肉にも、この氷があるために、気候が温室効果ガスの増加に特別敏感に反応するようになってしまった。

膨大な量の氷床が残る惑星で大量の温室効果ガスを大気に排出したら何が起こるか——。人類が始めた壮大な「科学実験」はいまも進行中だ。だが、なにも絶望することはない。この壮大な実験の進行を遅らせるための、また進行を止めるための技術的・政治的な解決策はいくつもある。私たちは、そうした解決策を採用すると決断しなければならない。氷河時代の研究が教えてくれるのは、気候変動は突然、何の前触れもなくやってくるということなのだから。

次頁：地球の未来にとって、CO_2排出量を減らす次世代のエネルギー源の確保は欠かせない。風力発電は規模が大きければ、効率的な発電方法となる。ある研究によると、風力を使えば、原理上は12万5000テラワット時の発電ができるという。これは、現在の全世界で必要な電気量の5倍にあたる。

下：太陽光発電では、太陽光がソーラーパネルに当たってその中の電子を移動させることで電気が生まれる。ソーラーパネルの主なメリットは、エネルギーが必要な場所に設置すればよく、通常の発電方法で必要になる複雑なインフラが不要な点だ。

第8章　地球の未来

参考文献一覧

第1章　氷河時代の発見

Bahn, P. (ed.) *The Cambridge Illustrated History of Archaeology*, Cambridge University Press, Cambridge 1996

Imbrie, J. and Palmer Imbrie, K. *Ice Ages: Solving the Mystery*, Harvard University Press, Cambridge, MA 1979

Lurie, E. *Louis Agassiz: A Life in Science*, Johns Hopkins University Press, Baltimore 1988

第2章　手がかりを探す

Berger, A.J. et al. (eds) *Milankovitch and Climate: Understanding the Response to Astronomical Forcing,* D. Reidel, Dordrecht 2007

Flint, R.F. *Glacial and Quaternary Geology*, John Wiley, New York 1971

Imbrie, J. and Palmer Imbrie, K. *Ice Ages: Solving the Mystery,* Harvard University Press, Cambridge, MA 1979

Ruddiman, W. *Earth's Climate: Past and Future*, 2nd edition, W.H. Freeman, New York 2007

第3章　氷河時代はどのように始まったか？

Alley, R.B. *The Two-Mile Time Machine: Ice Cores, Abrupt Climate Change and our Future,* Princeton University Press, Princeton, NJ 2002

Christopherson, R.W. *Geosystems: An Introduction to Physical Geography*, 7th Edition, Prentice Hall, Upper Saddle River, NJ 2005

Corfield, R. *Architects of Eternity: The New Science of Fossils*, Headline Publishing, London 2001

Ruddiman, W.F. *Earth's Climate: Past and Future,* 2nd edition, W.H. Freeman, New York 2007

Seidov, D., Haupt, B.J. and Maslin, M.A. (eds) *The Oceans and Rapid Climate Change: Past, Present and Future*, AGU Geophysical Monograph Series Volume 126, 2001

Williams, M. et al., *Quaternary Environments*, 2nd edition, Edward Arnold, London 1998

第4章　気候のジェットコースター

Alley, R.B. *The Two-Mile Time Machine: Ice Cores, Abrupt Climate Change and our Future,* Princeton University Press, Princeton, NJ 2002

Anderson, D.E., Goudie, A.S. and Parker, A.G. *Global Environments Through the Quaternary: Exploring Environmental Change*, Oxford University Press, Oxford and New York 2007

Lowe, J. and Walker, M. *Reconstructing Quaternary Environments,* 2nd edition, Prentice Hall, NJ 1997

Maslin, M.A. 'Quaternary Climate Thresholds and Cycles', *Encyclopedia of Paleoclimatology and Ancient Environments*, Kluwer Academic Publishers Earth Science Series 841–855, 2008

Maslin, M.A., Mahli, Y., Phillips, O. and Cowling S. 'New Views on an Old Forest: Assessing the Longevity, Resilience and Future of the Amazon Rainforest.' *Transactions of the Institute of British Geographers* 30, 4, 390–401, 2005

Ruddiman, W.F. *Earth's Climate: Past and Future,* 2nd edition, W.H. Freeman, New York, 2007

Williams, M. et al., *Quaternary Environments*, 2nd edition, Edward Arnold, London, 1998

Wilson, R.C.L., Drury S.A., and Chapman J.L., *The Great Ice Age: Climate Change and Life*, Routledge, London and New York 2003

第5章　人類の物語

Boaz, N.T. and Ciochon, R.L. *Dragon Bone Hill: An Ice-Age Saga of Homo erectus*, Oxford University Press, Oxford and New York 2004

Fagan, B.M. *The Great Journey: The Peopling of Ancient America*, Revised edition, University Press of Florida, Gainesville 2004

Fagan, B.M. *The Journey from Eden: The Peopling of Our World*, Thames & Hudson, London and New York 1990

Gamble, C. *Timewalkers: The Prehistory of Global Colonization,* Harvard University Press, Cambridge, MA 1994

Haynes, G. *Early Settlement of North America: The Clovis Era*, Cambridge University Press, Cambridge and New York 2002

Hoffecker, J.F. *A Prehistory of the North: Human Settlement of the Higher Latitudes*, Rutgers University Press, New Brunswick 2005

Hoffecker, J.F. and Elias, S.A. *Human Ecology of Beringia*, Columbia University Press, New York 2007

Lewin, R. *Human Evolution: An Illustrated Introduction*, Revised edition, John Wiley & Sons, New York 2004

Mellars. P. *The Neanderthal Legacy: An Archaeological Perspective from Western Europe,* Princeton University Press, Princeton, NJ 1996

Mithen, S. *The Prehistory of the Mind: The Cognitive Origins of Art and Science,* Thames & Hudson, London and New York 1996

Pitts, M. and Roberts, M. *Fairweather Eden: Life in Britain Half a Million Years Ago as Revealed by the Excavations at Boxgrove*, Random House UK, London 1998

Stringer, C. and Andrews, P. *The Complete World of Human Evolution*, Thames & Hudson, London and New York 2005

Stringer, C. *Homo Britannicus*, Allen Lane, London 2006

Stringer, C. and Gamble, C. *In Search of the Neanderthals: Solving the Puzzle of Human Origins*, Thames & Hudson, London and New York 1993

Stringer, C. and McKie, R. *African Exodus: The Origins of Modern*

Humanity, Henry Holt and Company, New York 1996

Swisher, C.C., Carl, C., Curtis, G.H. and Lewin, R. *Java Man: How Two Geologists' Dramatic Discoveries Changed Our Understanding of the Evolutionary Path to Modern Humans*, Scribner, New York 2000

Tattersall, I. *The Last Neanderthal: The Rise, Success, and Mysterious Extinction of Our Closest Human Relatives*, Westview Press, Boulder 1999

Tattersall, I. and Schwartz, J.H. *Extinct Humans*, Westview Press, Boulder 2000

Trinkaus, E. and Shipman, P. *The Neandertals: Of Skeletons, Scientists, and Scandal*, Vintage Books, New York 1992

Walker, A. and Shipman, P. *The Wisdom of the Bones: In Search of Human Origins*, Alfred A. Knopf, New York 1996

Wood, B. *Human Evolution: A Very Short Introduction*, Oxford University Press, Oxford and New York 2005

第6章　氷河時代の動物たち

Flannery, T. *The Eternal Frontier: An Ecological History of North America and its Peoples*, Penguin, London 2001 and Vintage, New York 2002

Guthrie, R.D. *Frozen Fauna of the Mammoth Steppe: The Story of Blue Babe*, Columbia University Press, New York 1990

Lange, I.M. *Ice Age Mammals of North America: A Guide to the Big, the Hairy and the Bizarre*, Mountain Press Publishing Company, Missoula, MT 2002.

Lister, A. and Bahn, P. *Mammoths: Giants of the Ice Age*, Frances Lincoln, London 2007

Long, J., Archer, M., Flannery, T. and Hand, S. *Prehistoric Mammals of Australia and New Guinea: One Hundred Million Years of Evolution*, Johns Hopkins University Press, Baltimore 2002

Martin, P.S. *Twilight of the Mammoths: Ice Age Extinctions and the Rewilding of America*, California University Press, Berkeley 2005

Molnar, R.E. *Dragons in the Dust: The Paleobiology of the Giant Monitor Lizard Megalania*, Indiana University Press, Bloomington and Indianapolis 2004

Turner, A. and Antón, M. *The Big Cats and their Fossil Relatives*, Columbia University Press, New York 1997

Turner, A. and Antón, M. *Evolving Eden: An Illustrated Guide to the Evolution of the African Large-mammal Fauna*, Columbia University Press, New York 2004

Turner, A. and Antón, M. *Prehistoric Mammals*, National Geographic, Washington D.C. 2004

第7章　氷河時代のあと

Bailey, G. and Spikins, P. (eds) *Mesolithic Europe*, Cambridge University Press, Cambridge 2008

Barker, G. *The Agricultural Revolution in Prehistory*, Oxford University Press, Oxford 2006

Diamond, J. *Collapse: How Societies Choose to Fail or Survive*, Penguin, London and New York 2006

Diamond, J. *Guns, Germs and Steel: A Short History of Everybody for the Last 13,000 Years*, Vintage, London 1998 and W.W. Norton, New York 1999

Fagan, B.M. *Floods, Famines and Emperors: El Niño and the Fate of Civilizations*, Basic Books, New York 2009

Fagan, B.M. *The Great Warming: Climate Change and the Rise and Fall of Civilizations*, Bloomsbury, London and New York 2008

Fagan, B.M. *The Long Summer: How Climate Changed Civilization*, Granta Books, London 2005, Basic Books, New York 2004

Fagan, B.M. *The Little Ice Age: How Climate Made History 1300–1850*, Basic Books, New York 2001

Mithen, S. *After the Ice: A Global Human History, 20,000–5,000 BC*, second edition, Orion, London 2004 and Harvard University Press, Cambridge, MA 2006

Renfrew, C. *Prehistory: The Making of the Human Mind*, Weidenfeld, London 2008 and Modern Library, New York 2008

第8章　地球の未来

Corfee-Morlot, J., Maslin, M.A. and Burgess, J. 'Climate Science in the Public Sphere', *Philosophical Transactions A of the Royal Society*, 2007

Flannery, T. *The Weather Makers: Our Changing Climate and What it Means for Life on Earth*, Grove/Atlantic, New York 2006 and Penguin, London 2007

Gribbin, J. *Hothouse Earth: The Greenhouse Effect and Gaia*, Grove/Atlantic, New York, 1990

Houghton, J.T. *Global Warming: The Complete Briefing*, 3rd edition, Cambridge University Press, Cambridge 2004

Lovelock, J. *The Ages of Gaia: A Biography of Our Living Earth*, Oxford University Press, Oxford and New York 2000

Maslin, M. *A Very Short Introduction to Global Warming*, Oxford University Press, Oxford 2008

Metz et al. (ed.) IPCC *Climate Change 2007: Mitigation of Climate Change*, Contribution of Working Group III to the Fourth Assessment Report of the Intergovernmental Panel on Climate Change, Cambridge University Press, Cambridge 2007

Monbiot, G. *Heat*, Allen Lane, London 2006

Stern, N. *The Economics of Climate Change: The Stern Review*, Cambridge University Press, Cambridge 2007

Walker, G. and King, D. *The Hot Topic*, Bloomsbury, London 2008

図版出典

1 Stephen Morley; **2–3** The Natural History Museum, London; **4–5** Semitour Périgord; **7** Julia Razumovitch/ istockphoto.com; **8** © Roger Ressmeyer/Corbis; **1** Francesco Tomasinelli/ Tips Images; **9** The Art Archive/Corbis; **10–11** Kenneth Garrett/National Geographic; **13** Benoit Audureau/The Natural History Museum, London; **14** Colin Monteath/Minden Pictures/ National Geographic; **15** Jan Will/istockphoto. com; **16–17** Anthony Dodd/istockphoto.com; **18** Muséum de'histoire naturelle de Neuchâtel; **19** Charles Lyell, *A Second Visit to the United States*, 1849; **20** Goldenhawk/SnapVillage; **21** A. Geikie, *Life of Sir R I Murchison..with notices of his scientific contemporaries...*, 1875; **22–23** Louis Agassiz, *Etudes Sur Les Glaciers*, 1841; **25** Kenneth Garrett/ National Geographic; **26–27** The Natural History Museum, London; **28** Imagestate/ Tips Images; **29** James Geikie, *The Great Ice Age*, 1894 (3rd edition); **30–31** Eric Grave/Science Photo Library; **32** © Phil Schermeister/Corbis; **33** © Lowell Georgia/Corbis; **34** Simpson, *Eruption of Krakatoa*, 1888; **35** James Campbell Irons, *Autobiographical Sketch of James Croll*, 1875; **36** James Croll, *Climate and Time in their Geological Relations*, 1875; **37a** Vasko Milankovitch; **39a** Emilio Segre Visual Archives/American Institute of Physics/ Science Photo Library; **39b** James King-Holmes/ Science Photo Library; **40** Des Bartlett/Science Photo Library; **41** © Dean Conger/Corbis **43** E. R. Degginger/ Science Photo Library; **44** Roman Krochuk/istockphoto.com; **45** Roger Harris/ Science Photo Library; **47** IDOP; **48–49** Bill Grove/istockphoto.com; **51b** NASA Goddard Space Flight Center; **55** NASA; **56a** Science Photo Library; **56b** Mark Maslin; **60–61** NOAA/Science Photo Library; **57** TT/istockphoto.com; **62–63** Anne Jennings; **64** © Mike Zens/ Corbis; **65** David M. Anderson, NOAA Paleoclimatology Program and INSTARR, University of Colorado, Boulder; **67** ML Design **68** ML Design **70** ML Design **71** Viktor Glupov/istockphoto.com; **72–73** © Dominic Harcourt Webster/ Robert Harding World Imagery/Corbis; **74l** U.S. Geological Survey; **74r** Markus Divis/ istockphoto.com; **75** ML Design **76–7** ML Design **79** Morley Read/ istockphoto.com; **78** Heikie Hofstaetter/ istockphoto.com; **85** ML Design **86** Nancy Nehring/istockphoto.com; **87** After John T. Andrews and Thomas G. Andrews; **88** The Bedford Institute of Oceanography and Dalhousie University for the University of Colorado; **90** Anne Jennings; **91** ML Design **92** Javier Trueba/ MSF/Science Photo Library; **92–93** Ann Manner/ Getty Images; **95** Konrad Wothe/Minden Pictures/National Geographic; **96** John Reader/Science Photo Library; **97** Javier Trueba/MSF/Science Photo Library; **98** Kenneth Garrett/National Geographic; **99** Kenneth Garrett/National Geographic; **100** Volker Steger/Nordstar – 4 Million Years of Man/ Science Photo Library; **101** Mary Jelliffe/Ancient Art & Architecture; **102** John Sibbick; **103a** Photo RMN; **103b** John Sibbick; **104** © Boxgrove Project; **105a** ML Design, after Bocherens et al, 2005; **105b** Imagestate/Tips Images; **106a** © Boxgrove Project; **106r** Christa S. Fuchs, Niedersächsisches Landesamt für Denkmalpflege; **107** © Boxgrove Project; **108–9** Philippe Plailly/Eurelios/Science Photo Library; **110** Courtesy Professor Naama Goren-Inbar; **111** John Sibbick; **112** ML Design **113** Kenneth Garrett/ National Geographic; **114** Kenneth Garrett/National Geographic; **115** Viktoria Kulish/istockphoto.com; **116** The Natural History Museum, London; **117** Jeremy Percival; **118l** Javier Trueba/MSF/Science Photo Library; **119** State Hermitage Museum, St Petersburg; **118r** Jay Maidment/The Natural History Museum, London; **120–121** ML Design **122** Courtesy Chris Henshilwood; **123** Courtesy Chris Henshilwood; **125a** Sisse Brimberg/ National Geographic; **125b** French Ministry of Culture and Communication, Regional Direction for Cultural Affairs – Rhône–Alpes region – Regional department of archaeology; **126** Thomas Stephan © Ulmer Museum; **127** State Hermitage Museum, St Petersburg; **128–9** John Sibbick; **130** State Hermitage Museum, St Petersburg; **131** akg-images/Erich Lessing; **132** Photo RMN; **133** Sisse Brimberg/ National Geographic; **134–35** Semitour Périgord; **136** Kenneth Garrett/National Geographic; **137** Irina Igumnova/ istockphoto. com; **138–9** John Sibbick; **140** ML Design **141** Courtesy of Smithsonian Institution, Washington D.C.; **142–3** John Cancalosi/National Geographic; **145a** Arco Digital Images/Tips Images; **145b** The Natural History Museum, London; **146** © Gallo Images/Corbis; **147a** Ghar Dalam Museum, Malta; **147b** ML Design **149** John Reader/Science Photo Library; **150** Lee Pettet/istockphoto.com; **152** Mauricio Anton/Science Photo Library; **153** Philippe Plailly/ Eurelios/Science Photo Library; **154** French Ministry of Culture and Communication, Regional Direction for Cultural Affairs - Rhône-Alpes region - Regional department of archaeology; **155** Mauricio Anton/Science Photo Library; **156** Martin Raul/National Geographic; **157** Mauricio Anton/Science Photo Library; **158a** Richard Nowitz/National Geographic; **158b** Muséum Autun; **159** A.V. Lozhkin; **160** RIA Novosti; **161a** Michael Long/The Natural History Museum, London; **161b** ML Design **162** Jean Vertut; **163** Semitour Périgord; **164–5** French Ministry of Culture and Communication, Regional Direction for Cultural Affairs – Rhône–Alpes region – Regional department of archaeology; **166** The University of Leeds, School of Biology; **167** The Natural History Museum, London; **168** Martin Shields/ Science Photo Library; **169** University of Alaska Museum; **171** The Natural History Museum, London; **172a** Mauricio Anton/ Science Photo Library; **172b** Paleozoological Museum of China, Beijing; **173** Courtesy of Smithsonian Institution, Washington D.C.; **174** Martin Shields/Science Photo Library; **175** Tom McHugh/Science Photo Library; **176** W K Fletcher/Science Photo Library; **177** Jason Edwards/National Geographic; **178** South Australian Museum, Adelaide; **179a** Science Source/Science Photo Library; **179b** Tasmanian Archive and Heritage Office, State Library of Tasmania; **180** South Australian Museum; **181** South Australian Museum, Adelaide; **182** Richard Nowitz/National Geographic; **185** ML Design **186–7** © Paul Almasy/Corbis; **189** ML Design **190** Norbert Rosing/National Geographic; **191** The British Museum, London; **192** © Adam Woolfitt/Corbis; **193a** Marja Gimbutas; **193b** National Museum of Denmark, Copenhagen; **194** R. Workman; **195** © Hanan Isachar/Corbis; **196** Sisse Brimberg/National Geographic; **197a** Israel Antiquities Authority, Jerusalem; **197b** © Keren Su/Corbis; **198** Lowell Georgia/National Geographic; **199a** SnapVillage; **199b** The British Museum, London; **200** The British Museum, London; **201** © Georg Gerster/Panos Pictures; **202** Craig Chiasson/istockphoto.com; **203** Martin Gray/ National Geographic; **205** The Art Archive/ Museum of London/Eileen Tweedy; **206–7** © Kennan Ward/Corbis; **208** Chromorange/Tips Images; **212** © Paul Souders/Corbis; **214** NASA; **215** © David J. Philip/epa/Corbis; **216** IPCC; **217** Michael Utech/istockphoto.com; **218a** From *The Atlas of the Real World: Mapping the Way We Live* by Daniel Dorling, Mark Newman and Anna Barford. © 2008 Daniel Dorling, Mark Newman and Anna Barford. Published by Thames & Hudson Ltd., London, 2008; **218b** Hidden Ocean 2005 Expedition, NOAA Office of Ocean Exploration; **220–1** Jeffrey Kargal USGS/NASA JPL/ AGU; **222** NASA; **223** Mark Maslin; **224** © Bjorn Sigurdson/epa/Corbis; **225** © Martin Gerten/epa/Corbis; **226–7** TM 20th Century Fox/Album/AKG; **229** ML Design, after Mark Maslin; **230** drob/Snapvillage; **231** Elyrae/ Snapvillage.

索　引

【欧文】

CLIMAPプロジェクト　46
CO₂　→二酸化炭素
CO₂濃度　→二酸化炭素（CO₂）濃度
DNA　113
ENSO（エルニーニョ南方振動）　58
IPCC（気候変動に関する政府間パネル）　210、219、224、228
U字谷　71、74
WWF（世界自然保護基金）　225

【ア行】

アイスアルベド・フィードバック　84、222
アイスランド　69、89、162、203
アイルランド海　162
アウストラロピテクス　95、96、104、149、150
アカシカ　130
アガシー湖　189
アガシー、ルイ　7、18、21、24、25、32、65、71
握斧（ハンド・アックス）　101、102
亜酸化窒素　216
アジア大陸　131
アステカ文明　203
アッシャー、ジェイムズ　20、65
アデマール、ジョセフ・アルフォンス　35、47
アブ・フレイラ遺跡　196
アフリカ　94、101、119、145〜150
アマゾン　80
アマゾン川　78
アーマーの大司教　20
網　123
アメリカ　162
アメリカ先住民　137、198
アメリカ大陸　131、136、148、198、202、203
アメリカ大陸への入植　140
アメリカマストドン　156
アメリカライオン　172
アラスカ　57、67、75、136、137、138、141、144、162
アラスカ大学博物館　170
アラビア海　88
アリクイ　144

アルクトドゥス　174
アルゴンキン族　199、200
アルタイ山脈　114
アルダン川　136
アルプス山脈　19、69
アルベド　87、222
アルマジロ　144、166、170、175
アレッチ氷河　7
アンダーソニアン博物館　35
アンティクウスゾウ　→パレオロクソドン
アンデス山脈　80
アンデス高地　199
アンテロープ　148
生きている地球指数　225
イギリス　162、204
イギリス海峡　75、76、162
イスラエル　118、130
稲作　197
犬　137
イヌイット　127
イヌーシアン氷床　69
犬の飼育　133
衣服　123
イロコイ族　200
インカ文明　203
インダス川流域　197、202
インブリー、ジョン　46
ウィッテルシー、チャールズ　32
ウィルソン、アレックス・T　34
ウィルドビースト　148
ウェゲナー、アルフレート　37、38
ウェールズ　69
ウォーカー循環　58
ウォナンビ　177
ウクライナ　131、132、161
ウシ　151
ウズベキスタン　118
ウッズホール海洋研究所　46
ウマ　103、106、125、130、137、144、148、151、162
『海の大変動』（ジョセフ・アルフォンス・アデマール著）　35
ウラル山脈　69、114
ウリ　199
ウルク　201
ウルム　38、65
絵　119
永久凍土　70、71、127、162
エジプト　202
エチオピア　119
エデイル谷　18
エニセイ川　130

エーベルル、バーテル　38
エミリアーニ、チェザーレ　42、43
エリクソン、デビッド　42
エリコ　197
エルテベレ文化　193
エルニーニョ　58、61、204
エレモテリウム　166、170
エーロゾル（微粒子）　211
遠日点　81
オーウェン、リチャード　181
大型哺乳類　183
オオカミ　174
オオトカゲ　177
オース（ルーマニア）　124
オーストラリア　69、122、144、175〜182
オゾン　216
オハロII遺跡　130
オランダ　204
オーリニャック文化　124、126
オルドバイ峡谷　40、95、97
オルドバイ地磁気逆転　44、46
オーロックス（野牛）　162
オーロラ　44
温室効果ガス　77、85、204、212、216、218
温帯低気圧　215
温暖化　→地球温暖化
温暖地球　213
温度勾配　50、51、58、215

【カ行】

『ガイアの時代』（ジェームズ・ラブロック著）　215
海面上昇　87、188、192
海面の低下　131
海洋大循環　54、56、57
海洋底堆積物　42、90
カウリッツ氷河　65
火山活動　34
ガスリー、デイル　170
化石燃料　188、217
楽器　125
カトリーナ（ハリケーン）　215
カナダ　71、140
カバ　13、146、147、151、162、177
カメロプス　166
カモノハシ　175、176
カリウム・アルゴン法　40、41
カリブー　144、190
カリフォルニア大学バークレー校　41
カリブ海　43、46、146

235

索引

カルガリー　67
カルパチア山脈　114
灌漑農業　202
カンガルー　144、178
完新世　188、198、204、213
乾燥化　75
干ばつ　58
顔料　125
寒冷地球　213、215
機械技術　130
幾何学模様　122
ギーキー、ジェイムズ　36
『気候と時間』（ジェイムズ・クロール著）　36、42
「気候変動の経済学に関するスターン・レビュー」　228
気候変動枠組条約（UNFCCC）　224
キーストーン種　183
北アメリカ大陸　144、166～175
北大西洋　88
北大西洋海流　84
北大西洋深層水　56、89
北半球　84
軌道の離心率　81、82
キャッサバ　199
ギュンツ　38、65
京都議定書　224
極東アジア　133
居住地　133
巨大なネズミ　146
錐　119
近日点　81
クーガー　166
クズリ（イタチの仲間）　151
クマ　166、174
クラカトア火山　34
クリーバー　101、102
グリビン、ジョン　211
グリプトドン　170、171
グリンデルバルト氷河　20
グリーンランド　52、54、64、66、67、69、71、88、89、203、212、217
グリーンランド海　84、188
グリーンランド氷床　226
クレタ島　146
グレート・ハウス　203
グレートブリテン島　75
クレンベルク、ビョーレ　42
クローヴィス文化　140、141
グローマー・チャレンジャー号　47
クロール、ジェイムズ　7、24、35、42、47
ケイ酸塩鉱物　54

ケサイ　116、125、150、151、153、155、161、166
ゲシャー・ベノット・ヤーコブ遺跡　102、111
ケッペン、ウラジミール　37、38
ケナガマンモス　25、148、151、155、156、162、166
ケニア　99、101
ゲノム（全遺伝子情報）　113
ケバラ洞窟　118、196
ケバラ文化　194
ケリングヒース　191
言語　119、122、125
剣歯ネコ　144、148、152、166、171、172、173
現生人類　97、108、118～126、144、183
ゴア、アル　224
コア（円筒状の試料）　8、42、65
コアラ　144、176
後期旧石器時代　126、137
光合成　217
更新世　6、28、29、44
構造土　70、71
公転軌道　58、66
黄道傾斜角　→地軸の傾き
広葉樹　71
小型のマンモス　146
国際連合環境計画　224
古人類学　6
湖水地方　69
コステエンキ遺跡　123、127、129、131
古地磁気　44
黒海　123
コハクチョウ　137
コモドオオトカゲ　176、177
コラトン、デニス　14
コルディレラ氷床　29、67
コロンビアマンモス　144、156、158、166、168
ゴンフォテリウム　166、168
コンラッド、ティモシー　24

【サ行】

サイ　13、103、117、150、151、170
サイガ　116、151
歳差運動　36、82、83
細石器　191
サケ　193
サザンアップランズ　69
サバンナ　78、149
サル　148

酸素16／18　43
酸素同位体　85
サンタバーバラ海盆　88
サンファン山脈　74
ジェット気流　84
シェーニンゲン遺跡　106、111
シェーファー、インゴ　38
シエラネバダ・コロラド地域　53
シェリー、メアリー　34
シカ　116、146
時間　130
ジゴマトゥルス　182
死者の埋葬　118
シチリア島　75
ジブラルタル海峡　54
シベリア　27、69、114、123、127、131、136、148、151、162
シマウマ　148
ジャイアント・ケープ・ゼブラ　150
ジャガー　166、172、175
ジャガイモ　199
ジャコウウシ　130、144、145、166
ジャージー島　117、144
ジャッカル　148
シャックルトン、ニック　46、66
ジャン・ド・シャルパンティエ　21
シャンドリン・マンモス　158
周口店　110
ジュクタイ洞窟　136、137
出アフリカ　13、101、122
シュナイダー、スティーブン　211
『種の起源』　25
シュメール人　201、202
ジュラ山脈　18、19、65
狩猟技術　133
狩猟採集民　198
小氷期　188
食生活　104
植物　217
ショーベ洞窟　125、155、162
深海コア　44、77
深海堆積物　85
新興国　229
シンシナティ　67
ジンジャントロプス　40、41
深層水　84、188
シンボル　119
針葉樹　71
シンリンオオカミ　175
森林ステップ　106
森林伐採　213
水蒸気　85、216

索引

スイス自然科学協会　18
スカンジナビア　89
スカンジナビア氷床　69、127、193
スコットランド　57、69、71
スタルニア　161
スターン、ニコラス　228
ステゴドン　146
ステップ　70、144
ステップバイソン　141、169
ステヌルス　177
スピッツベルゲン諸島　69
スペイン　99、118、124、132、144
スペクトル分析　47
スミロドン　152、171、172、173
スリランカ　75
スワートクランス洞窟　110、149
西南アジア　194
生物多様性　78、225
生物の大量絶滅　144
世界気象機関　224
赤外線　216
石器　96
セーヌ川　75、76
ゼルゲル、ウォルフガング　38
前期鮮新世　58
全地球平均気温　209
セントポール島　146
セントルイス　67
セントローレンス川　74
ゾウ　166、170
層序学　25
『創世記』　20
『創世記の戦略』（スティーブン・シュナイダー著）　211

【タ行】

ダイアウルフ　174
太陰暦　130
タイガ　71
大気大循環モデル（GCM）　211、222
大洪水　20
大西洋　43、46
退氷　86
『大氷河時代』（ジェイムズ・ギーキー著）　36
太陽光発電　230
太陽黒点　211
太陽放射　37、38
ダーウィン、チャールズ　25、183
竜巻　215
タナナ川　138

タナナバレー　137
タフォノミー（化石生成論）　104
タールピット　171
単孔類　175
ダンスガード・オシュガー・サイクル　89、90、91、188、216
タンボラ山　34
小さなゾウ　146
チェコスロバキア　46
チェンバレン、トーマス・C　29、38
地殻変動　52、54、57、58、213
地球温暖化　188、189、204、208～230
『地球が熱くなる』（ジョン・グリビン著）　211
地球と太陽の距離　36、37
地球の軌道の離心率　35
地球の公転軌道　36、80
地球の歳差運動　47
地球の自転軸の傾き　→地軸の傾き
『地球の理論』（ジェイムズ・ハットン著）　19
畜産　188
チグリス川　200、202
地磁気逆転　44
『地質学原理』（チャールズ・ライエル著）　20
地軸の傾き　36、37、47、58、80、82
『地質学的な過去の気候』（ケッペン＆ウェゲナー著）　38
『地質のスケッチ』（ルイ・アガシー著）　32
地上性ナマケモノ　168、170、174
チーター　148、152
地中海　54、144
チベット・ヒマラヤ地域　53
チャタルヒュユク　197
チャネル諸島　117、146
チャレンジャー号　42
中央・南アメリカ　199
中期更新世の気候大変動（MPR）　85
中国　99、107、148、173、197
中国北部　202
中石器時代　191
長江（揚子江）流域　197
彫刻　125
直立二足歩行　95、96
チョッパー　96
チリ　140
ツェルマット氷河　21
ツンドラ　70、130、137、162
『デイ・アフター・トゥモロー』　227
「ディア・ボーイ」　41
定住生活　132、197

ディスコアスター　43
ティーデマン、ラルフ　58
ディプロトドン　181、182
ディプロトドン・オプタトゥム　182
ディーマ　158
ティラコレオ（フクロライオン）　179、181
ティワナク文化　203
鉄門　192
テムズ川　74、75、76、204、205、227
ドイツ　124、132、133
同位体温度計　43
湯山　109
東南アジア　101、146
トウモロコシ　198、199、200
土器　132
土偶　130
都市　201、202
ド・ソシュール、オラス＝ベネディクト　65
ドナウ川　192
ドナウ渓谷　192
トナカイ　25、28、124、130、132、144、151
ドニエストル川　114
ドマニシ　97、98、99
ドラムリン（氷堆丘）　71
鳥　123
トルテカ文明　203
ドルドーニュ県　132
ドレーク海峡　52
ドン川　123
ドンク、ジャン・バン　46

【ナ行】

ナイフ　115
ナイル川　197
投げ矢　123
ナトゥーフ文化　194、196
ナマケモノ　146、166、168、170、174
ナリオコトメ　101
南極海　52
南極大陸　52、69、212、217
南極底層水　56
南北アメリカ大陸動物大移動　144、176
二酸化炭素　29、77、85、87、188、208、216、219
二酸化炭素（CO$_2$）濃度　53、66、211、213
西アジア　101、123、141
西南極氷床　53、66、227

237

索引

日本　75、132、133
日本海　88
ニューオーリンズ　215
ニューギニア島　175
ニュージーランド　69、71
ニューヨーク　57、67
縫い針　119、123
ヌーシャテル講演　18、28
ネアンデル渓谷　25、108
ネアンデルタール人　9、11、25、28、94、104、108、109、110、111、112〜118、124、144
ネズミ　146、175
熱帯雨林　78、80
ネフェロイド層　87
年代測定法　39
ノアの大洪水　65
農業　14、133、141、188、196、197、213
農業革命　204
ノウサギ　123
ノース人　203
ノスロテリオプス　174
ノーフォーク州　69
ノーベル平和賞　224
ノルウェー　69、71、74

【ハ行】

ハイエナ　148、174
バイカル湖　127
バイソン　116、130、141、151、162、170、175
ハイデルベルク　102
ハイデルベルゲンシス　→ホモ・ハイデルベルゲンシス
ハイプレーンズ　141、198
ハイランド（高地地方）　69
ハインリッヒ・イベント　87、88、89、90、91
ハインリッヒ、ハルトムート　88
ハウグ、ゲラルド　57
パキクロクタ（大型のハイエナ）　152
バク　144
ハクスリー、トーマス・ヘンリー　28
剥片石器　96
ハーグリーブズ、ジェフリー　8
ハゲワシ　148
パタゴニア地方　69、71
パチャウリ　224
爬虫類　177
バックランド、ウィリアム　21
発展途上国　229
ハットン、ジェームズ　19
ハドソン湾　67
ハドレーセンター　222
パナマ海峡　57、58、144、166
バーバリーマカク　151
パプアニューギニア　75
ハファー、ユルゲン　78
パラミロドン　166
ハリケーン　58、84、215
バリ島会合　224
ハリモグラ　175
バルト海　193
パレオロクソドン（アンティクウスゾウ）　146、147、148、155、156、162
パロルケステス　181
ハンセン、ジェームズ　211
ハンド・アックス　→握斧
パン焼き用のかまど　130
火　102、107、110、183
東シナ海　88
東南極氷床　53
東ヨーロッパ　123
ビクトリア洞窟　162、177
ピック　101、102
ヒツジ　116
ビーナス小像　127
ヒマラヤ山脈　53、219
ピューマ　166、172、175
ヒョウ　149、152
『氷河の研究』（ルイ・アガシー著）　21
氷床　32、33、34、52、54、58、66、69、70、71、74、80、85、86、87、96、131、136、140、189、212、213、217、223
氷床コア　219
氷楔　70
漂礫土　28
ピレネー山脈　151
ビンディヤ洞窟　113
フィヨルド　71、74
フィンチリーのくぼ地　74
風力発電　230
プエブロ族　200、203
プエブロ・ボニート遺跡　203
フォークランド諸島　75
フォーブス、エドワード　24
フクロオオカミ（タスマニアタイガー）　178、179
ブタ　148
ブチハイエナ　151、152、162
ブッシュ　224
ブライアン、C.K.　149
プラス、ギルバート　208
プラトー・パレン　132、136
プランクトン　42
『フランケンシュタイン』　34
フランス　116、124、131、132
フランス革命　204
ブリストル　69
フリーゼンハーン洞窟　170
ブリティッシュ氷床　69
ブリュックナー、エドゥアルト　38、65
フリント、リチャード・フォスター　40
ブルニケル　131
ブルーベイブ　169、170
ブルン、ベルナール　44
ブルン＝マツヤマ地磁気逆転　44、46
プレートテクトニクス　144
ブロッカー、ウォレス　46、88、89
プロテムノドン　178
プロプレオプス　178、179
フロリダベア　166
プロングホーン　166、175、184
ブロンボス洞窟　119、122、123
フンボルト、アレクサンダー・フォン　21
ベイト、ドロシア　145
壁画　136
ベゼール渓谷　192
ペナイン山脈　69
ベネツ、イグナス　21
ヘビ　162、177
ペーボ、スバンテ　113
ヘラジカ　130
ベーリング海　67、75
ベーリング海峡　136
ベーリング陸橋　131、137、140、148、166
ベルジェ、アンドレ　212
ペルシャ湾　200
ベルンハルディ、ラインハルト　20
ペロ―ダン、ジャン＝ピエール　21
ペロロビス　150
ペンク、アルブレヒト　38、65
放射性炭素（炭素14）　39
放射性炭素年代測定　39、124
北東アジア　67、69、75
墓地　196
ホッキョクギツネ　151
ホッキョクグマ　15、209
北極圏　124
ボックスグローブ遺跡　102、104、106、107
ホットスプリングス（サウスダコタ州）　158
ホモ・エルガステル　99、110
ホモ・エレクトス　107、109
ホモ・サピエンス　13
ホモ属（ヒト属）　97

索引

ホモテリウム　170、173
ホモ・ハイデルベルゲンシス　102、104、106、107、109、110、112、119、152
ホモ・ハビリス　41、97
ホモ・ルドルフェンシス　97
ホラアナグマ　13、151、155
ホーレンシュタイン・シュターデル　126
ホワイト、ジョン　200
ポンテ、ローウェル　209
ボンド・イベント　90、188、216

【マ行】

迷子石　18、20、24、65
マイニンスカヤ遺跡　130
マウナロア山　219
マウンダー極小期　204
マカイル、ダグラス　89
マガモ　137
マクラレン、チャールズ　32
マグレモーゼ文化　193
マストドン　166
マスリン、マーク　58
マダガスカル　147
マッキンタイア、アンドリュー　46
末端堆石堤　71
松山基範　44
マドレーヌ文化　132、191
豆　199
豆類　199
マヤ文明　203
マヨルカ島　144、145
マルタ遺跡　127
マンモス　14、27、116、117、132、137、140、144、158、159、161、162、168
マンモス・ステップ　151、156、168
ミオトラグス　144、145
ミシシッピ川　74
水循環　54
水鳥　130
ミッチ　58
南アフリカ　69、88
南シナ海　88
南半球　84
ミノルカ島　145
ミラキノニクス　172
ミランコビッチ曲線　37、38、43、47
ミランコビッチ、ミルティン　7、37、47、81、82
ミレニアム生態系評価　225
ミンデル　38、65
メガテリウム　144、166、167
メガラニア　176、177、181

メキシコ湾流　46、54、57、84、89
メジリチ遺跡　132、136
メソポタミア　197、200、201、202
メタン　77、85、87、216、219
メッシナ期塩分危機　54
メッシナ期末の洪水　54、57
メルクサイ　150、155、162
モチェ文化　203
銛　132
モレーン（氷河堆積物）　29、33、65
モロドバ遺跡　114、117、131
モンスーン　58、204、215
モンテベルデ遺跡　140

【ヤ行】

ヤギ　116
矢じり　132
ヤナ川　124
矢の軸　132
槍　106、115
槍投げ器　131、132
ヤンガードリアス期　141、188、189、196、197
有孔虫　32、42、43
有袋類　175、176
ユーコン川　136、141
ユーフラテス川　196、200、202
ユーラシア大陸　99、101、148、151
ユーリー、ハロルド　43
ヨークシャー　71
ヨルダン　197
ヨーロッパ　132、151〜166

【ラ行】

ライエル、チャールズ　20、24
ライオン　151、152、162、169
ライオンマン　126
ライン川　75、76
ラクダ　166
ラ・コット・ド・セント・ブリレード　117、144
ラスコー洞窟　132、136、162
ラッド、ケビン　224
ラディマン、ウィリアム　46、53、213
ラニーニャ　58、204
ラブラドル　57
ラブラドル海　84
ラブラドル半島　203
ラブロック、ジェームズ　215
ラモント＝ドーティ地球科学研究所　42、46

ランゲル島　146
ランチョ・ラ・ブレア　171、173、174
ランパート洞窟　174
ランプ　130
リーキー、メアリー　40、95、97
リーキー、ルイス　40、95、97
リシュリュー川　19
離心率　36、47
リス　38、65、162
リスボン　57
陸橋　13、75
リビー、ウィラード　39
リヒトホーフェン、フェルディナント・フォン　33
竜骨山　107
リューバ　159、161
両極の気候シーソー説　89
リレ・クナップストラップ遺跡　193
類人猿　94
ルフィニャック洞窟　162
ルベリエ、ユルバン　35
ルーマニア　124
霊長類　148
レイモ、モーリーン　53、82
レス（黄土）　32、33、46、75
レゼジ　28
レーニア山　65
レバント回廊　196
レバント地方　122
レーベデフ　211
レベレット、フランク　38
レペンスキ・ビル遺跡　192、193
レミング（タビネズミ）　151
ロシア　127、133、144
ロゼッタ・ストーン　46
ロッキー山脈　140
『ロード・オブ・ザ・リング』　71
ローマ人　203
ローレンシア氷床　32
ローレンタイド氷床　29、67、84、88、89、189
ロンドン　57、69、74

【ワ行】

ワディ・メアロット遺跡　194
ワート、スペンサー　208
わな　123

239

訳者あとがき

250万年というのは、どれくらいの長さの時間なのだろうか。人間の時間尺度でみれば、想像もできないほど長いように思えるが、46億年前に誕生したと言われる地球の歴史からすれば、実はごく短い期間だ。

地球の歴史を1日の長さに換算して考えてみれば、少しはわかりやすくなるかもしれない。地球の誕生が午前0時、現在が翌日の午前0時として計算してみると、250万年前は、現在の47秒前、つまり午後11時59分13秒ということになる。このわずか「47秒間」に地球上で起こった出来事を、気候変動の観点から解説したのが、本書である。

このあいだに、気候はめまぐるしく変動し、氷床は何度も大陸を覆っては消えた。熱帯アフリカで生まれた人類は道具を発明し、狩りの腕を磨き、火を使うようになって、寒冷な環境にも適応した。

最終氷期が終わったあとの1万年間には、さらに大きな変化が起きた。前述の換算で午後11時59分59.8秒から現在までの「0.2秒間」に、人類は世界各地に分布を広げ、農耕を本格的に始め、文明を生んで、人口を急激に増やしていった。その後、人間がいかに自然環境をつくり変えていったかは、ここに書くまでもないだろう。

これから私たちはどう暮らしていくべきなのだろうか。日本では、気候変動がもたらす洪水や台風だけでなく、地震や火山噴火といったほかの自然災害にも対処していかなければならない。それを考えだすと、途方に暮れてしまう。

とはいえ、「熱帯育ち」の人類が次々に新しい技術や能力を身につけながら、寒い過酷な環境でも暮らせるようになったという事実は、ある種の救いではある。もちろん、そうやって適応するのには、人の一生よりもはるかに長い時間がかかった。だが、それは人類が多様な環境に適応できる力をもっていることの証しでもある。

かつて経験したことのないような困難に直面しても、知識や技術を総動員してそれを乗り越え、ホモ・サピエンスという種を存続させてきた。だから、今度もきっと乗り越えられるのだと信じて、一歩一歩進んでいくしかない。そうとでも思わなければ、深い絶望の中で、前を向くことはできないのではないか。

2011年春

藤原多伽夫

【編著者】
Brian M. Fagan（ブライアン・M・フェイガン）
米国カリフォルニア大学サンタバーバラ校の名誉教授。過去の気候変動に関する著書を中心に、40以上の書籍の執筆や編集をしてきた。主な著書に『古代文明と気候大変動――人類の運命を変えた二万年史』、『歴史を変えた気候大変動』、『千年前の人類を襲った大温暖化』など、編書に『古代世界70の不思議――過去の文明の謎を解く』など。

【訳者】
藤原多伽夫（ふじわら・たかお）
1971年、三重県生まれ。静岡大学理学部地球科学科卒業。訳書に、マーリーン・ズック『考える寄生体』、クリス・マクナブ『「冒険力」ハンドブック』、ジョン・F・M・クラーク『ヴィクトリア朝の昆虫学』など。

ビジュアル版 **氷河時代**

地球冷却のシステムと、ヒトと動物の物語

2011年9月20日

編著者	ブライアン・フェイガン
翻訳者	藤原多伽夫
装幀	桂川 潤
発行者	長岡正博
発行所	悠書館

〒113-0033　東京都文京区本郷2-35-21-302
TEL 03-3812-6504　FAX 03-3812-7504
http://www.yushokan.co.jp/

2011 Printed in China
ISBN978-4-903487-48-9

定価はカバーに表示してあります